はじめの一歩
物理探査学入門

The first step: An introduction to
EXPLORATION GEOPHYSICS

水永秀樹 [著]

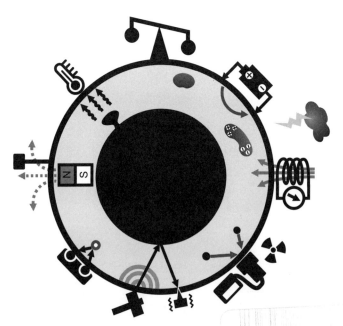

九州大学出版会

まえがき

　おそらく，この本を読んでいる大部分の人にとっては，物理探査という言葉は馴染みの薄い言葉だろう．物理や探査の個別の意味は知っていても，それを合わせた物理探査にはピンとこないはずだ．探査と聞いて，第1章の最初の図のようにダウジングを思い浮かべる人もいるだろう．しかし，ダウジングは今のところ科学的な根拠や原理が未解明な未科学領域の方法なので，この本では詳しく説明しない．

　物理探査を深く理解するためには，多くの学問の知識が必要である．物理探査法の多くは地球物理学を基礎にしているので，地球物理の知識は必須である．また様々な測定機器を使ってデータを取得するので，電気・電子工学や計測工学の知識も必要である．さらに測定データの解析にはコンピュータを使うので，情報工学や計算機科学の知識も必要である．最後に解析結果の解釈のためには，地質学や地球化学，さらには土木工学的な知識も必要となる．このように物理探査を深く学ぶためには，多くの理工学的な知識が必要なため，全てを詳しく勉強するのは容易ではない．しかし，どの知識も物理探査には必要不可欠なので，できるだけ多くのことをしっかり学んで欲しい．

　各章では個別の探査法について少し詳しく説明するが，これまでの教科書とは異なり，各探査方法を理解するために必要な事項を学問分野ごとに分類して説明している．これは本書の最大の特徴で，最初から順番に読んでもよいし，読者が関心ある項目だけをツマミ読みすることも可能である．なお，本書は書名の通り物理探査学の入門書なので，紙面の都合上，詳細な説明を省いた箇所が数多くある．できるだけこの本だけで完結できるように努力したが，説明不足な専門用語が数多く残っている．わからない専門用語や英単語は，自ら積極的に調べて欲しい．また，この本を読んで物理探査学に興味を持った読者には，さらに多くの専門書や論文を読んで知識を深めて欲しい．

　物理探査は，ある意味では料理に似ている．いくら，丁寧でわかりやすい料理のレシピ本を読んでも，実際に料理をしなければ料理を習得することはできない．それと同じように，この本で物理探査の基礎知識が少しだけ身に付いたとしても，実際に試してみないことには物理探査の本質は理解できない．基礎的な知識も重要だが，体験(経験)がより重要である．これから研究者を目指す人や，物理探査を仕事にしようと考えている人には，どのような探査方法でもよいので自らの手で試して欲しい．

目 次

まえがき ……………………………………………………………………………… i

第 1 章　物理探査の概要 ……………………………………………………… 1

1.1　物理探査とは ………………………………………………………… 2

  1.1.1　物理探査の定義　　　　　　　　　　　　　　　　　　　　　*2*

  1.1.2　物理探査の目的　　　　　　　　　　　　　　　　　　　　　*2*

  1.1.3　リモートセンシング　　　　　　　　　　　　　　　　　　　*4*

  1.1.4　ソナー　　　　　　　　　　　　　　　　　　　　　　　　　*5*

  1.1.5　物理検層　　　　　　　　　　　　　　　　　　　　　　　　*6*

  1.1.6　非破壊検査　　　　　　　　　　　　　　　　　　　　　　　*6*

  1.1.7　非侵襲的検査　　　　　　　　　　　　　　　　　　　　　　*7*

1.2　物理探査の基礎事項 ………………………………………………… 7

  1.2.1　物理探査の 3 要素　　　　　　　　　　　　　　　　　　　　*7*

  1.2.2　物理探査の分類　　　　　　　　　　　　　　　　　　　　　*8*

  1.2.3　物理探査の実施場所　　　　　　　　　　　　　　　　　　　*10*

  1.2.4　物理探査の空間モデル　　　　　　　　　　　　　　　　　　*11*

  1.2.5　物理探査の 3 つの段階　　　　　　　　　　　　　　　　　　*11*

1.3　地質の基礎知識 ……………………………………………………… 12

  1.3.1　地層と岩石　　　　　　　　　　　　　　　　　　　　　　　*12*

  1.3.2　地層の構造　　　　　　　　　　　　　　　　　　　　　　　*14*

  1.3.3　地質年代　　　　　　　　　　　　　　　　　　　　　　　　*14*

  1.3.4　鉱床　　　　　　　　　　　　　　　　　　　　　　　　　　*15*

1.4　物理探査の応用分野 ………………………………………………… 16

  1.4.1　石油・天然ガスの探査　　　　　　　　　　　　　　　　　　*17*

  1.4.2　金属鉱床の探査　　　　　　　　　　　　　　　　　　　　　*18*

  1.4.3　地熱資源の探査　　　　　　　　　　　　　　　　　　　　　*19*

  1.4.4　地下水・温泉の探査　　　　　　　　　　　　　　　　　　　*20*

  1.4.5　活断層の探査　　　　　　　　　　　　　　　　　　　　　　*21*

  1.4.6　遺跡の探査　　　　　　　　　　　　　　　　　　　　　　　*22*

  1.4.7　不発弾の探査　　　　　　　　　　　　　　　　　　　　　　*23*

  1.4.8　現地核査察　　　　　　　　　　　　　　　　　　　　　　　*23*

iii

第2章 弾性波探査 25

2.1 弾性波探査の物理学 26

2.1.1 波の基礎事項 26
2.1.2 弾性体と弾性定数 27
2.1.3 弾性波速度 29
2.1.4 弾性波の伝播 31
2.1.5 音響インピーダンスと反射係数 32

2.2 弾性波探査の地球物理学 33

2.2.1 地震の基礎事項 33
2.2.2 地震と断層 34
2.2.3 地震の震度とマグニチュード 36
2.2.4 地震波の種類 37
2.2.5 地球の内部構造 38
2.2.6 その他の震動 40

2.3 弾性波探査の地質学 41

2.3.1 石油トラップ 41
2.3.2 岩石の弾性波速度 42

2.4 弾性波探査の計測工学 43

2.4.1 地震計 43
2.4.2 弾性波探査の受振器 44
2.4.3 弾性波探査の振源 44
2.4.4 屈折法の計測 45
2.4.5 反射法の計測 46
2.4.6 表面波探査の計測 49
2.4.7 微動探査の計測 50

2.5 弾性波探査の数学 52

2.5.1 屈折法の基礎理論 52
2.5.2 萩原のハギトリ法 55
2.5.3 反射法の基礎理論 57
2.5.4 反射法のデータ処理 58
2.5.5 反射法データのマイグレーション 61
2.5.6 表面波探査の基礎理論 63
2.5.7 微動アレイ探査の基礎理論 64

2.6 弾性波探査のケーススタディ 66

2.6.1 石油・天然ガスの弾性波探査 66

2.6.2	地すべりの弾性波探査	67
2.6.3	地下水の弾性波探査	68
2.6.4	表層地盤の弾性波探査	69
2.6.5	遺跡の弾性波探査	70

第3章　電気探査　73

3.1　電気探査の物理学　74

3.1.1	静電気	74
3.1.2	電流と電池	75
3.1.3	抵抗と電圧	76
3.1.4	比抵抗と導電率	77
3.1.5	直流と交流	78

3.2　電気探査の地質学　80

3.2.1	岩石の比抵抗	80
3.2.2	自然電位	81

3.3　電気探査の計測工学　83

3.3.1	電気探査の分類	83
3.3.2	自然電位の測定	85
3.3.3	比抵抗の測定	86
3.3.4	流電電位法の測定	88
3.3.5	流体流動電位法の測定	89
3.3.6	強制分極現象の測定	90

3.4　電気探査の数学　92

3.4.1	点電極による電位	92
3.4.2	鏡像法	93
3.4.3	各種電極配置の見掛比抵抗	95
3.4.4	線電極による電位	98
3.4.5	水平2層構造の理論電位と見掛比抵抗	99
3.4.6	水平多層構造の理論電位と見掛比抵抗	101
3.4.7	比抵抗法の感度分布	102
3.4.8	複素比抵抗とコール・コールモデル	104
3.4.9	流体流動電位法の基礎理論	105

3.5　電気探査のケーススタディ　107

3.5.1	地下資源の自然電位探査	107
3.5.2	地熱貯留層の流電電位法探査	108
3.5.3	遺跡の比抵抗法探査	110

v

3.5.4	地下水の比抵抗法探査	*111*
3.5.5	流体流動電位法による地下流体のモニタリング	*112*

第4章　電磁探査 ················· *115*

4.1　電磁探査の物理学 ················· *116*

4.1.1	電気と磁気の相互作用	*116*
4.1.2	定常電流による静磁場	*116*
4.1.3	電磁誘導	*120*
4.1.4	電磁気の基礎事項	*121*

4.2　電磁探査の地球物理学 ················· *123*

4.2.1	自然の電磁気現象	*123*
4.2.2	シューマン共振	*124*
4.2.3	地磁気の擾乱	*125*
4.2.4	電気伝導度異常	*126*
4.2.5	地震や火山による電磁気現象	*127*

4.3　電磁探査の計測工学 ················· *128*

4.3.1	電磁探査の分類	*128*
4.3.2	磁気センサ	*130*
4.3.3	ループ・ループ法の計測	*132*
4.3.4	自然電磁場を利用したMT法の計測	*133*
4.3.5	人工電磁場を利用したMT法の計測	*135*
4.3.6	TEM法の計測	*136*
4.3.7	海洋電磁法の計測	*138*
4.3.8	流体流動電磁法の計測	*139*

4.4　電磁探査の数学 ················· *139*

4.4.1	マクスウェル方程式	*139*
4.4.2	ループ・ループ法の基礎理論	*141*
4.4.3	MT法の基礎理論	*144*
4.4.4	TEM法の基礎理論	*149*
4.4.5	流体流動電磁法の理論式	*152*

4.5　電磁探査のケーススタディ ················· *154*

4.5.1	不発弾の電磁探査	*154*
4.5.2	地熱貯留層の電磁探査	*155*
4.5.3	地下水の電磁探査	*157*
4.5.4	金鉱床の電磁探査	*159*
4.5.5	遺跡の電磁探査	*160*

第5章　重力探査 ………………………………………………… 163

5.1　重力探査の物理学 ………………………………………… 164
5.1.1　物質の質量と重さ　164
5.1.2　万有引力　164
5.1.3　物質の密度　165
5.1.4　重力加速度　166

5.2　重力探査の地球物理学 …………………………………… 167
5.2.1　地球の形と大きさ　167
5.2.2　引力と重力　168
5.2.3　重力の単位　169
5.2.4　ジオイド　170
5.2.5　地球の平均密度　171
5.2.6　重力異常　171

5.3　重力探査の地質学 ………………………………………… 173
5.3.1　岩石の密度　173
5.3.2　重力が変化する地下構造　174
5.3.3　岩塩ドーム　175

5.4　重力探査の計測工学 ……………………………………… 175
5.4.1　重力偏差計　175
5.4.2　可逆振り子　176
5.4.3　絶対重力計　177
5.4.4　相対重力計　178
5.4.5　重力補正　179

5.5　重力探査の数学 …………………………………………… 181
5.5.1　重力補正の計算法　181
5.5.2　重力異常のフィルタ処理　184
5.5.3　鉛直1次微分と鉛直2次微分　187
5.5.4　波数領域のフーリエ変換　188
5.5.5　重力分布の上方接続と下方接続　190
5.5.6　重力ポテンシャル　191
5.5.7　重力と重力偏差　193
5.5.8　重力異常のシミュレーション　195

5.6　重力探査のケーススタディ ……………………………… 197
5.6.1　地殻構造の重力探査　197
5.6.2　地下空洞の重力探査　197

vii

5.6.3	石油の重力探査	198
5.6.4	鉱物資源の重力探査	199
5.6.5	地熱の重力探査	200

第6章　磁気探査 …………………………………………………… 203

6.1　磁気探査の物理学………………………………………… 204

6.1.1	磁石	204
6.1.2	磁性と磁性体	205
6.1.3	磁化と磁化率	206
6.1.4	キュリー温度	207
6.1.5	誘導磁化と残留磁化	207

6.2　磁気探査の地球物理学 …………………………………… 210

6.2.1	地磁気の歴史	210
6.2.2	地磁気の基礎事項	210
6.2.3	地磁気の日変化	213
6.2.4	地磁気の永年変化	214
6.2.5	地磁気の逆転とエクスカーション	216
6.2.6	古地磁気学	217
6.2.7	大陸移動とプレートテクトニクス	219

6.3　磁気探査の地質学………………………………………… 221

6.3.1	岩石の磁気	221
6.3.2	ケーニヒスベルガー比	221
6.3.3	岩石の帯磁率	222
6.3.4	岩石の透磁率	223
6.3.5	地磁気の縞模様	224

6.4　磁気探査の計測工学 ……………………………………… 225

6.4.1	帯磁率計	225
6.4.2	コイルを使った磁力計	226
6.4.3	プロトン磁力計	227
6.4.4	光ポンピング磁力計	228
6.4.5	超伝導磁力計	228

6.5　磁気探査の数学 …………………………………………… 229

6.5.1	磁気双極子と磁気モーメント	229
6.5.2	磁気異常	229
6.5.3	磁気異常のスペクトル解析とキュリー等温面	232
6.5.4	映像強調フィルタ	234

6.5.5　極磁気変換と擬重力	235
6.5.6　磁気異常のオイラーデコンボリューション	237
6.5.7　磁気異常のシミュレーション	238

6.6　磁気探査のケーススタディ ································· 239

6.6.1　地下構造の磁気探査	239
6.6.2　不発弾の磁気探査	240
6.6.3　遺跡の磁気探査	241
6.6.4　被熱遺構の磁気探査	242

第7章　地中レーダ探査 ································· 245

7.1　地中レーダの物理学 ································· 246

7.1.1　電磁波の歴史	246
7.1.2　電磁波の基礎事項	247
7.1.3　誘電率と透磁率	248
7.1.4　反響定位	249

7.2　地中レーダの計測工学 ································· 249

7.2.1　アンテナ	250
7.2.2　地中レーダの測定方式	251
7.2.3　地中レーダの送信波形	253
7.2.4　地中レーダのデータ処理	254

7.3　地中レーダの数学 ································· 257

7.3.1　電磁波の波動方程式	257
7.3.2　電磁波の反射係数	259

7.4　地中レーダのケーススタディ ································· 260

7.4.1　埋設管・地下空洞の地中レーダ探査	260
7.4.2　遺跡の地中レーダ探査	261
7.4.3　不発弾の地中レーダ探査	262
7.4.4　雪氷および凍土の地中レーダ探査	263
7.4.5　科学捜査のための地中レーダ探査	264

第8章　放射能探査 ································· 267

8.1　放射能探査の物理学 ································· 268

8.1.1　人工放射能の発見	268
8.1.2　天然放射能の発見	268
8.1.3　放射能と放射線	269
8.1.4　放射性崩壊	270

8.1.5	放射能の単位	*271*
8.1.6	放射線の相互作用	*272*
8.1.7	宇宙線	*273*

8.2 放射能探査の地質学 ········ *275*

8.2.1	放射性鉱物	*275*
8.2.2	放射線による被爆	*276*
8.2.3	自然放射線量の地域差	*277*
8.2.4	ウラン鉱床	*278*
8.2.5	断層破砕帯	*278*
8.2.6	岩石の風化	*279*

8.3 放射能探査の計測工学 ········ *280*

8.3.1	電離箱	*280*
8.3.2	GM 計数管	*281*
8.3.3	シンチレーション計数管	*282*

8.4 放射能探査の数学 ········ *283*

8.4.1	半減期と崩壊定数	*283*
8.4.2	放射性年代	*285*
8.4.3	放射能の遮蔽	*286*
8.4.4	放射能探査の基礎理論	*287*
8.4.5	空間データの補間	*288*

8.5 放射能探査のケーススタディ ········ *291*

8.5.1	断層の放射能探査	*291*
8.5.2	地下水・温泉の放射能探査	*292*
8.5.3	海洋環境の放射能探査	*293*

第9章 地温探査 ········ *295*

9.1 地温探査の物理学 ········ *296*

9.1.1	熱と温度	*296*
9.1.2	熱の移動	*297*
9.1.3	熱の物性	*298*
9.1.4	熱電効果	*298*

9.2 地温探査の地球物理学 ········ *300*

9.2.1	地球の熱と温度	*300*
9.2.2	地球内部の温度と圧力	*300*
9.2.3	地温の時間変化	*301*

9.3　地温探査の地質学 ································· 302
9.3.1　岩石の熱物性 302
9.3.2　地下構造の違いによる地温変化 303

9.4　地温探査の計測工学 ································ 304
9.4.1　液体温度計 304
9.4.2　熱電対 304
9.4.3　サーミスタ温度計 305
9.4.4　測温抵抗体 305
9.4.5　放射温度計 305
9.4.6　光ファイバ温度計 306
9.4.7　1m深地温探査 307

9.5　地温探査の数学 ····································· 309
9.5.1　熱伝導方程式 309
9.5.2　熱伝導による冷却を使った地球年齢の推定 310
9.5.3　地表の温度変化が地下温度に与える影響 311
9.5.4　2次元の熱源モデル 311
9.5.5　坑井温度を使った過去の温度履歴の推定 312

9.6　地温探査のケーススタディ ······················ 314
9.6.1　地熱貯留層の地温探査 314
9.6.2　温泉の地温探査 315
9.6.3　地すべりの地温探査 316
9.6.4　漏水の地温探査 317
9.6.5　金属鉱床の地温探査 318

引用文献および引用画像 ······························· 321

参考文献 ·· 329

あとがき ·· 333

索　引 ·· 335

第1章
物理探査の概要

"見えないと始まらない．見ようとしないと始まらない"
ガリレオ・ガリレイ

ヒト[1a)]
(Human，学名：*Homo sapiens*)

　この絵は，Y型の木製棒を使って水脈や地下資源を探査する18世紀のダウザー(dowser)を描いたものです．このダウジング(dowsing)と呼ばれる特殊な方法の起源は詳しくわかっていませんが，15世紀頃のドイツで金属鉱床の探査をしたのが始まりだと言われています．ややオカルト的なこのダウジングは，"コックリさん"と同じように，自分の意志とは無関係に動作を行なってしまう現象"オートマティスム"の一種と考えられています．ダウジングの科学的な検証は，これまでに何度も試みられていて，ダウジングには分が悪い結果となっています．ダウジングは，科学ではまだ解明されていない未科学領域の探査法かもしれません．我々ヒトは，特別な存在であり万物の霊長であると勝手に思い込んでいますが，まだまだ万物を理解できているわけではありません．ニュートンが万有引力を発表したときは，当時の学者達から"オカルト・フォース"を導入したと揶揄されたそうです．ダウジングが科学で解明される，またはインチキが証明されるときは来るのでしょうか．

1.1 物理探査とは

　物理探査学は，英語では exploration geophysics といい，直訳すると地球物理探査学となる．また，物理探査学のかなりの部分が地球物理学と密接に関係しているので，応用地球物理学 (applied geophysics) と呼ばれる場合もある．その名前からもわかるように，物理探査学は物理学的な手法を用いた地下探査に関する学問である．なお，学問の名称は物理探査学であるが，その中で使われる各種の方法は物理探査 (geophysical exploration) と呼ばれる．

1.1.1 物理探査の定義

　漢和辞典によると探査の探は "さがす"，査は "しらべる" という意味がある．つまり物理探査とは，物理的な手法を用いて目に見えないものを探して査べる方法と言える．物理探査を短い言葉で表現することは難しいが，物理探査用語辞典によると "地下に存在する物質の物理的，化学的性質と直接あるいは間接的に関連して，人為的または自然的に生じた現象を遠隔的に観測し，その資料を解析することにより，地質構造の様相，鉱床の存在などのような地下の状態を解明すること" とある[1b]．一文で物理探査全般を説明する必要があるため，法律の条文のような長くて難しい表現になっているが，大意はつかめるだろう．物理探査の中には重力探査や磁気探査のように地球物理学と密接な関係がある方法もあるが，電気探査のように必ずしも地球物理学と関連が深いとは言えない方法もあるので，日本では "地球" の文字を省略して物理探査と呼ばれてきた．物理探査は主として鉱物資源の探査，石油・天然ガスの探査，地熱の探査などの資源探査に使われているが，その他にもダムやトンネルを造る前の基礎地盤調査，古墳の内部を非破壊で調べる遺跡探査，不発弾や地雷の探査，活断層の調査などの幅広い分野で使われている．

1.1.2 物理探査の目的

　考古学の研究によれば，人類は約 30 万年前から岩石を加工して石器を利用し始めたと考えられている．さらに約 5,000 年前には，銅や鉄などの金属を道具や武器として利用するようになった．最初は薪などを燃やして暖を取ったり煮炊きをしていた人類も，18 世紀後半の産業革命の頃には石炭を利用するよ

うになり，20世紀に入ると石油を消費することで豊かな生活を手に入れた．このような文化的な生活を行なうためには，**地下資源**は必要不可欠である．我々はあまり意識せずに利用しているが，電気を作るためには**石油**や**石炭**などの地下資源が使われているし，原子力発電の燃料となる**ウラン**もまた地下資源である．また，衣類の原料になる化学繊維は石油から作られている．今やスマートフォンは生活に欠かせないが，その中で使われている電子基板には**銅**や**金**などの地下資源が使われている．さらにマンションやビルなどには鉄骨や鉄筋として**鉄**が使われているし，その窓枠には**アルミニウム**が使われている．実は私たちの身の周りは，地下資源から作られたもので溢れている．

このような地下資源の元となる分子や化合物は，地殻中や海中などに低濃度で多量に存在している．ただし，経済的に取り出して利用するためには，それらの地下資源が**濃集**して存在する場所を探す必要がある．昔の地下資源の発見には，偶然が寄与した例が数多くあった．例えば，南アフリカで子供の拾った石が21.5カラットのダイヤモンドであったり，オーストラリアのカウボーイがつまずいた石が天然の金塊であった，などの例である．また，世界文化遺産となった旧・三井三池炭鉱の始まりは，1469年に伝治左衛門が発見した"燃ゆる石"が発端だと言われているし，アメリカの石油産業の発展も，その始まりは飲料水の井戸から偶然出てきた石油である．しかし，偶然に頼っているだけでは，生活に必要な十分な地下資源を確保することはできない．そこで，積極的に地下資源を探し出す様々な科学的な方法が考え出された．物理探査はそれらの方法のひとつで，地球物理学に基礎を置いた地下の探査法である．

前述の例のように価値の高い天然資源が偶然に見つかることもあるが，確率的に言えばそんなに頻繁に起こることではない．きちんとした医学検査を省いて外科手術をすることがないように，地下の有用な鉱物資源を取り出すためには，十分な事前の調査が必要である．物理探査は，地下の物理的な性質を測定して地下の状態を推定する方法で，通常は石油や金属鉱床などの地下資源の探査に使われる．物理探査では，目的とする地下資源の物理的な性質(**物性値**)により，**弾性波速度**，**地磁気**，**重力**，**電位差**，**温度**などを測定する．物理探査の目的は，地下構造を可視化して，岩石の空間分布や断層のような地質構造を明らかにすることである．地質学や地球化学がその場所でのサンプルを必要とするのに対し，物理探査は離れた場所から地下の物性値を測定することで，間接

的に金属鉱床や石油貯留層などの状態を調べることができる.

物理学的な手法で地球を調べる方法は，物理探査だけではない．比較のために，まずは物理探査以外の方法についての概要を整理しておこう．また，見えないモノやヒトの内部を調べる方法についても，物理探査と関連が深いのでその概要を説明する.

1.1.3 リモートセンシング

地球表層での電磁波の反射応答を，人工衛星や飛行機から観測する**リモートセンシング** (remote sensing) は，物理学的に地球を調べる方法の一つである．我々の目も**可視光** (visible light) という**電磁波** (electromagnetic wave) を感じるセンサであるが，可視光の周波数帯域は非常に狭く，その範囲を超える電磁波，例えば赤外線や紫外線などは感じる (見る) ことができない．リモートセンシングでは我々の目の代わりとなる**電磁波センサ**を使って，人工衛星などから可視光や赤外光などを広域に測定する.

リモートセンシングには，太陽光などの自然の電磁波を測定する**受動的**な方法と，電磁波源から放射した人工的な電磁波を測定する**能動的**な方法がある．図 1.1 にリモートセンシングの原理を示す．太陽からの自然の電磁波は，地面や植物によって反射され，人工衛星に搭載したセンサでその反射強度が測定される．測定されたデータは地上の基地へと転送されてコンピュータを使って解析される．解析されたデータは植生分布などに変換され，農業などに利用される．このように上空の人工衛星から，大地・湖・川などを含む広域の情報が取得できる.

次に，能動的なリモートセンシングについて説明する．一般的に**レーダ** (radar: **RA**dio **D**etection **A**nd **R**anging) は，マイクロ波 (またはミリ波) と呼ばれる電磁波を対象物に照射し，反射して戻ってきた信号を解析することによって，対象物の観測を行なう．マイクロ波は可視光などに比べて波長が長いため，雲などの影響を受けずに観測ができる．しかし，電磁波を使った観測機器の分解能は，その波長に依存するため，マイクロ波を使うレーダでは分解能が低い．**ライダ** (lidar: **LI**ght **D**etection **A**nd **R**anging) は，可視光を使うリモートセンシングで，主に陸上の高精度な測量 (測距: ranging) や浅海の深度を測定する**測深** (bathymetry) などに利用される.

4

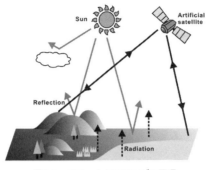

図 1.1　リモートセンシングの原理

1.1.4　ソナー

　水中では電磁波の減衰が激しいため,電磁波は水中深くまでは届かない.そのため水中では,電磁波の代わりに音波が使われる.**ソナー** (sonar: SOund Navigation And Ranging) とは,水中を伝播する音波を用いて,船舶や潜水艦から水中や海底の物体を探知・測距する装置である.ソナーには,**超音波振動子** (ultrasonic transducer) を使って音波を発射して,対象となる物体から反射して戻ってくる超音波を利用して距離や方位を探知する**能動的**な方法と,水中の物体自らが発する音を探知・測定する**受動的**な方法がある.

　ソナーには,能動モードと受動モードを組み合わせた複雑で大規模な軍用の水中測敵装置から,レジャー用を含む簡易な**魚群探知機** (ultrasonic fish finder) まで,多種多様なソナーが存在する.また,リモートセンシングのライダと同様に,**エコーサウンダ** (echo sounder) と呼ばれるソナーは,水深を測る**測深** (bathymetry) にも使用される (図 1.2).また,**サイドスキャンソナー** (side-scan sonar) は海底面を広範囲に計測して画像化できるので,海底測量や沈没船の調査などに使われている.

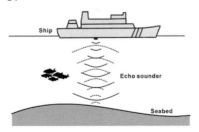

図 1.2　ソナーによる海底地形の計測の例

1.1.5 物理検層

物理検層 (geophysical well logging) は単に**検層** (well logging) とも呼ばれ，坑井中で物理的現象を利用して測定を行ない，得られたデータに解析を加えて坑井周辺とその近傍の地層・地質状況や物性値を解明する探査法である (図1.3)．物理検層で用いる現象は，物理探査で使われる物理現象と重なる部分が多い．坑井を用いる物理検層は，地表で行なう物理探査に比べて測定精度が高く，電子機器やセンサの技術革新にも支えられ，各種の検層種目が考案されている．その主なものは，キャリパ検層，温度・圧力・流量検層，自然電位検層，比抵抗検層，誘電率検層，ガンマ線検層，密度検層，中性子検層，速度検層，地層走向傾斜検層などである．

物理検層の測定は，坑井に挿入された検層ケーブルを使って深度方向に連続的に行なわれる．石油・天然ガスの探査では，検層データをもとに地層や貯留岩層の**孔隙率** (porosity) や**油・ガス飽和率** (oil and gas saturation rate) などを計算して，埋蔵量および生産性を評価する．その他には坑井間の地層対比，岩盤の力学的性質の評価など，その応用範囲はきわめて多岐にわたる．

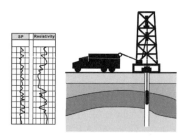

図1.3 坑井を使った物理検層の概念図

1.1.6 非破壊検査

非破壊検査 (nondestructive inspection) とは，"物を壊さずに" その内部の傷や表面の傷あるいは劣化の状況を調べる検査技術のことである．非破壊検査を使った試験は，素材の加工工程や完成時の製品の検査などに適用することで，製品の信頼性を高めることに役立っている．また保守検査に非破壊試験を適用することで，使用中の設備などを長期にわたって有効に活用することを可能にする．主な非破壊検査の適用対象としては，工場・プラント・鉄道・航空機・橋梁・ビル・地中埋設物などがある．また主な非破壊検査方法としては，**放射線透過**

検査,超音波探傷検査,磁気探傷検査,浸透探傷検査,渦流探傷検査,ひずみ測定,アコースティックエミッション (Acoustic Emission: **AE**) 測定,赤外線検査などがある.空港の搭乗口などで行なわれる人や荷物の危険物チェックは,非破壊検査の身近な応用例である.

1.1.7 非侵襲的検査

非侵襲的検査 (non-invasive testing) とは,体に負担を与えない検査のことをいう.**侵襲** (invasion) とは,病気や怪我だけでなく手術や医療処置のような,"生体を傷つけること"すべてを指す医学用語である.病気の疑いがあると病院で検査を受けるが,体に負担がかかる検査はできるだけ避けたいと誰もが考える.非侵襲的検査の代表例は,X 線写真 (X-ray radiography: 図 1.4) や超音波検査などである.また,**磁気共鳴映像** (**M**agnetic **R**esonance **I**maging: **MRI**) 検査や **X 線 CT**(**X**-ray **C**omputed **T**omography) 検査も非侵襲検査である.なお,血液検査や胃カメラは侵襲的な検査に分類される.

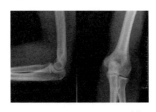

図 1.4 肘関節の X 線写真 [1c)]

1.2 物理探査の基礎事項

1.2.1 物理探査の 3 要素

物理探査を実施するに当たって,考慮すべき特に重要な要素が 3 つある.1 番目は**物性値の差** (contrast of physical property) である.物理探査では,地質が異なっていても物理的な性質が同じであれば区別ができないし,その逆に地質が同じでも物理的性質が異なっていれば別構造として検出できる.世間一般では物理探査は地質調査と混同される場合が多いが,このように地質学と物理探査学では対象となるものが根本的に異なる.

2 番目と 3 番目に重要なのは,探査対象の規模 (**分解能**: resolution) と深さ (**可探深度**: penetrating depth) である.この 2 つの要素は互いに依存関係にあり,

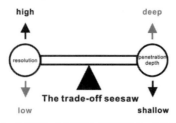

図 1.5 物理探査の分解能と探査深度の二律背反関係

両方が同時に成立することがない二律背反の関係にある．例えば，深くまで探査しようとすれば分解能は落ちて大きな対象物しか検出できないし，分解能を上げて小さなものまで探査しようとすれば，探査できる深度は浅くなってしまう．このように，一方が上昇すれば他方が低下する関係を，**トレードオフ** (trade-off) の関係という (図 1.5)．地下の探査を実施する場合は，これらの 3 要素を考慮して，最適な物理探査法を選択する必要がある．

地表での測定結果だけから，できるだけ深部の地下情報を知ることが物理探査の理想である．しかし実際には，遠方のものほど情報を得ることが難しい．このような相反する理想と現実を調和させるのが物理探査の醍醐味であり，奥深さである．

1.2.2 物理探査の分類

物理探査法を分類すること自体に大きな意味はないが，手法を整理するために各手法を分類した (表 1.1)．物理探査は他の地球科学的探査とは異なり，遠く離れた地点での物性値を間接的に測定するため，遠隔点にまで作用する力を利用する必要がある．

表 1.1 対象とする物性値 (物理的性質) による分類

探査法の名称	物性値	関連する物理理論
弾性波探査 地中レーダ探査	弾性波速度，弾性定数 誘電率	波動論
重力探査 磁気探査 電気探査 電磁探査	密度 磁化率，帯磁率 比抵抗，分極性 導電率，誘電率，透磁率	ポテンシャル論
放射能探査 地温探査	放射能，放射線の強度 温度，熱量	放射 伝熱，拡散

物理探査の最初のグループは，時間と共に振動現象が空間的に伝播する**波動**を利用した方法である．この方法には，弾性体を伝わる波 (弾性波) を用いた**弾性波探査** (seismic exploration) と，地中を伝わる電磁波を利用した**地中レーダ探査** (gound penetrating radar exploration) がある．弾性波探査では人工の地震波を利用し，地中レーダ探査ではアンテナから放射される電磁波が使われる．両者で使われる波の速度は大きく異なるが，両者ともに波の伝播時間を計測することで，対象物の位置や深度を推定できる．弾性波探査の中でも**反射法** (reflection method) は，石油・天然ガス探査などに利用される物理探査の王道とも言える探査法である．

次のグループは，距離に応じて減少する**ポテンシャル力**を利用する方法である．このグループには，**重力探査** (gravity exploration)，**磁気探査** (geomagnetic exploration)，**電気探査** (electric exploration)，**電磁探査** (electromagnetic exploration) がある．例えば重力や静電気力 (クーロン力) は，逆2乗則と呼ばれる法則に従って距離の2乗に反比例してその力が弱まる．そのため対象となる地下構造が深部にある場合は，測定される信号がかなり小さくなる．

最後のグループには，ウランなどの放射線源からの放射線強度を測定する**放射能探査** (radioactive exploration) や，地下の温度を温度計によって測定する**地温探査** (thermal exploration) がある．これらの方法は，これまでの方法とは異なり，直接的な測定の側面があるので物理探査に含めずに地化学探査に分類される場合もある．

また物理探査法は，その物理現象が天然由来か人工的なものかによっても分類できる．物理現象が天然の場合には，入手できる情報はそのもの自体が持つ情報以上のものは取得できない．しかし，物理現象が人工の場合には，創意工夫をすることで必要な情報を増やしたり強調することができる．天然の方法は医者による検温，聴診，見診などに相当し，人工の方法は医者の打診，超音波エコー，X線写真などに相当する．各種の物理探査法には優劣はなく，それぞれの方法に応じた特徴がある．例えば，地下の熱源の探査であれば地温探査が有効であるし，磁鉄鉱鉱床の探査では磁気探査が有効であろう．一つだけですべての対象に有効な探査法はなく，探査対象に応じた探査法の選択が重要である．また，これらの方法の複数使用は，多くの自由度の中から任意性を減らす効果がある．

これらの物理探査法の中には，弾性波探査や電気探査などのように，さらに多くの手法に細分化されている探査法もある．それぞれの探査法の詳細については，第2章以降で順次説明する．

1.2.3　物理探査の実施場所

資源を見つけるためには，まず資源がありそうな有望地域を絞り込む必要がある．人間が行けないような場所でも，現在では人工衛星を使ったリモートセンシングなどが利用できる．しかし，詳細な情報を得るためにはできるだけ地表に近づく必要があるため，航空機やヘリコプタなどを使った空中物理探査 (airborne geophysical exploration) が実施される．このような方法を使えば，地上調査が困難な地域での調査や，広域な範囲の迅速な調査などが可能となる．これらの概略的な探査を概査と呼ぶ．

概査の結果得られた有望地域で，さらに詳細な物理探査を実施する．通常は地表面で実施される場合が多く，空中物理探査に対して地表物理探査 (surface geophysical exploration) などとも呼ばれる．石油探査の場合には弾性波探査の反射法，金属鉱床の探査の場合には電気探査や電磁探査などが使われる．対象物が浅くて小さな遺跡探査の場合には，地中レーダなどが使われる．このような詳細な探査を，概査に対して精査と呼ぶ．精査によって対象物の場所や規模，深度がわかると次にボーリングによる調査 (試掘) が行なわれる．坑井があれば，坑井と地表を使った坑井・地表間探査や坑井・坑井間探査によるさらに詳細な探査ができる．坑井・坑井間で行なう物理探査とその一連のデータ解析はジオトモグラフィ (geotomography) と呼ばれている．また，坑井内の近傍を詳しく調べる前述の物理検層と呼ばれる技術もあり，石油や地熱蒸気の生産・評価に欠かせない重要な方法となっている．

表 1.2　物理探査の規模による分類

対象領域	規模（または分解能）	方法の名称
宇宙・空中	数百 km 〜数百 m	リモートセンシング 空中物理探査（重力探査など）
地表・海上	数 km 〜数 m	弾性波探査，電気探査など
地表・坑井間， 坑井・坑井間	数百 m 〜数 m	ジオトモグラフィ
坑井内	数百 m 〜数 cm	物理検層

1.2.4 物理探査の空間モデル

物理探査で取り扱う地下空間は，実際にはすべて 3 次元であるが，地下の物性値の分布状況によって図 1.6 のように分類される．**均質モデル** (homogeneous model) では，物性値がどの方向についても変化せずに全域で一定の値を持つ．**1 次元モデル** (1-D model) では，物性値が深度方向 (z 方向) にだけ変化するが，水平方法 (x および y 方向) には変化しない．**2 次元モデル** (2-D model) では，物性値が深度方向と横方向 (x 方向) に変化するが奥行き方向 (y 方向) には変化しない．**3 次元モデル** (3-D model) では，物性値が全ての方向に変化する．ここでは，最も単純な空間モデルの例を示したが，実際の地下モデルでは物性値が複雑に変化する．また，3 次元分布している物性値が時間的に変化する場合は，**4 次元モデル** (4-D model) と呼ぶ場合もある．

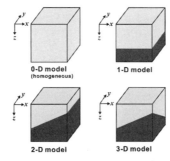

図 1.6 物理探査の空間モデル (左上から均質モデル，1 次元モデル，2 次元モデル，3 次元モデル)

1.2.5 物理探査の 3 つの段階

物理探査には，大きく分けて 3 つの段階がある (図 1.7)．1 つ目は**データ取得** (data aquisition) で，物理探査では最初に様々な計測機器を用いて地下の物性値に関するデータを計測する必要がある．取得した観測データは，ノイズ除去などの処理をした後に，コンピュータを用いた**シミュレーション** (simulation) や**インバージョン** (inversion: 逆解析) などを使って，地下の物性値の分布に変換される．これが 2 つ目の段階の**データ解析** (data analysis) である．最後の段階が，探査結果の**データ解釈** (data interpretation) である．データ解析で求めた地下の物性値の分布と地質などの情報から，目的とする石油や鉱物資源などの存在場所や深度などを総合的に判断する．

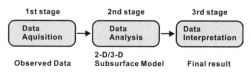

図 1.7　物理探査の 3 つの手順

〈コラム 1A〉テラヘルツ波

　テラヘルツ波 (terahertz wave) とは電磁波の一種で，周波数 1 THz(テラヘルツ) 前後の電磁波を指します．このテラヘルツ波の周波数帯は，光波と電波の中間領域に当たり，これまで発生と検出が困難でした．しかし，量子カスケードレーザの開発によって，テラヘルツ波による計測が可能となりました．テラヘルツ波の一般的な特徴としては，1) 物質を破壊せず，人体を傷つけないので安全性が高い，2) 紙や布，プラスチックは透過する，3) 水に強く吸収される，4) 物質ごとに固有の吸収特性を持つ，などがあります．これらの特徴や性質を利用すれば，従来の技術ではできなかった工業や医療分野への応用が期待できます．例えば，食品の異物検査で小さな金属片やプラスチック片などを識別することや，錠剤薬のコーティング厚みの計測などもできます．図 1A はその一例で，唐辛子の内部の種や干し海老の甲殻の内部が高分解能で可視化されています．

図 1A　唐辛子と干し海老のテラヘルツ波イメージング画像[C1]

1.3　地質の基礎知識

1.3.1　地層と岩石

　地層 (stratum) は，粘土・砂・礫等の砕屑物や火山礫・火山灰等の火山砕屑物，生物遺骸などが，水や風の力により運搬されて堆積した堆積物ないし堆積岩のうち，垂直方向に比べて水平方向の広がりが十分に広いものをいう．地層は一般的に，水中のほぼ水平な面の上に，一定の厚さで層状に溜まっていく．比較的均質な構成物からなる一枚の地層を**単層** (bed) と呼び，単層と単層の間

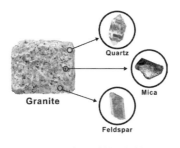

図 1.8　岩石と鉱物の関係

の境界面を**層理面** (bedding plane) という．普段，地層は地面の中に隠れているので見ることはできないが，何らかの原因で地面の断面が見える場所では，地層の観察ができる．これを**露頭** (outcrop) という．典型的な露頭は，崖，道路脇の地面が削り取られた場所，採石場，川岸の土手などで，粒径や構成物が異なった層からなる平行な帯として観察することができる．地層それぞれの単層の厚さは，1 mm にも満たないものから，1 km を超えるものまで様々な場合がある．グランドキャニオンのような大渓谷では，数億年に亘る期間の地層が観察できることもある．

　一般的には，**岩石** (rock) と**鉱物** (mineral) は共に "石" と呼ばれて混同されているが，学術的には区別される．化学的に言えば，鉱物は純物質であり，岩石はその混合物である (図 1.8)．岩石，鉱物共に地球の固体部分を構成する要素であるが，鉱物がその最小単位となっている．一般に，鉱物は結晶構造を持ち，化学式で表すことができる．これに対して岩石は，鉱物や岩石の破片，天然ガラス，有機物などの集合体である．

　岩石や地層には決まった基準に従って命名された固有の名前があるので，これらの名前を整理する．一般に，岩石はその生成過程の違いにより，**火成岩**

表 1.3　代表的な岩石

地殻を構成する岩石	堆積岩		泥岩，砂岩，礫岩，チャート，石灰岩，凝灰岩
	火成岩	火山岩	流紋岩，安山岩，玄武岩
		深成岩	花崗岩，閃緑岩，ハンレイ岩
	変成岩		片岩，片麻岩，角閃岩，緑色岩
マントルを構成する岩石	カンラン岩		

(igneous rock), **堆積岩** (sedimentary rock), **変成岩** (metamorphic rock) に大別される. 火成岩は, マグマから固まってできる岩石で, 堆積岩は降り積もった砂や粘土が固まってできる石である. 変成岩は, これらの岩石が強い熱や圧力を受けてできる. 代表的な岩石の分類を表 1.3 に示す.

1.3.2 地層の構造

堆積物は自身の性質にかかわらず, ほぼ水平に堆積する. このような堆積作用が進むにつれて, 堆積の順序に横の縞模様ができる. これを**層理** (bedding) という. 層理は堆積岩の特徴の一つであり, 層理を示す堆積岩を地層という. 層状に重なる一連の地層は, 下のものほど古く, 上のものほど新しい. これを**地層累重の法則** (law of superposition) といい, 堆積岩の新旧を決める基礎となる.

層理は堆積する場所の底にほぼ平行にできる. 例えば, 海で堆積した地層は, 海底面に平行である. 安定した環境では堆積が連続して行なわれるので, 地層が幾層にも平行に堆積する. この地層の重なり方を**整合** (conformity) という. しかし, 地層の中には上下の地層間に不連続な面が見られる場合がある. また境界面に凹凸が見られる場合がある. これは地層の形成中に, 堆積の中断があったことを示す証拠である. この地層の重なり方を**不整合** (unconformity) といい, その境界面を**不整合面** (plane of unconformity) という.

堆積岩や火成岩が以前から存在していたところに, マグマが入り込んでできた新しい火成岩を**貫入岩** (intrusive rock) といい, 古い岩石と新しい岩石とは貫入関係にあるという. また貫入岩の中には, 周囲の岩石の破片を含むこともあり, これを**捕獲岩** (xenolith: ゼノリス) と呼ぶ.

1.3.3 地質年代

地球の歴史は岩石や地層の中に封じ込められており, 幾重にも重なる地層には, 地球の過去の出来事の痕跡やその時代の生物などが記録されている. これらの地層は, 含まれる岩石や化石の放射年代測定によって地層が誕生した年齢を推定することができる. こうして地層中の岩石や含まれる化石を調べることで, 地球の過去を知ることが可能となる. **地質年代** (geologic time) とは, 主な生物種族の生存期間に基づいて区分したもので, 普通は化石などを用いた動物

表 1.4　地質年代

冥王代	始生代	原生代	顕生代										
			古　生　代						中　生　代			新　生　代	
			カンブリア紀	オルドビス紀	シルル紀	デボン紀	石炭紀	ペルム紀	三畳紀	ジュラ紀	白亜紀	古第三紀	新第三紀	第四紀

の進化が基準にされる．地質年代は古いほうから順に，**冥王代** (Hadean)，**始生代** (Archean)，**原生代** (Proterozoic)，**古生代** (Paleozoic)，**中生代** (Mesozoic)，**新生代** (Cenozoic) に区分される．さらに，古生代はカンブリア紀，オルドビス紀，シルル紀，デボン紀，石炭紀，ペルム紀に，中生代は三畳紀，ジュラ紀，白亜紀に，新生代は古第三紀，新第三紀，第四紀にそれぞれ分類される．

1.3.4　鉱床

地殻中に，ある特定の有用元素や化合物が，通常の岩石中の平均組成以上に濃集している鉱物の集合体で，経済的に採掘して利益をあげることのできるものを**鉱床** (ore deposit) という．鉱床には金・銀・銅・鉛・亜鉛・錫のような金属鉱物や元素の濃集によるものの他に，硫黄・石灰石・ドロマイト・珪石・蛍石・粘土・陶石，それに花崗岩などの岩石そのものを採掘対象とするもの，また石油・天然ガス鉱床のように炭化水素類が流体として地層中に集積・貯留されたものなどがある．

鉱床の定義には，特殊な地殻構成物質という概念に加えて，それが経済的な利潤をもって開発・利用できるという前提がある．そのため，過去には鉱床として認められなかったものが現在では重要な鉱床となったものや，その反対に高品位の鉱石の鉱床でありながら技術的問題が未解決なため，未開発のまま放置されているものなどがある．経済的要因によって開発された例にオイルサンド (oil sand)，技術的要因によって開発された例として**シェールガス** (shale gas) がある．また，技術的要因でまだ開発されていない例として，近年注目されている**海底熱水鉱床** (seafloor hydrothermal deposit) や**メタンハイドレート** (methane hydrate) などがある．

鉱床の分類は，その目的や用途によって種々に分類できる．**金属鉱床・非金**

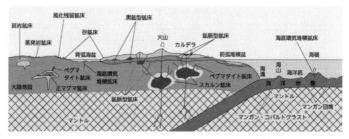

図 1.9 鉱床の種類と鉱床が形成される場所 [1d]

属鉱床・燃料鉱床などの開発対象による分類，金鉱床・銀鉱床・ニッケル鉱床などの元素種類による分類，あるいは塊状鉱床・層状鉱床・脈状鉱床などの形状による分類がある．しかし，最も一般的なものは鉱床の成因による分類である (図 1.9)．成因による分類では，マグマ中に含まれる種々の成分が冷却凝結していく過程で元素が濃集して鉱床を形成する**マグマ鉱床** (正マグマ鉱床，ペグマタイト鉱床，気成鉱床，熱水鉱床など) や，自然の力により鉱物元素が生成・分解して鉱床を形成する**堆積鉱床** (砂鉱床，風化残留鉱床など)，既成の鉱床が自然の力で変質してできた**変成鉱床** (接触熱変成鉱床，重力変成鉱床など) に分類できる．また，周囲の岩石の生成と同じ時期に生成した鉱床を**同生鉱床**といい，周囲の岩石の生成後に生成した鉱床を**後生鉱床**という．

1.4 物理探査の応用分野

物理探査は，その歴史的な背景から**資源探査**に関連して大きく発展した．しかし，資源と一口で言っても様々なものがある．石油・天然ガス，石炭，ウラン，地熱などは**エネルギ資源**であるし，鉄や銅などの**ベースメタル** (base metal)，金やプラチナなどの**貴金属** (precious metal)，合金などに欠かせない**レアメタル** (rare metal) や**レアアース** (rare earth) などは**鉱物資源**である．20 世紀は石油の世紀と呼ばれていたが，21 世紀は水の世紀だと考えられている．水は生命維持に欠かせないもので，農業や商工業にも多く使われている．また，温度の高い地下水である温泉は，健康促進や病気の治療などに有効利用できる．このような有用な**地下水・温泉資源**の探査にも物理探査が使われる．

最近では，資源探査以外の分野でも物理探査が利用されている．例えば，自然に生じた**鍾乳洞**などの天然空洞や，鉱山の**採掘跡**などの人工空洞の探査にも

表 1.5　物理探査の主な応用分野

資源分野	エネルギ資源	石油，天然ガス，石炭，ウラン，地熱　など
	鉱物資源	金，銀，銅，鉄，レアメタル　など
	水資源	地下水，温泉
非資源分野	土木	トンネル・ダム・建設用地などの基礎地盤調査
	防災	地すべり，地下空洞，活断層，地盤の安定度評価　など
	環境	土壌汚染，地下水汚染，放射能汚染，漏水
	氷河学	雪氷，凍土，氷河
	遺跡	古墳，住居址，窯跡，埋蔵文化財
	戦争・紛争関連	不発弾，地雷，遺骨，墓所

物理探査が利用される．また，**地すべり** (landslide) 地域の調査や**活断層** (active fault) 調査のような防災や災害予知のためにも物理探査が使われている．資源の開発には，その負の側面として廃棄物などによる**土壌汚染**や**地下水汚染**なども考えられるが，このような環境分野にも物理探査が利用される．**不発弾** (Une**X**ploded **O**rdnance: UXO) は，太平洋戦争から半世紀以上たった現在でも，日本各地で毎年のように発見されている．このような不発弾の探査にも物理探査が使われる．日本では氷河自体がほとんどないのであまり使われないが，ヨーロッパや北米では氷河学の一分野として氷河や雪の厚さを調べるために物理探査が利用されている．また特殊な利用法として，戦時中の遺骨や墓所の探査などもある．表 1.5 に，物理探査の主な応用分野を整理した．次から，これらの主な応用分野について簡単な説明を行なうが，そのなかでは詳しい解説抜きで様々な探査法を紹介している．なお，各探査法の詳細については次章以降の該当箇所を参照して欲しい．

1.4.1　石油・天然ガスの探査

物理探査には色々な方法があるが，石油鉱業では**弾性波探査** (seismic exploration)，**重力探査** (gravity exploration)，**磁気探査** (magnetic exploration) が主として使われている．

弾性波探査の**反射法**は石油・天然ガスの探鉱において，広域の構造を詳細に把握できる最も効果的な物理探査法である．反射法では，陸上または海上で人工的に振動を起こし，地下からの反射波を測定し，その測定データをコンピュータで処理・解析することにより地質構造を把握する．昔は構造形態の把

握だけに使用されていたが，最近では高精度の速度情報，波形や振幅情報を用いた物性値の推定も行なわれている．

　重力探査では，測定した重力値から求められる重力異常を使って，基盤構造の決定，**褶曲構造**，**潜在断層**，カルデラ構造の検出を行なうことができる．石油や天然ガスは，褶曲構造の背斜部分に集積するので，重力異常による褶曲構造の調査は概査として極めて有効である．**磁気探査**は，高精度磁力計を使用して地球磁場を測定し，地下の磁性体の分布を知る探査法である．磁気探査は，陸上だけではなく船上や飛行機によって実施され，特に飛行機による空中磁気探査は探査能率が良いことから，堆積盆地評価を目的とした概査には有力な探査法となっている．

1.4.2　金属鉱床の探査

　日本はかつて世界有数の銀や銅の産出国であったが，資源の枯渇や人件費の上昇などのために採算が取れなくなった．そのため現在では，必要な金属資源のほぼ全量を海外に依存している．このように，日本は世界でも有数な金属消費大国である．

　金属鉱床の探査では，鉱床の種類に応じた探査法の選択が重要である．銅などの硫化物鉱床の探査では電気探査の一種である**強制分極法** (**IP 法**：Induced Polarization method) がよく使われる．ある種の鉱物の中には，電圧をかけるとコンデンサのように電荷を蓄える性質を持つものがある．このような性質をIP 効果といい，IP 効果の程度を表す指標を**充電率** (chargeability) という．**IP 法**では，比抵抗と同時にこの充電率を測定する．黄銅鉱や黄鉄鉱のような**硫化鉱物**は充電率が高いため，IP 法が特に効果的である．

　電磁探査の一種である**時間領域電磁法** (**TEM 法**：Transient ElectroMagnetic method) も，金属鉱物資源探査に広く適用されている．しかし近年，探査対象が深部化する傾向があり，誘導コイルを磁力計として用いる従来の測定装置では，探査深度が十分でないことが問題となった．この問題を解決するため，TEM 法の磁力計に超伝導磁力計を導入し，探査深度と精度の向上させる技術開発が行なわれている．**地磁気地電流法** (**MT 法**：MagnetoTelluric method) は，自然の電磁場変動を利用する電磁探査法で，地下数十 km までの比抵抗構造を把握することができる．その他にも，電気探査法としてシュランベルジャー配

置を使った**比抵抗法** (resistivity method) や**流電電位法** (mise-à-la-masse method) などが金鉱床探査などに利用されている.

磁気探査は鉱床の誘導磁化や残留磁化による磁気異常に着目した探査法で,磁鉄鉱のような強磁性体を含む鉱床では,大きな磁気異常が生じるので特に有効である.

1.4.3 地熱資源の探査

環太平洋火山帯に位置する日本は,発電ポテンシャルが 2,300 万 kW 以上と,米国やインドネシアに次ぐ世界3位の地熱資源量を誇る.このポテンシャルは,一般家庭で 4,000 万世帯分に相当する量になるが,実際に地熱発電に利用されているのは全電力の 0.2 % 程度に過ぎない.これは,地熱発電に有望な地域が国立公園内にあることや,付近の温泉地での温泉枯渇の懸念や反対運動などといった様々な社会的な課題のためである.残念ながら,日本での地熱資源の開発や活用は,アイスランド・メキシコ・フィリピンといった発電ポテンシャルが日本より低い国々よりも遅れている.

クリーンで純国産の**再生可能エネルギ** (renewable energy) である地熱エネルギを開発するためには,地熱貯留層の位置や規模を探査によって明らかにする必要がある.**地熱探査** (geothermal exploration) では,温泉,噴気,**熱変質帯** (hydrothermal alteration zone) といった**地熱徴候** (geothermal manifestation) がある地域を選定した後に,物理探査が実施される.物理探査は,地下深部の地質構造を明らかにする手法で,その方法は多種多様である.地熱探査では,地熱貯留層の物理的な性質を利用してその位置や広がりを推定する.地熱探査の初期段階では,**重力探査**や**磁気探査**などによる概査が実施される.さらに概査で有望地点を絞った後には,**MT 法**,**比抵抗法**などによる精査が実施される.

地熱探査で中心となるのは MT 法である.MT 法は,自然の電磁場変動の観測から地下の比抵抗分布を求めるもので,低比抵抗である熱水変質帯の探査に大きく貢献している.熱水変質帯の下部にある**地熱貯留層** (geothermal reservoir) は,周囲の地層に比べて高温で,**フラクチャ** (fracture) と呼ばれる割れ目が多く,そのフラクチャに含まれる熱水には多くの化学成分が含まれている.そのため,地熱貯留層自体もその周囲の地層に比べると,相対的に低い比抵抗を持つ.

1.4.4 地下水・温泉の探査

温泉や地下水の地下での存在状態は，次の2つに分類できる．1つは層状タイプと呼ばれ，ある深度の孔隙率の高い地層にほぼ水平に拡がっているものである．もう1つは割れ目タイプと呼ばれ，断層などの岩盤の割れ目に含まれるものである．どちらの地下水タイプにしても，開発可能な深度に温泉や地下水が存在するかや，どのように地下水・温泉が分布するかを調査する必要がある．全ての地下探査に共通しているが，温泉・地下水の探査にも万能な方法はない．各種の物理探査法を組み合わせ，さらに水理地質学的な情報を合わせて探査結果を解釈する必要がある．

放射能探査や**地温探査**は，簡易的な地下水・温泉探査に使われる．より詳細な探査では，**比抵抗法**や人工信号源を使った電磁探査法である **CSAMT** (Controled Source Audio Magneto Telluric) 法や **TEM 法**などが使われる．**放射能探査**は，断層や岩盤の割れ目から上昇してくる地下水・温泉に含まれるラドンなどによる**ガンマ線** (gamma ray) を測定する方法で，その強度の空間分布から破砕帯の位置や割れ目の状態を推定する．**地温探査**では，地表から1m程度の穴を掘り，深度1mでの地温をサーミスタ温度計などで測定する．この方法は，地下浅層を流れる水脈 (**水みち**) によって周囲の地温が乱される現象を利用している．

比抵抗法では，比抵抗値の違いを利用して地層の区分を行なう．主に盆地内や山間平野，火山山麓など層状に堆積した地層の調査には垂直探査が適している．また，水平方向に堆積構造が変化する地層や，断層構造の調査には水平探査が適している．**CSAMT 法**は，探査領域から十分離れた地点に信号源を設置し，周波数を順次変えて電場と磁場を測定する．地中に透入した電磁場は，周波数により透過する深さが異なるため，周波数を変えることで異なった深さについての見掛比抵抗値が求められる．**TEM 法**は，地表に設置したループ状

図 1.10　比抵抗による地下水探査の測定風景 (九州大学伊都キャンパスの周辺)

のケーブルに直流電流を流し，人工的に電磁場を生成させた後，その電流を急激に遮断することで地下に渦電流 (導体内で生じる渦状の誘導電流) を発生させる．この渦電流の拡散する様子を地表に設置した磁力計や受信ループを使って測定し，地下の比抵抗分布を推定する．

1.4.5　活断層の探査

　地面を掘り下げていくと固い地層に遭遇するが，実はこの地層中にはたくさんの割れ目が存在する．通常，この割れ目はお互いに噛み合っているが，ここに大きな力が加えられると，割れ目が再び壊れてずれが生じる．このように，地層が壊れてずれる現象を**断層活動** (fault activity) といい，そのずれた衝撃が震動として地面に伝わったものが**地震** (earthquake) である．また地下深部で地震を発生させた断層を**震源断層** (earthquake source fault)，地震時に断層のずれが地表まで到達して地表にずれが生じたものを**地表地震断層** (surface earthquake fault) と呼んでいる．これらの断層のうち，特に数十万年前以降に繰り返し活動し，将来も活動すると考えられる断層のことを**活断層**と呼んでいる．現在，日本では陸域だけでも 2,000 を超える活断層が確認されているが，地下に隠れていて地表に現れていない活断層 (**伏在断層**：hidden fault) もたくさん存在する．

　活断層の周辺地盤は，一般的に**断層変位** (ずれの方向や大きさ) によって複雑な構造となる．活断層周辺で地表開発を行なう際には，断層変形がどの範囲まで及んでいるのか，どのような地盤変形が起こっているのか，などを評価することが重要となる．地面を掘って調べる**トレンチ調査** (trenching) では，深さ数 m までの地層の情報しか得られないので，それより深い地下での断層面の形態や地下の構造を知るためには物理探査が必要である．活断層の調査や地下構造調査には，**重力探査**と**弾性波探査**がよく使われる．**重力探査**は，地上で観測される重力の値が，地下の岩盤密度によって変化することを利用して調べる方法で，断層運動によってずれている地下の岩盤の状態を推定することができる．**弾性波探査**は，地下を伝わる弾性波が地層の境界で屈折や反射をすることを利用して，地下の状態を探査する方法である．この方法には，屈折波を利用する**屈折法** (seismic refraction method) と反射波を利用する**反射法** (seismic reflection method) がある．この他には，種々の自然または人工的な原因による

わずかな振動(微動)を用いて，地盤のS波速度の深度分布を推定する**微動探査** (microtremor exploration) などがある．

1.4.6　遺跡の探査

考古学の研究には発掘は欠かせないが，見方を変えれば発掘は遺跡の破壊にもつながる．そこで現在では，遺跡はなるべく発掘せずに保存する方向に進んでいる．**遺跡探査** (archaeological exploration) は，物理探査学・電子工学・計算機科学を駆使して"遺跡を発掘しないで調査する"非破壊の探査法である．また埋蔵文化財の発掘前に遺跡探査を行なうことで，文化財の位置と深さ，大きさ，分布などの情報を提供することができる．遺跡探査には，**地中レーダ探査**，**磁気探査**，電気探査の**比抵抗法**などがよく使われている．

地中レーダ探査は，アンテナを使って電磁波を地中に向けて送信し，地下の埋蔵物で反射して再び地上に戻ってきた電磁波を受信することで，地下埋蔵物を探査する方法である．地中レーダ探査では，電磁波を送受信しながら地面に沿ってアンテナを移動させることで，擬似的な断面画像を得ることができる．また，平面的に平行に配置した複数の測線で得られた断面から深度毎の平面図を作成することも可能である．

磁気探査では，高精度な磁力計を使って地磁気を観測する．地下にある遺構・遺物とその周辺の土とで**磁性体** (magnetic substance) の含有量が違えば，**磁気異常** (magnetic anomaly) が観測できる．この僅かな磁気異常の差異から遺構などを推定する方法が磁気探査である．また，窯跡などは熱残留磁気(冷却過程で獲得する残留磁気)が大きいので比較的容易に探査することが可能である．

比抵抗法は，地面から電気を流して地下の平均的な比抵抗である見掛比抵抗

図 1.11　電気探査・比抵抗法による遺跡探査の測定風景 (福岡県八女市の岩戸山古墳)

を測定し，その値から土層判別をして遺構の存在を推定する方法である．一般に濠や溝などは周囲の土と比較すると水分量が多く電気が流れやすく，石組や砂利などでは電気が流れにくい傾向がある．このような土壌の電気的な性質の違いにより，自然の堆積層と人工の遺構との違いを判別する (図 1.11)．

1.4.7 不発弾の探査

不発弾とは，爆撃機などから投下された爆弾や戦艦などから発射された砲弾が，爆発せずに地中に埋まっているものを指す．すでに第二次大戦から 70 年以上経っているが，未だに多くの不発弾が毎年発見されている．特に沖縄では，日常的に不発弾が見つかっている．地中に存在する不発弾の探査には，主に**磁気探査**が使われる．一般的に不発弾は鉄製なので**誘導磁気** (地磁気によって磁化されて獲得する磁気) が強く，地下浅部に埋まった大きな不発弾なら比較的簡単に探査で見つけることができる．ただし，地下深部に埋まった小型の不発弾の場合は，磁気探査でも発見が難しい．

1.4.8 現地核査察

最後に，物理探査の特殊な利用法を紹介する．**現地核査察** (OSI: On Site Inspection) は，**包括的核実験禁止条約** (CTBT: Comprehensive nuclear-Test-Ban Treaty) の条約違反となる地下核実験が行なわれたか否かを判定するための証拠を集める最終的な検証手段である．簡単に言うと，**OSI** とは核実験の有無を現地で検証するための立ち入り査察である．OSI は CTBT 検証体制の最後の砦となる検証手段であり，CTBT 検証体制の有効性と信頼性を保証する重要な役割を担っている．OSI は，実際にはまだ行なわれたことはないが，欧州連合 (EU) を中心として準備が進められている．この OSI には，**放射能探査**を含めて様々な物理探査の使用が予定されている．OSI では，核実験によってできた地下の大きな空洞を，ヘリコプタからの**空中物理探査**を使って検出することを想定している．地下核実験で生じた大きな地下空洞は，精密な**空中重力探査** (airborne gravity survey) を使って調べることができる．また核爆発で発生したキュリー点を超える高温領域の探査には，**空中磁気探査** (airborne magnetic survey) が有効である．さらに，実験に必要な地下構造材や電線ケーブルなどの探査には**空中電磁探査** (airborne EM survey) が使われる．こららの概査に加

図 1.12 カザフスタンのセミパラチンスクで 2008 年に行なわれた試験調査の様子 [1e]

えて，詳細な調査 (精査) のために，地上での様々な手法が検討されている．図 1.12 は防護服を着て実施された，地上での比抵抗探査の試験調査の様子である．

> **〈コラム 1B〉ピサの斜塔**
>
> 世界遺産であるイタリアの**ピサの斜塔** (Leaning Tower of Pisa) は，よく知られた世界的な観光地です (図 1B 左)．**ガリレオ** (Galileo) は，物体が自由落下するときの時間は落下する物体の質量には依存しないという**落体の法則**を証明するために，ピサの斜塔の頂上から重さが異なる大小 2 種類の球を同時に落とし，両者が同時に着地することを見せる実験をした，と言われています．しかし，この有名なエピソードはガリレオの弟子ヴィヴィアーニ (Viviani) の創作で，実際には行なわれていないとする研究者も多いので，事実かどうかは定かではありません．
>
> ピサの斜塔は名前の通り斜めに傾いた塔ですが，どうして傾いてしまったのでしょうか．それはこの塔が，砂層と粘土層を交互に繰り返す**軟弱地盤**の上に建築されたためです (図 1B 右)．現在でも少しずつ傾いているようですが，傾きを押さえる地盤改良工事なども行なわれてきたようです．ピサの斜塔の建築当時には，まだ物理探査技術は無かったわけですが，もし当時の建築家や工事関係者が物理探査を知っていたら，このような軟弱地盤の上には高い塔を建てなかったでしょう．しかし，真っ直ぐ立った普通の高い塔なら，今のように有名な世界遺産にはならなかったかもしれません．
>
>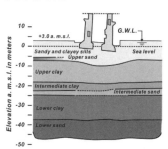
>
> 図 1B ピサの斜塔 [C2] とそれを支える地下構造 [C3]

第2章
弾性波探査

"常識とは 18 歳までに身につけた偏見のコレクションのことをいう"
アルバート・アインシュタイン

アイアイ[2a]
(Aye-aye, 学名:*Daubentonia madagascariensis*)

　童謡「アイアイ」でお馴染みのアイアイは，その学名からもわかるようにマダガスカルに生息する動物です．歌詞の"かわいいお猿さん"のイメージとはほど遠く，実物は結構グロテスクな姿をしています．特に手の指が異常に長く，この長い中指で木の表面を叩くタッピングを行ないます．この行動でアイアイは木の内部の音を聞き分け，餌となる虫を見つけ出します．アイアイは人類誕生以前から，音による探査を使っている弾性波探査の先輩です．

　先輩のアイアイには負けるかもしれませんが，人間も同じように物を叩いてその内部を調べることがあります．八百屋さんはスイカを叩いて熟れ具合を判断したり，大工さんは壁を叩いて内部の梁の存在がわかるそうです．最近知りましたが，お医者さんは胸部を叩いて調べる打診で，心臓の大きさや肺の空気の入り具合を調べているそうです．

2.1 弾性波探査の物理学

弾性波探査は**地震探査** (seismic exploration) とも呼ばれ，主として人工的に地震を発生させ，その地震波の振幅や到達時間を測定して，そのデータを解析することにより地下構造や弾性波速度の空間分布を把握する方法である．ここではまず，弾性波探査に必要な波動の基礎事項を整理する．

2.1.1 波の基礎事項

波動は振動源からの**振動**が空間的に伝わっていく現象である．小石を静かな水面に投じると波面が広がっていく．このとき，水面に置かれた木の葉は波とともに移動することはなく，単に上下に振動している．水面波での水のように，波を伝える物質を**媒質**と呼ぶ．このように波動では，振動は伝播するが媒質自体は移動しない．野球やサッカーの競技場で見られるウェーブというパフォーマンスも，実は波動の本質を端的に表している．ウェーブでは媒質 (参加者) の位置は変わらないが，振動 (ウェーブ) は次々に伝わっていく．一般的には波動現象には媒質が必要であるが，電磁場の振動である電磁波の場合は例外的に媒質を必要としない．

波は伝わり方の違いから，次の2つに分類される．**縦波**は媒質内の各点の振動方向と波の進行方向が互いに平行な波で，音波がその代表例である (図 2.1)．このように縦波では媒質中に**疎** (密度最小) な部分と**密** (密度最大) な部分が生じるので，**疎密波**とも呼ばれる．

図 2.2 は**横波**の進む様子を示したものである．この図で横軸は位置を示し，縦軸は時間経過に伴う各点の変位を示している．この図から，時間経過ととも

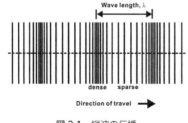

図 2.1　縦波の伝播

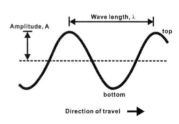

図 2.2　横波の伝播

に各位置は上下に往復運動し，これに伴って波が右方に伝わっていく様子がわかる．媒質が単振動しているとき，波は図のような正弦波になる．縦軸を媒質の変位とすると，変位の極大値の位置を山，極小値を谷という．また，同位相の位置 (山・山または谷・谷) の間隔 λ[m] を**波長**，変位 0 から最大値までの A_{max}[m] をその**振幅**という．媒質が 1 往復する時間を**周期** T[s]，**振動数**を f[Hz] とすると，$f = 1/T$ の関係がある．なお，1 周期の時間が経過すると，波は進行方向に波長 λ だけ進むので，波の速さ v は $v = \lambda/T = f\lambda$[m/s] となる．

2.1.2 弾性体と弾性定数

応力 (stress) とは単位面積当りの力であり，**圧力** (pressure) と同じ単位 [N/m^2] を持つ．応力はその方向に応じて，**引張応力**，**圧縮応力**，**剪断応力**などがある．このような応力を加えている間は変形するが，応力を除くと元に戻る物体を力学では**弾性体**と呼ぶ．また，変形したままで元の状態に戻らない物体を**塑性体**という．**歪み**とは応力によって生じた変形の度合いを表すための物理量で，単位長さ当りの変形量で表す．弾性体では，応力と歪みの間に**フックの法則** (Hooke's law) と呼ばれる比例関係が成り立ち，その場合の比例定数を**弾性定数**という．ただし，この関係は歪みの小さい範囲内である**弾性限界内**に限られる．

弾性体に働く応力は，x, y, z の各平面に対して垂直に作用する**垂直応力** σ_x, σ_y, σ_z の 3 成分と，各面に平行に働く**剪断応力**，$\tau_{xy}, \tau_{xz}, \tau_{yx}, \tau_{yz}, \tau_{zx}, \tau_{zy}$ の 6 成分の併せて 9 成分である (図 2.3)．ただし，弾性体が回転しないためには，$\tau_{xy} = \tau_{yx}$，$\tau_{yz} = \tau_{zy}$，$\tau_{xz} = \tau_{zx}$ の 3 つの条件が成り立つので，応力の独立した成分は 6 成分となる．

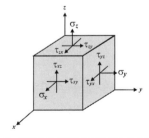

図 2.3 弾性体に作用する垂直応力と剪断応力

図 2.4 ガブリエル・ラメの肖像 [2b)]

弾性体では，独立した6成分の歪み(3成分の**垂直歪み**と3成分の**剪断歪み**)に対して，それぞれ6成分の応力(3成分の**垂直応力**と3成分の**剪断応力**)が対応するので，歪みと応力の間には36個の比例定数が存在する．しかし，弾性体が等方・等質の場合には2つの定数に単純化できる．この2つの定数 λ と μ はラメ(Lamé: 図2.4)によって波動方程式から導かれたため，**ラメの定数** (Lamé's constants)と呼ばれている．この2つの定数のうち，第2定数 μ は剛性率と同一なので物理的な意味を持つが，第1定数 λ は物理的な意味を持たない．そのため工学では，物理的に意味のある弾性定数を用いる場合が多い．次節で説明する弾性波の速度は，これらの弾性定数と密接な関係がある．次に代表的な弾性定数について概説する．

ヤング率 (Young's modulus) E は，縦弾性係数または伸び弾性率ともいい，棒材を引っ張るときのように，単軸の垂直応力 $\sigma (=F/A)$ と縦歪み $\varepsilon (=\Delta l/l)$ の比例関係 $\sigma = E\varepsilon$ を表す定数である(図2.5)．**剛性率** (rigidity) G は，横弾性係数，剪断弾性係数，ずり弾性係数とも呼ばれ，剪断力による変形のしやすさを関係付ける定数である．図2.6のように，**剪断応力** $\tau (=F/A)$ と**剪断歪み** $\gamma (=\Delta x/x = \tan\theta)$ の比例関係 $\tau = G\gamma$ を表す定数である．

体積弾性率 (bulk modulus) K は，物体にかかる圧力とその体積変化との関係を表している(図2.7)．各側面に作用する垂直応力の平均値 σ_m と，単位体積当りの体積変化である**体積歪み**(体積膨張率) ε_v の間には，$\sigma_m = K\varepsilon_v$ となる関係がある．このときの比例定数が体積弾性率である．ここで，σ_m は**平均応力**または**静水圧応力**とも呼ばれ，各垂直応力を $\sigma_1, \sigma_2, \sigma_3$ とすれば，$\sigma_m = (\sigma_1 + \sigma_2 + \sigma_3)/3$ で与えられる．なお，体積弾性率の逆数を**圧縮率** (compressibility)と呼ぶ．体積弾性率と硬さには相関があり，体積弾性率が大きい場合，その物質は硬い場

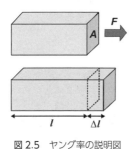

図2.5　ヤング率の説明図　　　　図2.6　剛性率の説明図

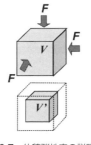
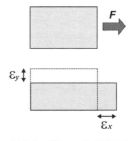

図 2.7 体積弾性率の説明図　　図 2.8 ポアソン比の説明図

表 2.1 ラメの定数 (λ, μ) を使った弾性定数の換算式

ヤング率 (E)	剛性率 (G)	体積弾性率 (K)	ポアソン比 (ν)
$\dfrac{3\lambda + 2\mu}{\lambda + \mu}\mu$	μ	$\dfrac{3\lambda + 2\mu}{3}$	$\dfrac{\lambda}{2(\lambda + \mu)}$

合が多い.

ポアソン比 (Poisson's ratio) ν は，弾性体の軸方向に外力を加えたとき，軸方向の歪みとそれに直交する方向の歪みとの比を表すものである (図 2.8). 丸棒を伸長すれば，軸方向に伸びるとともに直径は細くなる. いま，軸方向の歪みを**縦歪み** ε_x，直径方向の歪みを**横歪み** ε_y とし，その比に負号を付けた値すなわち $\nu = -\varepsilon_y/\varepsilon_x$ をポアソン比，その逆数 $1/\nu$ を**ポアソン数**という. ν の値は 0.5 を超えることはなく，岩石のポアソン比は 0.25 程度である.

ラメの定数を含めた 5 つの弾性定数は互いに依存関係にあり，独立な定数は 2 つだけである. つまり，2 つの定数を使えば残り 3 つの定数を計算で求めることができる. 表 2.1 に，ラメの定数を使って表した弾性定数の換算式を示す.

2.1.3 弾性波速度

弾性波は弾性体を伝わる波で，2 種類に大別できる. 1 つは振源から 3 次元的にあらゆる方向に伝播していく**実体波** (body wave) で，もう 1 つは固体・気体間や液体・気体間の境界で 2 次元的に伝播する**表面波** (surface wave) である. 実体波には，縦波と横波がある. 地震波では縦波は最初に到達するので **P 波** (primary wave)，横波は 2 番目に届くので **S 波** (secondary wave) と呼ばれている.

縦波か横波かは，振動の方向が進行方向に対して平行になっているか，直交しているかで判断できる．表面波も2種類あり，上下方向に楕円を描くように波の進行方向とは逆方向に回転しながら垂直振動が伝播する**レイリー波**(Rayleigh wave)と，蛇のようにウネウネと水平振動する**ラブ波**(Love wave)がある．なお，レイリーもラブもこれらの波の存在を予想した研究者の人名である．

縦波の伝わる速さは時速にして，固体の鉄やガラスなどで約20,000 km/h，水では5,400 km/h，空気では1,200 km/hである．これらの速さをジェット機の約1,000 km/h，新幹線の200 km/hなどの速度と比べると，固体や液体を伝わる縦波の速さがかなり速いことがわかる．

実体波のP波は弾性波の中で最も速く伝播し，その伝播速度 v_p は，ラメ定数を λ, μ, 弾性体の密度を ρ とすれば，

$$v_p = \sqrt{\frac{\lambda + 2\mu}{\rho}} \tag{2.1}$$

と表される．また進行方向に垂直に振動するS波の伝播速度 v_s は，

$$v_s = \sqrt{\frac{\mu}{\rho}} \tag{2.2}$$

と表される．地盤や岩石中のラメの定数 λ と μ はほぼ同じと考えてよいので，P波とS波の速度比 v_p / v_s は $\sqrt{3}$ となり，P波速度が約1.7倍速い．これらの式を使えば，空気と水の音速はそれぞれ330 m/s と 1,500 m/s となり，一般的に知られている値と近い値となる．緻密な固体では，これらの式を使ってほぼ正確な弾性波速度が推定できる．

弾性波速度はこのように弾性定数によって計算できるが，逆にP波とS波の速度と密度 ρ を使って，弾性定数を次式から計算できる．

$$K = \rho(v_p{}^2 - 4v_s{}^2)/3 \tag{2.3}$$

$$E = \rho v_s{}^2(3v_p{}^2 - 4v_s{}^2)/(v_p{}^2 - v_s{}^2) \tag{2.4}$$

$$G = \rho v_s{}^2 \tag{2.5}$$

$$v = \left\{\frac{(v_p/v_s)^2}{2} - 1\right\}/\left\{(v_p/v_s)^2 - 1\right\} \tag{2.6}$$

$$\lambda = \rho(v_p{}^2 - 2v_s{}^2) \tag{2.7}$$

$$\mu = \rho v_s{}^2 \tag{2.8}$$

　弾性体を伝わる縦波の概略値を知ることは，後述する岩石の弾性波速度と比較するために有効なので例を示す．液体は $1 \sim 2\,\mathrm{km/s}$，プラスチック類は $2 \sim 3\,\mathrm{km/s}$，氷は $3\,\mathrm{km/s}$，金属類は $3 \sim 6\,\mathrm{km/s}$ である．セラミックの速度は速く，アルミナは $10\,\mathrm{km/s}$ 程度，ダイヤモンドは $18\,\mathrm{km/s}$ と物質中で最大である．なお多くの場合，縦波の伝播速度が速い物質は熱の伝導性も良い．スポンジのような発泡体は，その内部の空隙中の空気のため，元の材料より速度が遅くなる．例えば，スポンジケーキの伝播速度は $0.1 \sim 0.5\,\mathrm{km/s}$，発泡プラスチックの多くは $0.3 \sim 1.5\,\mathrm{km/s}$ 程度である．

　岩石の弾性波速度は，多孔質のもので $3\,\mathrm{km/s}$ 以下，コンクリートに使う砕石は $5\,\mathrm{km/s}$ 弱，線路に使うバラストは $6\,\mathrm{km/s}$ を超える．地下深く，例えば約 $700\,\mathrm{km}$ 以上の深さの下部マントルの岩石は，高い圧力が加わっていることもあってその速度は $10\,\mathrm{km/s}$ を超え，最大速度 $18\,\mathrm{km/s}$ を有するダイヤモンドの速度に近づく．大雑把なイメージでいえば硬い岩石ほど速度が速く，柔らかい岩石ほど速度が遅いといえる．

2.1.4　弾性波の伝播

　スネルの法則 (Snell's law) は**屈折の法則**とも呼ばれ，2 つの媒質中の進行波の伝播速度と入射角・屈折角の関係を表した法則のことである．スネル (Snell: 図 2.9 左) は，自身ではこの法則を公表していないが，ホイヘンス (Huygens) の著書で引用されたことから，このような名称で呼ばれている．媒質 A の波の伝播速度を v_A，媒質 B の波の伝播速度を v_B，媒質 A から媒質 B への入射角 (または B から A への屈折角) を θ_A，媒質 B から媒質 A への入射角を θ_B とすると，以下の関係が成立する．

$$\frac{\sin\theta_A}{v_A} = \frac{\sin\theta_B}{v_B} \tag{2.9}$$

　弾性波が，ある媒質 1(速度 v_1) からある媒質 2(速度 v_2) へ屈折して進むとき，実際には一部は反射して戻ってくる (図 2.9 右)．弾性波が速度の小さい媒質から大きい媒質へ進むとき，入射角を徐々に大きくすると，あるところで屈折角が $90°$ になる．さらに入射角 θ を大きくすると，弾性波は媒質 2 へは進まずに

 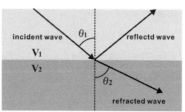

図 2.9 スネルの肖像[2c]とP波の入射による反射と屈折

全部が反射するようになる．これを**全反射** (total reflection) という．

全反射が起こる限界の入射角を**臨界角** (critical angle) といい，θ_c で表す．このときの屈折角は，90°となる．臨界角 θ_c を，スネルの法則に代入すると，$\sin 90°$ は 1 なので，臨界角 θ_c は以下のようになる．

$$\sin\theta_c = \frac{v_1}{v_2} \tag{2.10}$$

ここで，sin の最大値は 1 なので，v_2 より v_1 が大きい場合には，式 (2.10) は成立しない．つまり，速度の大きい媒質から小さい媒質へ進むときには臨界角は存在しないし，全反射も起こらない．

インターネット通信などに使われる光ファイバケーブルは，全反射の性質を応用した特殊なケーブルである．光ファイバは，屈折率の大きいガラスなどの素材を中心部に使い，外周部に屈折率の小さい素材を使うことで，光信号が中心部を全反射しながら進むように工夫されている．光ファイバケーブルは，銅線ケーブルに比べて信号の漏れが少なく，外部からの電磁波の影響が少ないので，長距離で大容量の通信に適している．

2.1.5 音響インピーダンスと反射係数

音響インピーダンス (acoustic impedance) は，弾性波速度 v と密度 ρ の積で表現される物理量のことである．音響インピーダンスを定性的に表現すれば，弾性体における弾性波の伝わりにくさと考えても良い．音響インピーダンスを用いると，2 つの層の間の境界面に垂直入射した平面弾性波の**反射係数** R は，

$$R = \frac{\rho_2 v_2 - \rho_1 v_1}{\rho_2 v_2 + \rho_1 v_1} \tag{2.11}$$

と表すことができる．ここで，ρ_1 と v_1 は第 1 層の密度と速度，ρ_2 と v_2 は隣接

する第2層の密度と速度である.

振源から送信された波が媒質内を進む時,媒質間の音響インピーダンスの差が大きいほど波は強く反射する.逆に音響インピーダンスの差が小さいと,波はあまり反射せずに透過する量が多くなる.波の反射は,音響インピーダンスに差があるために起こる.式 (2.11) からわかるように,境界の両側の地層の音響インピーダンスが異なるほど反射係数は大きくなる.また下層の音響インピーダンスが小さい場合は,反射係数 R の符号が負となり,波の位相が $180°$ ずれて振幅が反転する.

2.2 弾性波探査の地球物理学

2.2.1 地震の基礎事項

図 2.10 は,アメリカ・オレゴン州で観測された北海道南西沖地震 (1973 年 7 月) の地震記録である.図 2.10 上は地震の到来方向の震動を示したもので,**P 波**と **S 波**に続いて大きな振幅を持つ**レイリー波**が観測されている.また図 2.10 下は地震の到来方向に直交する地震波の震動を記録したもので,P 波と S 波のあとに明瞭な**ラブ波**が観測されている.

一般に S 波の振幅が P 波の振幅よりも大きいのは,地震の震源が断層運動であるということが関係している.地震の震源が浅い場合や受振点が厚い堆積層に覆われている場合には,S 波に続いて大きな振幅の表面波が観測されることが多い.表面波は地表近くを 2 次元的に伝播するので,S 波などの実体波と比べてエネルギの減衰が小さい.そのため,巨大地震ではこの表面波がしばしば大きな被害をもたらす.

このような地震は,地下の断層運動によって発生する.地震を起こす岩石の破壊範囲は,ある広がりを持っている.その岩石が破壊するときに最初に壊れ始める地中の点を**震源** (focus, hypocenter),震源の真上の地表の点を**震央** (epicenter),断層が破壊した領域を**震源域** (hypocentral region, focal region) と呼んでいる (図 2.11).基本的には地震の規模が大きくなるほど震源域も大きくなる.M 8 を超えるような巨大地震の場合,その範囲は数百 km に及ぶこともある.規模が M 9.0 の東北地方太平洋沖地震 (2011 年 3 月) の場合には,震源域は岩手県沖から茨城県沖までの南北 500 km,東西 200 km であった.地震学では,震源域と断層面はほぼ同じ意味で使われる.

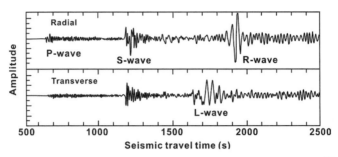

図 2.10 アメリカ・オレゴン州で観測された北海道南西沖地震の地震波記録 [2d]

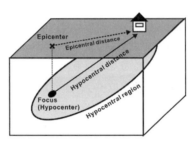

図 2.11 地震の震源と震央の関係

2.2.2 地震と断層

断層 (fault) とは，地下の地層もしくは岩盤に力が加わって割れ，割れた面に沿ってずれ動いて食い違いが生じた状態をいう．また断層が動く現象を**断層運動** (faulting) といい，地震の主原因と考えられている．地殻を形成する岩盤には，プレートの移動・衝突・すれ違いや，火山活動によるマグマの移動などの様々な要因で圧縮・引張・剪断などの応力が発生する．岩盤に圧縮や引張の応力が加わると，それと同時に岩盤をずらして破壊させようとする応力も加わる．これらの応力のうち，地下の岩盤を破壊して動かす力として働くのは**剪断応力**であり，剪断応力が岩盤の強度を上回った時に岩盤が割れて断層が生じる．つまり，ある程度以上の強度を持つ地盤でなければ，断層は形成されない．断層には，上下方向にずれる**縦ずれ断層**と，横方向にずれる**横ずれ断層**がある．各断層のずれの方向と応力の向きを図 2.12 に示す．

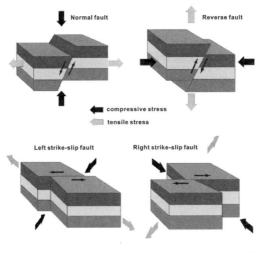

図 2.12 断層の種類 (左上から正断層, 逆断層, 左横ずれ断層, 右横ずれ断層)[2e]

　縦ずれ断層のうち, **正断層**は, 水平方向に引張応力がかかっている場所で生じる. 地下に斜めに入った割れ目を境に, 片方が他方の上をすべり落ちるような方向で動いてできた断層である. 日本では九州中部の火山地帯に見られる. また, 世界的には**アイスランド**全土が正断層地帯である. **逆断層**は, 水平方向に圧縮応力がかかっている場所で生じる. この断層は, 左右からの圧縮応力を逃がすために破断面ができて, その破断面の片方が斜め下へ, もう一方が斜め上へ動いてできる断層である. 奥羽山脈・飛騨山脈などの南北に連なる山々は, その麓に逆断層がある. 関西では生駒山西側の断層が明瞭な逆断層である.
　横ずれ断層は走向移動断層とも呼ばれ, 剪断応力が水平方向に働いた断層である. 横ずれ断層は, ずれの方向によって**右横ずれ断層** (right strike-slip fault) と**左横ずれ断層** (left strike-slip fault) とに区分される. 断層の手前から見て, 向こう側が相対的に右にずれている場合を右ずれと呼び, その反対を左ずれと呼ぶ. 横ずれ断層の成因には 2 種類ある. そのうちの 1 つは, アメリカの**サンアンドレアス断層** (San Andreas Fault) のように, すれ違うプレート間に生成するタイプである. これを**トランスフォーム断層** (transform fault) といい, 大規模な地震を起こす活発な断層である場合が多い. もう 1 つは, 横からの圧縮応力を逃がすために岩盤が**X型**に割れて, 4 つの岩盤それぞれがずれ動くタイプで

ある．こちらの断層は日本の中部地方から近畿地方に多く見られ，**兵庫県南部地震** (1995 年 1 月) を起こした淡路島の**野島断層**もこのタイプである．

2.2.3　地震の震度とマグニチュード

　震度 (seismic coefficient) が，その場所での揺れの強さを表す指標であるのに対し，**マグニチュード** (magnitude) は，揺れの原因である地震そのものの規模を表す指標である．日本で震度と呼ばれる場合は，気象庁が定めた震度階級である**気象庁震度階級**のことを指す．現在では 1996 年の震度階級改定により，これまでの体感による観測を全廃して震度計による観測に完全移行した．それまでは震度 0 から 7 までの 8 段階であったが，この改訂時に震度 5 と 6 にそれぞれ弱と強が設けられて **10 段階**となった．

　地震の規模を表す指標が 1 種類なら混乱することはないが，実際には数種類の指標がある．これは，地震の規模を直接測定する手段がなく，その規模を何らかの方法で推定するしかないためで，その推定方法の数だけマグニチュードの種類がある．最初に導入された指標は，**リヒターマグニチュード** (Richter magnitude) である．これは，アメリカの地震学者リヒターが考案した指標で，**リヒタースケール** (Richter scale) とも呼ばれている．リヒターは，強い揺れを引き起こした地震ほど規模の大きな地震という自然な発想に基づき，地震計で記録された地震波形の最大振幅を μm 単位で測定した値を震央距離 100 km での値に換算し，その常用対数を取った値をマグニチュードと定義した．

　地震学では，**モーメントマグニチュード** (Moment magnitude: M_w) が広く使われる．地震が断層面を境として急速にずれ動く現象であり，そこから周囲に放射される地震動の成因もその現象で説明できることが 1960 年代に解明された．このように地震現象が物理的に表現できるようになったことから，地震の規模も物理的に定義されるようになった．そこで登場したのが，**地震モーメント** (M_o) である．地震モーメントは，断層の面積，断層の平均ずれ量，そして断層周辺の岩盤の変形しやすさの指標である剛性率の積で表現できる．この地震モーメントを用いて，従来のマグニチュードの数値と合致するように，$\log_{10} M_o = 1.5 M_w + 9.1$ となる換算式が考案された．この式からモーメントマグニチュードは，$M_w = 2/3 \log_{10} M_o - 6.0$ で求められる。このように，地震モーメントから得られるマグニチュードなのでモーメントマグニチュードと呼ばれて

いる．

　日本では**気象庁マグニチュード (M$_j$)** が広く使われる．気象庁は，震度 1 以上を観測する地震が発生したとき，震源の位置とマグニチュードを早急に決定して，地震情報として発表している．この地震情報を通じて発表するマグニチュードは，基本的に気象庁マグニチュードである．気象庁マグニチュードもまた，地震波の最大振幅と震央距離を考慮して算出する手法のひとつである．気象庁マグニチュードは，水平動の変位振幅あるいは上下動の速度振幅から受振点毎に算出される値の平均として求められる．

2.2.4　地震波の種類

　震源で発生した地震波は，地盤を伝播して地表面を揺らし，時には大きな被害をもたらす．地震の揺れ方は，地震波の違いや地盤の種類，それから建造物によって異なる．地震波には，**実体波** (body wave) と**表面波** (surface wave) がある．**実体波**には **P 波**と **S 波**がある．P 波では，地盤の粒子の動きは進行方向と平行で，媒体の疎密状態が伝播する**疎密波** (compressional wave) となる．P 波は primary の名称が示す通り，最初に到達する地震波である．P 波は伝播速度が速く，液体や固体の媒体中を伝播し，その速度はおよそ 5 〜 7 km/s である．S 波では，地盤の粒子の動きは進行方向と垂直となり，媒体の**剪断うねり**状態が伝播する**剪断波** (shear wave) となる．伝播速度は P 波より遅く，その速度はおよそ 2 〜 4 km/s である．S 波は固体中のみを伝播し，気体や液体では伝播しない．巨大地震でも P 波の振動はそれほど大きくないので，大きな被害にはつながらないが，S 波の揺れは大きく，大きな被害を引き起こす場合がある．

　表面波には**レイリー波**と**ラブ波**がある．表面波は，実体波により地表面で発生して伝播する波である．レイリー波の場合は，地盤の粒子の動きは楕円状となり，水面の波に類似している．レイリー波の伝播速度は遅く，S 波の 9 割程度である．ラブ波は進行方向に直交する剪断波であり，地下に弾性波速度の境界がないと発生しない．表面波の伝播速度は，両方ともほぼ同じで S 波速度より小さいので，一番最後に到達する．表面波は，揺れが大きく周期が長い．また揺れている時間も長いため，巨大地震では大きな被害をもたらす場合がある．4 種類の地震波の揺れ方の違いを図 2.13 に示す．

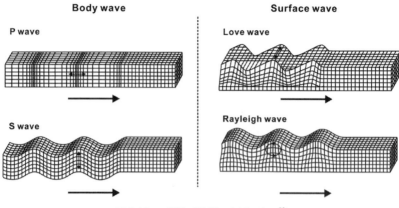

図 2.13　4 種類の弾性波の伝播の違い [2f]

2.2.5　地球の内部構造

　地球の内部は，地殻，マントル，核で構成されている．しかし，それが何からできているのか，また詳しい構造がどうなっているかは直接見ることができないため，不明な部分も多い．地震は世界各地で頻繁に起こっていて，何年かに一度は巨大地震が起こる．そのときの地震波は，地球の反対側にも到達する．例えば，南米で起きた巨大地震の揺れは，日本を含む世界各国まで伝わり観測される．このような巨大地震の地震波の観測によって，地球内部での地震波の伝わる速度がわかり，間接的に地球内部の構造がわかってきた．

　地震波が観測地点に到達するまでの時間を**走時** (travel time) という．この走時を縦軸にとり，横軸に震央からの距離をとって描画したものを**走時曲線** (time-distant curve) という (図 2.14)．**モホロビチッチ** (Mohorovičić: 図 2.15 左) は，走時曲線を使った地震波の速度の解析から，地下の深さ 30 〜 60 km あたりに地震波の速度が急激に変化する不連続な境界があることを発見した．これは**地殻**と**マントル**との境界であり，この境界面を発見者の名前を冠して**モホロビチッチ不連続面** (Mohorovičić discontinuity: モホ面) という．走時曲線では，**モホ面**から屈折してきた地震波が，ある距離を境にして直接波よりも先に観測される．この走時曲線の折れ曲がり地点から，地殻とマントルの境界深度を見積もることができる．

　モホ面より上が**地殻** (crust) で，モホ面より下を**マントル** (mantle) という．マ

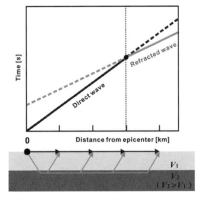

図 2.14 地殻・マントル境界での地震波の伝播

ントルの下には液体状の**外核**があり，最も内側の中心部には固体の**内核**がある．マントルと外核の境界は**グーテンベルグ** (Gutenberg: 図 2.15 右) によって発見され**グーテンベルグ不連続面** (Gutenberg discontinuity) とも呼ばれるが，地球物理学では**コア - マントル境界** (**CMB**: **C**ore-**M**antle **B**oundary) と呼ぶのが一般的である．外核と内核の境界はレーマンによって発見されたため**レーマン不連続面** (Lehmann discontinuity) とも呼ばれ，核内の固液の境界面となっている．また彼女の名前 (Inge Lehmann) は，小惑星の名前にもなっている．なお，この境界の存在は，液体を伝播しない S 波の研究から発見された．

図 2.16 に，大陸地殻と海洋地殻を構成する岩石の分布と密度を示す．海洋地殻は主に**玄武岩**で構成され，その厚さは 5 〜 10 km 程度である．それに対して，大陸地殻は，**花崗岩**と玄武岩で構成され，その厚さは 30 〜 50 km 程度である．大陸地殻の花崗岩と玄武岩の境界は，地殻と上部マントルの境界ほど

図 2.15 モホロビチッチ [2g] とグーテンベルグ [2h] の肖像

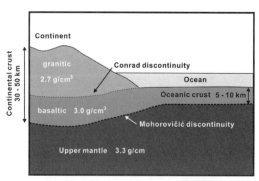

図 2.16 地殻と上部マントルを構成する岩石とその密度

明確ではないが，地震波速度の違いがあることが地震波の観測によって確かめられている．この境界面は，発見者の名前をとって**コンラッド不連続面**(Conrad discontinuity) と呼ばれている．

2.2.6 その他の震動

火山活動に伴う震動には，**火山性地震** (volcanic earthquake) と**火山性微動** (volcanic tremor) の 2 つがある．火山性地震は，火山体およびその近傍で発生する地震の名称で，地下で何らかの破壊現象が起きて発生すると考えられている．火山周辺の地下には，マグマの通り道がある．この通り道は比較的頑丈で，普段は崩れることはほとんどない．しかし，マグマの上昇によって圧力と温度が上昇すると，圧力に耐え切れなくなったマグマの通り道では，岩盤が割れて地震が発生する．またマグマによって圧力が高まった後に，マグマが通り過ぎたことで圧力が下がり，それまで押さえつけられていた岩盤が崩れることによっても地震が発生する．**火山性微動**は火山に発生する震動のうち，**火山性地震**とは異なり震動が数十秒から数分，時には何時間も継続する，始まりと終わりが明瞭ではない波形の総称である．火山性微動は，地下のマグマやガス，熱水など流体の移動や振動が原因と考えられており，噴火に伴う微動もある．

地熱地域の中には，地熱活動に関連すると見られる**地熱微動** (geothermal tremor) が観測される場合がある．地熱微動は，地下深所または地表近くでの蒸気・熱水の流動や相変化などで生じていると推測されている．地熱地域の微動の観測例としては，ニュージーランドの Taupo 地熱地域の例が最初である．

また，アメリカのイエローストーンやイタリアの Volcano 島などの活発な地熱地域で，地熱微動が観測されている．日本では，大分県の九重硫黄山，秋田県の後生掛温泉，宮城県の鬼首地域などで地熱微動が観測されている．

　常時微動とは，常に動いている地面のわずかな揺れのことである．このような地面の揺れを微動 (microtremor) という．私たちが生活している建物や地面も，人に感じない程度の振動で常に揺れている．この揺れの発生源は，風や海の波といった自然現象や，車の走行や工場の機械といった人工的なものなど，さまざまなものが振動の原因となっている．微動計と呼ばれる高感度地震計を用いて観測を行なうと，このような常時微動を測定することができる．このような常時微動は，受動的な弾性波探査に利用されている．

2.3　弾性波探査の地質学

2.3.1　石油トラップ

　物理探査による資源探査の最大のターゲットは，石油である．しかし，物理探査で直接的に石油を探すことはできないので，石油を貯められる地下構造を探すことになる．トラップ (trap) とは元来は罠という意味だが，石油地質学では多孔質で浸透性のある岩石中を移動してきた石油・天然ガスを集積して貯留させるような地質条件のある場所のことを指す．トラップ形成の条件は，貯留岩とそれを直接覆う帽岩 (cap rock) が存在すること，及びそれらが石油の逸散を防ぐために上方に向かって閉塞した形態を取っていることである．石油トラップは，石油の閉塞形態をもたらした原因に基づいて，構造トラップ，層位トラップ，組合せトラップなどに分類される．

　構造トラップは，褶曲・断層運動などの構造的要因によって形成されたトラップを指す．地層の褶曲によって形成された背斜トラップが最も一般的であり，世界の主要油・ガス田の約 80 ％がこれに相当する．また，断層運動によって貯留岩の連続が断たれ，断層を介して泥岩などの不浸透性の岩石と接することによって成立するものを断層トラップという．層位トラップは層位的要因によって形成されたトラップを指し，貯留岩が地層傾斜の上位方向に向かって不浸透性の岩相に変化したもので，不浸透性の地層中に周囲から孤立して発達するレンズ状の砂岩体や礁性石灰岩などが一般的である．また，フラクチャ (亀裂) の発達したレンズ状火山岩体も同様の機構のトラップを形成できる．

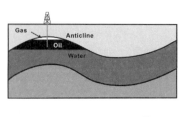
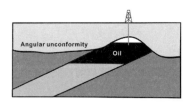
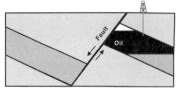
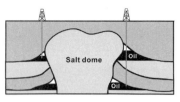

図 2.17 石油トラップの例 (左上から背斜, 不整合, 断層, 岩塩ドーム)

不整合によって生じた**不整合トラップ**も層位トラップの一種であり, 不整合面の下位にある貯留岩の連続が不整合面によって断たれてできる場合と, 上位の地層が不整合面と傾斜角が異なるために貯留岩が不整合面に当たって尖滅してできる場合がある. **組合せトラップ**は, 構造・層位トラップの各型が複数組み合わさって形成されるトラップであり, その種類は多岐にわたる. 現実にはトラップと言われているものの大部分が, 組合せトラップにあたる. このような様々な石油トラップの例を, 図 2.17 に示す.

2.3.2 岩石の弾性波速度

地下を伝播する弾性波は, 地層の弾性定数と密度に依存した速度で伝播する. **疎密波** (P 波) や**剪断波** (S 波) に影響を与える付加的な要因は, 岩種, フラクチャーの幅, 温度, 流体の含有量, 飽和率, 地下の流体圧などである. ここでは比較のため, 実験的に確かめた代表的な土壌や岩種の弾性波速度を, 表 2.2 に示す. この表から, 土壌の弾性波速度は岩石に比べて低速度であり, 岩石の中でも砂岩などの堆積岩は, 花崗岩などの火成岩より低速度であることがわかる.

表 2.2　代表的な土壌や岩石の P 波速度と S 波速度 [2i]

Type of formation	P wave velocity (m/s)	W wave velocity (m/s)	Dencity (g/cm³)
Scree, vegetal soil	300-700	100-300	1.7-2.4
Dry sands	400-1200	100-500	1.5-1.7
Wet sands	1500-2000	400-600	1.9-2.1
Saturated sshales and crays	1100-2500	200-800	2.0-2.4
Marls	2000-3000	750-1500	2.1-2.6
Satulated shale and sand sections	1500-2200	500-750	2.1-2.4
Porous and saturated sandstones	2000-3500	800-1800	2.1-2.4
Limestonces	3500-6000	2000-3300	2.4-2.7
Chalk	2300-2600	1100-1300	1.8-3.1
Salt	4500-5500	2500-3100	2.1-2.3
Anhydrite	4000-5500	2200-3100	2.9-3.0
Dolomite	3500-6500	1900-3600	2.5-2.9
Granite	4500-6000	2500-3300	2.5-2.7
Basalt	5000-6000	2800-3400	2.7-3.1
Gneiss	4400-5200	2700-3200	2.5-2.7
Coal	2200-2700	1000-1400	1.3-1.8
Water	1450-1500	-	1.0
Ice	3400-3800	1700-1900	0.9
Oil	1200-1250	-	0.6-0.9

2.4　弾性波探査の計測工学

2.4.1　地震計

　地震計 (seismometer) は，地震により発生した地面の動き (地震動) を計測して記録する機器である．計測震度計は地震計の一種であるが，計測された地震動から計測震度を算出する機能もある．一般に地震計は，地震動を計測するセンサとそれらを記録する計測システムによって構成される．地震計は 3 成分のセンサを備え，それらを直交する南北・東西・上下の各方向に揃えて設置する．このように地震計を 3 軸に設置することで，地面の 3 次元的な動きを把握することができる．

　地震観測に使用される地震計は目的に応じて多様な種類があり，人間には感じないような遠距離で発生した地震のわずかな揺れを検知できる高感度地震計や，震度階級最大の激震が生じても記録できる強震計などがある．

43

2.4.2 弾性波探査の受振器

陸上探査の受振器としては，地表面での振動を測定する**ジオフォン** (geophone) が使われる．ジオフォンは，図 2.18 に示すようにスプリングで吊るされた振り子に固定されたコイルと，地表面と同じ振動をする受振器ケースに固定された永久磁石から構成されている．受振器ケースが地面の揺れに応じて振動すると，磁石と振り子との間に振動に応じた相対運動が生じて，**電磁誘導**によってコイルに起電力が発生する．このとき，起電力は相対運動の速度に比例するので，振動が電気信号として計測できる．

海中で行なう反射法の場合は，海中を伝わる音波を利用するので，**音波探査** (sonic exploration) ということもある．海上の弾性波探査では，**ハイドロフォン** (hydrophone) と呼ばれる受振器が使われる．ハイドロフォンには**圧電素子** (piezoelectric element) が使われていて，圧力(音圧)が電気信号に変換される．地層境界からの反射波は，海水内では圧力変化として伝わり，ハイドロフォンで受振される．海洋の弾性波探査では，ケーブルを海中で曳航し，海中の圧力変化を記録する測定方法が利用される (図 2.19)．この方法は，海洋の石油探査で多く用いられ，**ストリーマケーブル曳航方式**と呼ばれている．この他にも，ハイドロフォンを組み込んだケーブルを海底に設置して測定する方法もある．

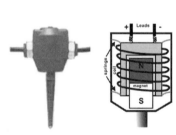

図 2.18 ジオフォンとその内部構造

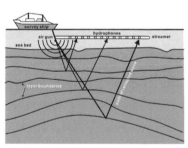

図 2.19 ストリーマケーブルを使った海洋の弾性波探査

2.4.3 弾性波探査の振源

人工地震を発生させる装置を**人工振源**と呼ぶ．陸上の反射法地震探査では，弾性波を人工的に発生させるための振源として，ハンマーなどによる**地面打撃**や**ダイナマイト**などのインパルス型，バイブレータなどによる機械制御型の振源が使われる．バイブロサイスと呼ばれる**バイブレータ振源**は大型の振動発生

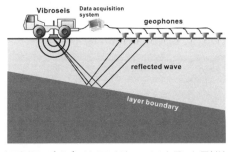

図 2.20　人工振源にバイブロサイス (Vibroseis) を用いた反射法の測定方式

機であり，予め決められたパターンで錘(おもり)を振動させることにより連続的な弾性波を発生させるものである．バイブレータ振源を使った弾性波探査では，発振波と受振波の相互相関を使って反射波が得られるため，雑音に強く，発破振源が使えない都市部などの調査にも有効である (図 2.20)．

海上の反射法探査では，圧縮空気の放出を利用した**エアガン** (air gun) を用いるのが一般的である．**エアガン**は，圧縮空気をチャンバーと呼ぶ容器に溜め，一定の距離と時間間隔で海中に放出して大きな音すなわち振動を起こす装置である．空気を溜めるチャンバーの大きさによって，発振する音の周波数が異なるので，調査に応じたサイズのチャンバーを使い分ける必要がある．また，複数のチャンバーを組み合わせて波形を調整したり，出力を大きくしたりすることもできる．

人工振源による人工地震は，自然の地震波と比べると，そのエネルギが微弱なので，得られる反射波も微弱になる．しかし，受振器を地面や海中に多数設置して反射波を捉える工夫や，発振点を密にすることなどにより，地下から得られるデータの質を改善し，地下構造を推定することができる．

2.4.4　屈折法の計測

地中を伝播する弾性波は，地層境界で反射や屈折現象を起こす．この屈折波のなかには，地層境界に沿って伝播し，再び屈折して地表に到達する波がある (図 2.21)．こうして地表に戻った波を観測し，地層境界の深度や形状を推定する方法を**屈折法** (seismic refraction method) という．屈折法では，地表付近で弾性波を発生させて，地表の測線上に適当な間隔で展開した複数の受振点でその

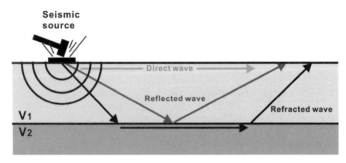

図 2.21　屈折法探査の測定概念図

波動を測定する．振源から受振点までの弾性波の到達時間を**走時** (travel time) と呼び，弾性波のうち受振点にもっとも早く到着する波を**初動** (first arrival) と呼ぶ．振源距離が近い場合には，第 1 層を最短距離で伝播する直接波の走時が初動となり，振源距離がある程度遠方になると屈折波の走時が初動となる．地中を伝播する弾性波には P 波と S 波があるが，屈折法では P 波の初動を利用した測定方法が一般的である．屈折法は，原理的に比較的浅い構造に適していて，解明しようとする構造深度の 3～5 倍以上の測線長を設定する必要がある．

屈折法で得られた弾性波速度からは，地盤の硬軟などの工学的情報を得ることができるので，地質構造などを推定することにも利用できる．そのため，土木・建設の分野では，弾性波探査といえば屈折法のことを指す場合が多い．屈折法で求められる速度値は，高い信頼性とともに地盤強度との相関性が良い．そのため岩種と弾性波速度から岩盤分類や地山区分の情報として利用され，構造物の設計や施工時に有益な情報を提供できる探査法として重要である．これらの特徴を生かして，屈折法は土木構造物のための**基礎地盤調査**や**地質構造調査**などを目的として広く利用されている．

2.4.5　反射法の計測

反射法 (seismic reflection method) は，地表で発生させた弾性波が，速度や密度が変化する地層境界面で反射して地表に戻ってくる波を記録し，その到達時間や振幅などの情報を用いて地下構造を探査する手法である．主に**石油**や**石炭**といった**資源探査**で高い実績をあげてきた手法であるが，日本国内では**断層調査**や海域における大陸棚の調査などにも使われている．

反射法のデータ取得・データ処理の段階では，反射波の信号と雑音の比である S/N 比を高くする工夫がなされている．データ取得時には，**多孔爆破法**や複数受振器の設置などが使われる．反射波は直接波に続く波群の中に現れるため，反射波と直接波の区別は必ずしも容易ではない．そのため，多数の振源と受振点を組み合わせて，データ処理などにより微弱な反射波を強調する必要がある．

　反射法の利点は，地層の構造や変化，地層の性質を連続的かつ視覚的に得られる点にある．また，これまで反射法の弱点とされていた弾性波速度の決定も，多チャンネルのデータを用いたデータ処理で精度は著しく向上しており，データ量の増加に伴って得られる地質情報の精度も向上している．

　近年の反射法では，これまで行なわれていた調査測線上の反射断面を得る 2 次元反射法に加え，それを面的・空間的に拡張した **3 次元反射法**や，S 波を用いた**多成分反射法**の利用も，広く行なわれるようになった．また，個々の反射面の反射係数の変化や P 波と S 波の反射断面の違いを検討することにより，反射法で得られた情報から地下の地層の物理的な性質を推定できるようになった．

　通常の反射法は測線上の調査なので，これによってわかるのは，測線下の 2 次元的な地質断面の情報である．しかし，地下構造が複雑な場合には，地層での反射方向が四方八方を向くため，測線上の調査だけでは全ての反射波を計測することができない．これを可能にするには，受振器を平面上に配置する必要がある (図 2.22)．このような調査法を **3 次元反射法**と呼ぶ．3 次元反射法の平面配置のために必要な受振器の数は，2 次元調査法に比べて必然的に多くなる．このような多チャンネルでの同時測定が可能になったのは，受振器近傍で信号のデジタル処理を行ない本部までデータを伝送する**テレメトリー型**の弾性波探査システムが開発されたことによるところが大きい．3 次元探査は 2 次元探査に比べてコストはかかるが，得られる情報量が膨大なため，1990 年代以降から数多く実施されるようになった．

　3 次元探査で集録されたデータは，立体的なデータセットを形成しているので，それに応じた新たなデータ処理が必要となる．同時に，地下構造の立体的なイメージを視覚的に表現するための，様々なデータ表示法が工夫されている．その一つは，データセットにおける水平断面を，細かい深度間隔で何枚も

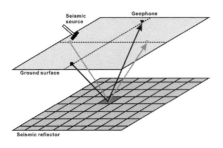 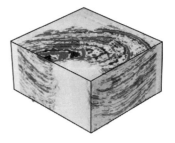

図 2.22　3次元反射法の測定概念　　　図 2.23　3次元の反射断面図の例 [2)]

表示することである．各深度での平面は**深度スライス**と呼ばれ，このスライス上には，背斜・向斜・断層などの地下構造が特徴的なパターンとして現れるので，この平面図を連続的に表示すれば，地下構造が直観的に把握できる．図 2.23 は，岩塩ドーム上で実施された 3 次元探査の例を示したもので，ドーム状の 3 次元形状が可視化されている．

弾性波探査では，弾性波の到達時間に関する**位相情報**と，弾性波のエネルギに関連する**振幅情報**を測定する．位相情報は，媒質の僅かな不規則性には左右されないので安定した測定値が得られる．それに対して，振幅情報は媒質の変化に敏感である．そのため，これまで弾性波探査では主に位相情報を主として利用してきた．特に屈折法では，弾性波の初動の到達時間だけが必要で，振幅情報は使用されない．反射法では，地下構造と共に地下の物性値を調べるため，振幅情報に着目した次のような方法が考案されている．

ブライトスポット (bright spot) とは，ある反射イベントの振幅が近傍の反射イベントに比べて大きいため，光っているように見える箇所のことである．なお，反射イベントの振幅値の凡例では最大振幅を白色で表示することが多いため，振幅の大きな箇所は白色となり光っているように見える．一般的に砂岩中にガスが存在すると弾性波の伝播速度は遅くなり，密度も小さくなるので，音響インピーダンスは小さくなる．そのため，周囲の地層の音響インピーダンスとのコントラストが大きく生じ，反射法断面上で振幅異常として現れる．このブライトスポットは石油やガスなどの**炭化水素**が存在することにより起こる場合があるので，炭化水素の直接探知のための重要な指標と考えられている．しかし，岩相の急激な変化や異常高圧層の影響などでもブライトスポットが起こることがあるので，ブライトスポットだけを炭化水素の指標と考えるのは危険

である．これに代替または補足する解析手法として，次の **AVO**(**A**mplitude **V**ariation with **O**ffset) 解析が用いられるようになった．

AVO とは，反射波の振幅が発振点と受振点との距離に伴って変化する現象を指し，炭化水素の直接検知の有力な手法として提唱された．一般に含ガス貯留層上面では，P 波速度およびポアソン比が大きく減少するため，オフセットの増加と共に負の方向に振幅が増加する顕著な AVO 変化が見られる．このようなオフセットによる振幅変化は，入射角によって P 波の反射係数が変化する物理現象によるものである．

一般的には**アトリビュート** (attribute) とは対象物が持っている属性のことであるが，反射法で用いられるアトリビュートとは，弾性波波形に対して何らかの数学的な変換を適用して得られる数値のことであり，**サイスミックアトリビュート** (seismic attribute) とも呼ばれる．アトリビュートを使えば，地下構造の境界や地層の物性に関する定性的・定量的な情報を得ることができる．アトリビュートの例としては，地震波形の振幅，卓越周波数，位相などの基本的な属性のほか，反射トレースの積分値，微分値などがある．さらには，振幅の時系列データを**ヒルベルト変換** (Hilbert transform) して求めた複素信号から計算できる，**瞬時振幅**や**瞬時位相**などの複雑なアトリビュートも存在する．

2.4.6　表面波探査の計測

表面波探査 (surface wave exploration) は**レイリー波探査**とも呼ばれ，周波数によって地盤を伝播していく深度が変化する表面波の特性 (**分散性**) を利用した物理探査の手法である．多層構造の地表面を伝わる表面波は，その波長によって伝播速度が変化する．例えば，短い波長では伝播速度が遅く，波長が長くなるに従い伝播速度が速くなる．この分散性と呼ばれる波長による伝播速度の違いを逆解析することで，不均質な地盤の S 波速度構造を求めることができる．

測定は振動周波数が可変の起振機により表面波を発生させ，一定間隔離れた 2 個の検出器で表面波を測定する (図 2.24)．最終的には，この表面波をデータ解析して 1 次元の S 波速度断面図を求める．高精度表面波探査では，地表に設置した多数の受振器を用いることで，S 波速度構造を連続した断面として表現することが可能となる (図 2.25)．

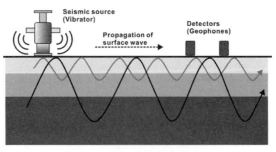

図 2.24 表面波探査の測定概念図

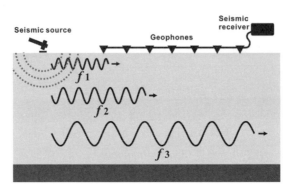

図 2.25 高密度表面波探査の測定模式図

2.4.7 微動探査の計測

常時微動を振動計で拡大すると，複雑で不規則な振動をしている．この微動の揺れ方は，時間だけではなく，場所によっても変わる．この場所によって揺れ方の変わる微動の性質に着目して開発されたのが，新しい地下構造の調査法である**微動探査法** (microtremor method) である．微動探査法には，単独の地震計で **H/V スペクトル** (H/V spectrum) と呼ばれる水平方向と鉛直方向の揺れの比を周期毎に解析して地盤の揺れやすさの指標 (**地盤増幅率**) を算出する方法と，複数の地震計を使って地下の S 波速度構造を推定する**微動アレイ探査法** (microtremor array method) がある．

微動アレイ探査は地下構造推定法として近年急速に発展した探査法で，複数の地震計で微動を同時観測し，このデータを処理することによって観測地点の地下構造を求める簡便かつ画期的な地盤探査法である．微動アレイ探査は人工

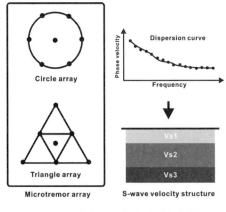

図 2.26　微動アレイ探査の測定概念図

　震源を必要とせず，自然の常時微動に含まれる表面波を利用する．微動アレイ探査では，地表に複数の地震計を正三角形の頂点や円周上に**群設置**して，常時微動を同時に記録する (図 2.26)．このデータを周波数解析し，微動の伝播速度と周波数の関係から地下構造を反映する表面波の**位相速度** (phase velocity) を計算する．さらに表面波の位相速度から，地盤の強度や地震の震動に関係する地下の **S 波速度構造**モデルを求める．

〈コラム 2A〉第 3 の波

　ここまでで学んだように，自然発生する地震波には受振点に最初に到達する**第 1 の波**である P 波，次に到達する**第 2 の波**である S 波があります．P 波は縦波であり，S 波は横波であることが知られており，地震学の専門家以外にも良く知られた波です．しかし専門家以外にはあまり知られていない，**第 3 の波**と呼ばれる **T 波** (Tertiary wave) が存在します．T 波は海水中に入射した地震波が水中音波に変換された後に，**SOFAR チャネル**と呼ばれる水中音波があまり減衰せずに伝わる領域を伝わり，沿岸海底で再び地震波に変換される波です．この T 波は，太平洋のウルップ島付近で起こった地震に対して初めて発見されました．このような T 波は，島や沿岸地域の地震計で観測されることがあります．例えば，フィリピン島沖での地震が，南大東島などで優勢な波群として観測されたことが報告されています．図 2A に，小笠原諸島の地震で観測された T 波の例 (図中の X-PHASE と網掛された範囲) を示します．

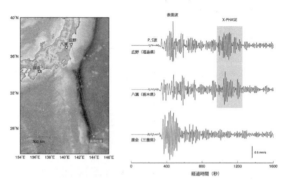

図 2A 小笠原諸島の地震で観測された表面波とそのあとに続くT波[C4]

2.5 弾性波探査の数学

2.5.1 屈折法の基礎理論

ここでは，最も単純な水平2層構造を基にして，屈折法による解析手法を示す．上層の第1層の速度を V_1，第2層の速度を V_2 とする．ここで，$V_1 < V_2$ と仮定する．実際にはこの仮定が常に成立するわけではないが，一般的な地質環境では地層の弾性波伝播速度は深部ほど速くなるので，この仮定は多くの場合で成立する．

ハンマーなどで起振して人工地震を起こすと，様々な方向に弾性波が伝播してその揺れが受振点で記録される(図 2.27)．このとき，最初の弾性波の到達時間を**初動走時** (first arrival time) といい，この**初動走時**を振源からの距離でプロットした図を**走時曲線**と呼ぶ(図 2.28)．振源から近い受振点では，第1層を伝わる**直接波** (direct wave) が最初に到達するが，ある距離離れた受振点では2層目の境界で**臨界屈折**してきた**屈折波** (refracted wave) が最初に到達して，その後に直接波が到達する．なお，屈折波の振幅は直接波の振幅より小さいので，初動走時を観測波形データから読み取る場合は注意が必要である．

屈折法で使うデータはP波の初動走時だけなので，初動走時を使って走時曲線を描くと図 2.28 のようになる．このとき振源から受振点までの距離を x，地層境界までの深度を h とすると，直接波と反射波の走時 T_1 と T_2 は，それぞれ次式となる．

$$T_1 = \frac{x}{V_1} \tag{2.12}$$

$$\begin{aligned}
T_2 &= \frac{x - 2h\tan\theta_c}{V_2} + \frac{2h}{V_1\cos\theta_c} \\
&= \frac{2h\cos\theta_c}{V_1} + \frac{x}{V_2} \\
&= \frac{2h\sqrt{V_2^2 - V_1^2}}{V_1 V_2} + \frac{x}{V_2}
\end{aligned} \tag{2.13}$$

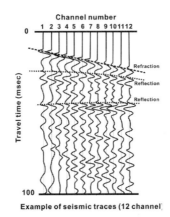

図 2.27　起振によって発生した弾性波の測定例 [2k]

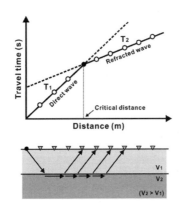

図 2.28　水平 2 層構造の屈折法の走時曲線

ここで，θ_c は臨界角である．第1層目の速度を 2,000 m/s，第2層目の速度を 6,000 m/s とし，地層境界の深度を 50 m と 100 m にした場合の計算例を図 2.29 に示す．この図から，境界深度が深くなるに従って，屈折波が現れる**屈曲点**の距離が振源から遠くなるのがわかる．この計算で境界深度が 100 m の場合には，300 m の手前でようやく屈折波が測定されることになる．このようなシミュレーション結果からも，測線の展開距離を少なくとも境界深度 100 m の 3 倍以上にしなければ，屈折波が測定できないことがわかる．

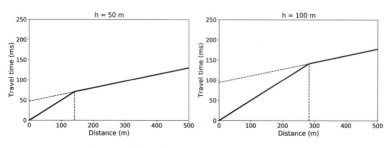

図 2.29　境界深度を変えた場合の走時曲線の計算例

屈折波走時 (T_2) の切片 t_0 は**原点走時** (intercept time) と呼ばれ，以下の式で表せる．

$$t_0 = \frac{2h\cos\theta_c}{V_1} = \frac{2h\sqrt{V_2^2 - V_1^2}}{V_1 V_2} \tag{2.14}$$

よって，層境界までの深度 h は式 (2.14) を変形して次式となる．

$$h = \frac{t_0 V_1}{2\cos\theta_c} = \frac{t_0 V_1 V_2}{\sqrt{V_2^2 - V_1^2}} \tag{2.15}$$

また $T_1 = T_2$ となる折れ曲がりの距離 (**臨界距離**: critical distance) を x_c とすると，深度 h は次式で計算できる．

$$h = \frac{x_c}{2}\sqrt{\frac{V_2 - V_1}{V_2 + V_1}} \tag{2.16}$$

図 2.30 に，屈折法データの解析例を示す．測定が終了して，初動走時を波形記録から読み取り，図のような走時曲線が得られたとする．この図の最初の直線の傾きの逆数から第1層の速度 (1,350 m/s) が得られ，次に屈折波の直線

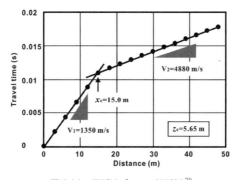

図 2.30 屈折法データの解析例[21]

の傾きから第 2 層の速度 (4,880 m/s) が得られる．この 2 つの速度と臨界距離 x_c (=15.0 m) を使って，式 (2.16) から 2 つの層の境界深度 (5.65 m) が決定できる．この計算例では**原点走時**を使っていないが，式 (2.15) を使っても境界深度が計算できる．

2.5.2 萩原のハギトリ法

萩原は，屈折波の走時曲線から基盤の速度と境界深度を求める**萩原の方法**を考案した．これは，表土層の厚さの変化によって走時曲線が凹凸となり，基盤の速度が求め難いことから考案された解析法であり，萩原の**ハギトリ法** (Hagiwara's reciprocal method) とも呼ばれている．ハギトリ法では，2 つの振源によって得られた 2 組の走時曲線を用いて，以下のように第 2 層以下の速度と深度を求める．

図 2.31 のように振源 A から受振点 D に至る屈折波走時を T_{AD}，振源 B から

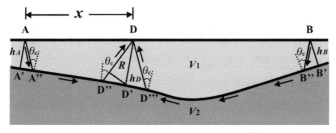

図 2.31 ハギトリ法における屈折波の経路[2m]

受振点 D に至る屈折波走時を T_{BD}, **全走時**を T_{AB} とすると,

$$T_{AD} = \frac{h_A \cos\theta_c}{V_1} + \frac{A'D'}{V_2} + \frac{h_D \cos\theta_c}{V_1} \tag{2.17}$$

$$T_{BD} = \frac{h_B \cos\theta_c}{V_1} + \frac{B'D'}{V_2} + \frac{h_D \cos\theta_c}{V_1} \tag{2.18}$$

$$T_{AB} = \frac{h_A \cos\theta_c}{V_1} + \frac{A'B'}{V_2} + \frac{h_B \cos\theta_c}{V_1} \tag{2.19}$$

となる. このとき第2層の凹凸が緩やかで, $A'B'=A'D'+D'B'=AB$ が成立すると
し,

$$t_0 = T_{AD} + T_{BD} - T_{AB} \tag{2.20}$$

を考えると,

$$t_0 = \frac{2h_D \cos\theta_c}{V_1} \tag{2.21}$$

となる. 次に, T_{AD}, T_{BD} から $t_0/2$ を差し引いたものを T'_{AD}, T'_{BD} とすると,

$$T'_{AD} = T_{AD} - \frac{t_0}{2} = \frac{h_A \cos\theta_c}{V_1} + \frac{A'D'}{V_2} \tag{2.22}$$

$$T'_{BD} = T_{BD} - \frac{t_0}{2} = \frac{h_B \cos\theta_c}{V_1} + \frac{B'D'}{V_2} \tag{2.23}$$

となる. ここで $A'D'=AD=x$ と仮定すれば,

$$T'_{AD} = T_{AD} - \frac{t_0}{2} = \frac{h_A \cos\theta_c}{V_1} + \frac{x}{V_2} \tag{2.24}$$

$$T'_{BD} = T_{BD} - \frac{t_0}{2} = \frac{h_B \cos\theta_c}{V_1} + \frac{AB - x}{V_2} \tag{2.25}$$

となり, T'_{AD} と T'_{BD} の傾きから第2層の速度 V_2 が求められる. T'_{AD} と T'_{BD} は**速
度走時 (ハギトリ走時)** と呼ばれる.

受振点 D での速度境界までの距離は,

$$h_D = \frac{t_0 V_1}{2\cos\theta_c} \quad \left(\sin\theta_c = \frac{V_1}{V_2} \right) \tag{2.26}$$

で求められる. ここで注意しなければいけないのは, h_D が受振点直下の境界
深度ではなく, h_D を半径とした**同心円**上にあることである. ハギトリ法の最
終結果である地層の境界は, 受振点を中心とした半径 h_D の円弧を描き, その

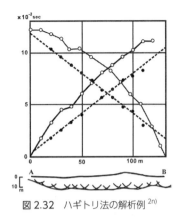

図 2.32 ハギトリ法の解析例 [2n)]

円弧群の包絡線から決定する (図 2.32).

2.5.3 反射法の基礎理論

地表で人工的に発生させた弾性波が地下に伝播するとき，地層の境界面に弾性波が入射すると，そのエネルギの一部が反射して地表に戻ってくる (図 2.33 左). このような反射波を地表に設置したジオフォンなどで測定し，地下における反射記録断面図の分布を作成する技術が反射法である．図のような水平2層構造での反射波の走時は次式となる．

$$t = \frac{1}{V}\sqrt{x^2 + 4z^2} \tag{2.27}$$

ここで，V は第1層の弾性波速度，x は振源からのオフセット距離，z は地層境界までの深度である．この式からわかるように，反射法の走時曲線は，t_0 (=$2z/V$) を頂点とした下に凸状の曲線となる．

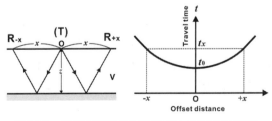

図 2.33 水平2層構造での反射波経路と反射波の走時曲線

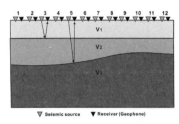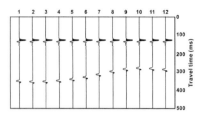

図 2.34　地層境界で生じる反射波記録の概念図

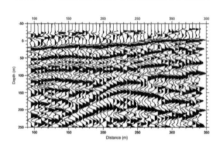

図 2.35　反射法の波形記録の例 [20]

　反射波は，弾性波速度と密度の積である**音響インピーダンス** (acoustic impedance) が異なる地層の境界面で発生するので，反射記録断面図に現れる連続した反射イベントの存在は，そこに地層境界面が存在することを意味する．従って，反射記録断面図は地層の形状を反映していることになる．例えば図2.34左のような3層からなる地下構造が存在する場合には，図2.34右のような反射イベントが得られる．ただし，この反射イベントは理想化されたもので，実際には反射波以外の波やノイズを含んだ複雑な反射断面になる (例えば図2.35)．

2.5.4　反射法のデータ処理

　反射法データの処理の目的は，信号 (signal) とノイズ (noise) の比である **S/N比**の向上による反射波の抽出と，正しい反射点位置に戻す反射波の**イメージング操作**である．一般に，反射波は地中を伝播する途中で急激に減衰する．また，反射波以外の様々な雑音が混入する．データ処理では，減衰した地震波を適度な振幅に復元し，各種のノイズを除去してS/N比を高める．このデータ処理は，大別して2通りの手法がある．

第1の処理は，同一の反射面から戻ってくる反射波を足し合わせることで反射記録のS/N比を向上させるものである．**CMP重合**は，Common Mid Point stackの略で，**共通中央点重合**ともいう．観測ノイズが一般的な白色雑音であれば，S/N比は重合数(足し合わせる数)の平方根に比例する．CMP重合を行なう前に，速度解析により重合速度を求め，この速度を用いて次に説明する**NMO補正** (Normal Move Out correction) を実施する．

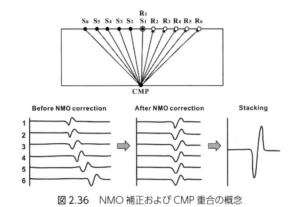

図2.36　NMO補正およびCMP重合の概念

　図2.36のように共通中央点(CMP)を通って反射してくる波は，送受振点間隔の違いのため，反射イベントに時間遅れが生じる．このような時間遅れがある波形を足し合わせるためには，振源からの距離に応じた**時間補正**が必要である．この補正が**NMO補正**である．NMO補正で使う時間補正量 Δt_n は，次式となる．

$$\Delta t_n = T_n - T_0 = \sqrt{\left(\frac{x_n}{V}\right)^2 + T_0^2} - T_0 \tag{2.28}$$

　ここで，x_n は振源からのオフセット距離，V は弾性波速度，T_0 は中心での反射波の走時である．このようにして求めた補正量を使ってNMO補正した後に加算すると，反射波の振幅が強調され，ノイズが低減された反射波形が得られる．実際の測定では，数十から数百のデータを加算して**重合記録断面**を作成する．なお，N 本の共通中央点記録を重合すると，S/N比は $\sqrt{N}$ 倍向上する．これを **N重合** と呼ぶ．

第2の処理は，ノイズ特性を利用したフィルタなどを適用することである．弾性波を周波数領域に変換してスペクトル分布を見ると，信号の占めるスペクトル領域とノイズの占めるスペクトル領域に差がある場合がある．反射波とノイズ成分は一般に卓越スペクトルが異なる．そこで，波形信号の卓越スペクトル領域だけを通過させるフィルタを用いて，両者を分離することができる．このようなフィルタをバンドパスフィルタ (帯域通過フィルタ) と呼び，このフィルタで大幅な S/N 比の向上が期待できる．

　弾性波の時系列データを周波数領域に変換するためには，次に示す**フーリエ変換** (Fourier transform) が使われる．時間 t の関数 $f(t)$ が与えられたとき，

$$F(\omega) = \int_{-\infty}^{\infty} f(t)e^{-i\omega t}dt \tag{2.29}$$

で与えられる無限積分が，**フーリエ積分**またはフーリエ変換と定義されている．ここで ω は角周波数，i は虚数単位である．また，この逆変換は，

$$f(t) = \frac{1}{2\pi} \int_{-\infty}^{\infty} F(\omega)e^{i\omega t}\, d\omega \tag{2.30}$$

となり，**フーリエ逆変換** (inverse Fourier transform) と呼ばれる．

　弾性波は，地中を伝播する際に徐々にその形を変える．これは，数学的には振源からの弾性波の波形 $f(t)$ と，受振点までの地下構造 (地層境界) によるインパルス応答 $g(t)$ との**コンボリューション** (convolution: 畳み込み積分) として表される (図 2.37 上)．入力波形 f とインパルス応答 g のコンボリューションは，$f * g$ と表現し，次式で定義される．

$$y(t) = \int_{0}^{t} f(t)g(\tau - t)d\tau \tag{2.31}$$

ここで，τ は積分変数である．

　測定データには，地下構造による特性に加えて，測定機器の特性や振源特性がコンボリューションされている．測定データからこのような測定機器の特性などが除去できれば，もとの波形に近い高分解能の波に戻すことができる．この操作を**デコンボリューション** (deconvolution) と呼び，デコンボリューションに使われるのが**デコンボリューションフィルタ**である．また，弾性波の入力波形がわかれば，入力波形を用いたデコンボリューションを実施して，地層境界を表すシャープなインパルス列を推定できる (図 2.37 下)．ただし，入力波形は

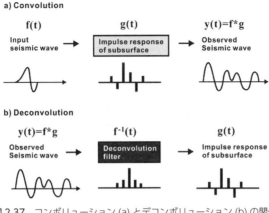

図 2.37 コンボリューション (a) とデコンボリューション (b) の関係

不明な場合が多いので，最小 2 乗法などを使ってデコンボリューションフィルタを計算する必要がある．

2.5.5 反射法データのマイグレーション

　反射法では，反射波はその到達方向に関係なく，入射した受振点での往復走時として記録される．これを横軸を受振位置，縦軸を往復走時として表示すると，傾斜した反射面からの反射波はその真の位置ではなく，その受振点直下に表示される．また，その往復走時は真の深度と対応していないため，表示される記録断面は歪んだイメージとなる．例えば**重合記録断面**では，背斜構造は見掛け上大きくなり，逆に向斜構造は見掛け上小さくなる (図 2.38)．このように地表で観測される反射記録は，地下構造が水平成層構造でない限り，地下構造の形状による影響を受ける．この影響を補正して，真の地下構造に戻す操作が**マイグレーション** (migration) である．マイグレーションを行なえば，地層境界の形状，断層の位置や傾斜などの把握を，より正確に行なえるようになる．

　マイグレーションは，反射記録を波動方程式に基づいて処理することで実施される．マイグレーションには，**波動方程式**の解き方の違いで，差分法を利用する**差分マイグレーション** (difference migration)，時間波形を重ね合わせる**キルヒホッフマイグレーション** (Kirchhoff migration)，フーリエ変換を利用する***f-k* マイグレーション** (*f-k* migration) の 3 つの方法に分類できる．地中の弾性波の伝播速度が一定の場合は，計算効率の良い *f-k* マイグレーションが利用で

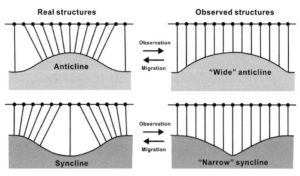

図 2.38　実際の地下構造 (左) と反射断面に現れる見掛けの地下構造 (右) の比較 [2p)]

きる．ここでは，f-k マイグレーションの概要を説明する．

2 次元の波動方程式は，次式で表わされる．

$$\frac{\partial^2 \Phi}{\partial x^2} + \frac{\partial^2 \Phi}{\partial z^2} = \frac{1}{v^2}\frac{\partial^2 \Phi}{\partial t^2} \tag{2.32}$$

ここで，Φ は波動関数，v は弾性波速度，x と z は 2 次元の座標，t は時間である．いま，時間変動する 2 次元の単弦波 $e^{i(k_x x + k_z z + \omega t)}$ の伝播を考え，その周波数領域での大きさを $V(k_x, k_z, \omega)$ とすると，波動関数 Φ はフーリエ逆変換を使って，

$$\Phi(x,z,t) = \frac{1}{(2\pi)^3}\iiint_{-\infty}^{\infty} V(k_x,k_z,\omega)\, e^{i(k_x x + k_z z + \omega t)} dk_x dk_z d\omega \tag{2.33}$$

と書くことができる．ここで k_x，k_z はそれぞれ x と z 軸における波数であり，ω は時間 t における角周波数である．

次に，x と ω についてフーリエ変換を行ない，その成分スペクトルを $U(k_x, z, \omega)$ で表わすと，次の z に関する 1 次元微分方程式が得られる．

$$\frac{d^2 U}{dz^2} + \left(\frac{\omega^2}{v^2} - k_x^2\right) U = \frac{d^2 U}{dz^2} + k_z^2 U = 0 \tag{2.34}$$

この方程式の解 U は，次のように表せる．

$$U(k_x, z, \omega) = A(k_x, \omega) e^{ik} \tag{2.35}$$

このとき地表面 (z=0) での式は，

$$U(k_x, 0, \omega) = A(k_x, \omega) \tag{2.36}$$

となる．つまり，$A(k_x, \omega)$ は，地表での弾性波記録をフーリエ変換したものとなる．この $U(k_x, 0, \omega)$ を用いて，x と t についてフーリエ逆変換すれば，地下での波動関数 $\Phi(x, y, 0)$ が，次式のように得られる．

$$\Phi(x, z, 0) = \frac{1}{4\pi^2} \iint_{-\infty}^{\infty} U(k_x, 0, \omega) \, e^{i(k_x x + k_z z)} dk_x d\omega \tag{2.37}$$

式 (2.37) は，このままでは積分できないので，ω について次の変数変換を行なう．

$$d\omega = \frac{v k_z}{\sqrt{k_x^2 + k_z^2}} dk_z \tag{2.38}$$

よって式 (2.37) は，

$$\Phi(x, z, 0) = \frac{1}{4\pi^2} \iint_{-\infty}^{\infty} U\left(k_x, 0, v\sqrt{k_x^2 + k_z^2}\right) \frac{v k_z}{\sqrt{k_x^2 + k_z^2}} e^{i(k_x x + k_z z)} dk_x d\omega \tag{2.39}$$

となる．このように f-k マイグレーションでは，地表での波動関数 $\Phi(x, 0, t)$ と地下の波動関数 $\Phi(x, z, 0)$ をフーリエ変換で結びつけている．また実際の計算は，高速フーリエ変換など使って行なえるので，計算効率が高い．

2.5.6 表面波探査の基礎理論

弾性波の表面波は，減衰が小さく遠方まで伝播するため，反射法では表面波は反射波を妨げるノイズと見なされる．反射法では，この表面波をできるだけ除去することが重要となる．しかし，このノイズと考えられてきた表面波を利用した探査法が存在する．表面波探査では表面波の**分散性** (dispersion) を利用して，振動の周波数を変えることで到達する波の深さを変えられる．例えば，周波数が高くて波長が短い場合には，表面波は浅部だけを楕円状に振動しながら伝播する．それに対して，周波数が低くて波長が長い場合には，表面波は深部まで振動しながら伝播する．表面波探査法は，反射法のように物体から反射して戻ってくる波を測定する方法とは，原理が根本的に異なる．

ここでは，2 つのジオフォンを使った表面波探査のデータ処理法の概要を説明する．図 2.39 のようにハンマーで起振すると，様々な周波数の表面波が同時に発生して地表付近を伝播する．このとき，2 つのジオフォン A，B で同時

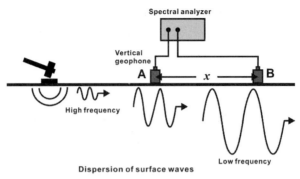

図 2.39　表面波探査の周波数解析の概念図

に弾性波を記録し，周波数分析すれば，周波数毎の波に分解できて，AB 間を通過する時間差が求められる．この時間差を使って各周波数での**位相速度**(phase velocity)$V(f)$ が，次式によって求められる．

$$V(f) = \frac{x}{\Delta t(f)} = \frac{2\pi f x}{\Delta \theta(f)} \tag{2.40}$$

ここで，x は AB 間の距離，$\Delta t(f)$ は弾性波が到達する時間差，$\Delta \theta(f)$ は各周波数での弾性波の位相差である．なお，このようにして求めた位相速度は，最終的には逆解析などを用いて **S 波速度** に変換される．また，表面波の位相速度は経験的に波長の 1/3 程度の深さまでの S 波速度を反映しているので，次の見掛深度 $D(f)$ と見掛 S 波速度 $V_s(f)$ をプロットすることで，簡易的に S 波速度分布を推定できる．

$$D(f) = \frac{V(f)}{3f}, \quad V_s(f) = \frac{V(f)}{k} \tag{2.41}$$

ここで，k は位相速度を**見掛 S 波速度**に変換するための係数で，0.87 から 0.955 の範囲の値が使われる．

2.5.7　微動アレイ探査の基礎理論

地表面は，体に感じないほどの小さな振幅で絶えず揺れている．これは，高感度な地震計を置いてわかる程度のものである．この揺れは，交通などの人間活動や海洋波浪などの自然現象によるもので，これらを総称して**常時微動**または単に**微動**と呼ぶ．微動中には表面波が優勢に含まれていて，周波数によって

位相速度が異なる表面波特有の**分散現象**を起こす．表面波伝播速度の分散性は，その場所の地盤構造に強く依存する．

微動アレイ探査法 (microtremore array method) ではこのような表面波の性質を利用して，微動の観測から表面波の位相速度を検出し，その分散を引き起こす地下構造を推定する．なお，位相速度の逆解析では**S波速度構造**と**層厚**が得られる．常時微動を用いた構造探査は，大がかりな人工震源を必要とせず，いつでも実施できるため，経済的な簡易探査法として近年広く行なわれている．

SPAC法は**空間自己相関法** (**SP**atial **A**uto**C**orrelation method) とも呼ばれ，微動探査の位相速度の解析法の1つである．SPAC法には微動アレイを円形にしなければならないという厳しい制約があるが，アレイサイズに対して長い波長の波を解析できるという特徴がある．また**CCA法** (**C**enterless **C**ircular **A**rray method) と呼ばれる，**極小アレイ**を用いた位相速度の推定法もある．アレイ半径 30 cm の CCA 法を用いた極小アレイ観測による微動探査から，アレイ半径の 500 倍を超える波長のレイリー波の位相速度が推定され，深さ 50 m 程度までの速度構造の推定ができた事例も報告されている．

ここでは，SPAC法を例にして，位相速度の推定法を示す．図 2.40 のように A 点を中心とした半径 r の円周上に，多数の微動計を配置する．中心点 A での時系列データを $x_A(t)$，円周上の点 B での時系列データを $x_B(t)$ とする．この $x_A(t)$ と $x_B(t)$ をフーリエ変換して，次のように周波数領域に変換する．

$$X_A(f) = \mathcal{F}\{x_A(t)\} \tag{2.42}$$
$$X_B(f) = \mathcal{F}\{x_B(t)\} \tag{2.43}$$

ここで，f は周波数，$\mathcal{F}\{\ \}$ はフーリエ変換の演算を表わす．

次に，A，B の 2 点間の複素コヒーレンスを $\mathrm{coh}(f, r)$ を次式で定義する．

$$\mathrm{coh}(f, r) = \frac{X_A(f) \cdot X_B{}^*(f)}{|X_A(f)||X_B(f)|} \tag{2.44}$$

ここで，$*$ は共役複素数，$\cdot$ はベクトルの内積，$|\ \ |$ はスペクトルの絶対値を表わす．

表面波の到来方向の依存性を解消するため，複素コヒーレンスの方位平均から，SPAC 係数 $\rho(f, r)$ を次のように定義する．

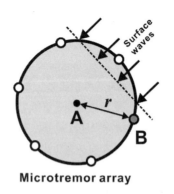

図 2.40 微動アレイ探査のセンサ配置 [2q)]

$$\rho(f,r) = \frac{1}{2\pi}\int_0^{2\pi} \text{coh}(f,r)\,d\psi \tag{2.45}$$

ここで，ψ は到来する波と 2 点間とのなす角である．この SPAC 係数は，位相速度 $c(f)$ と以下の関係式で関連付けられる．

$$\rho(f,r) = J_0\left(\frac{2\pi f r}{c(f)}\right) \tag{2.46}$$

ここで，J_0 は次数 0 の第 1 種ベッセル関数である．したがって，中心点と r だけ離れた円周上の受振点との複素コヒーレンスを求めて，全データを平均することで SPAC 係数を算出し，式 (2.46) から位相速度が計算できる．このようにして求めた位相速度から，最終的には S 波速度の分布を求める．

2.6 弾性波探査のケーススタディ

2.6.1 石油・天然ガスの弾性波探査

石油・天然ガス探査では主に反射法が利用されている．その理由は，石油貯留層が地下 2,000 m 前後の深部に存在するため，屈折法では探査深度が不足するためである．反射法では，データ処理を行なった最終的な反射断面図から，地層の重なりや断層などを把握することができる．また，**ブライトスポット**などの石油・天然ガス層に特有の反射記録を示すのも，反射法が石油・天然ガスの探査に用いられる理由の 1 つである．

イギリスの北海にあるブレント油田は，硫黄分の少ない軽質油が取れること

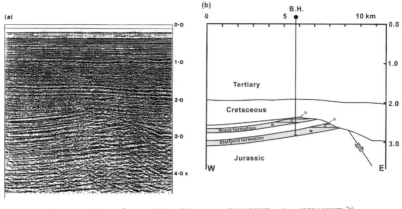

図 2.41 北海のブレント油田で測定された反射断面図とその解釈断面図 [2r]

で有名である．ここで採油される**ブレント原油** (Brent Crude) は，原油価格市場で主要な位置を占める原油のひとつである．エネルギ関連の先物取引で世界最大級の市場であるロンドン国際石油取引所では，このブレント原油価格が世界の石油価格の基準になっている．ここでは，ブレント油田の上部で実施された反射法の結果を紹介する．

図 2.41 左は，反射法の結果得られた約 12 km の測線下の反射断面図である．縦軸は弾性波の往復走時であり，約 4.5 秒までの記録が測定されている．この反射断面図では，第三紀層と白亜紀層の境界が 2 秒の手前付近に明瞭に現れている．また，その下部の 2.5 秒から 3 秒付近には，上に凸の形状をした地層境界が見える．これは白亜紀層の下部にあるジュラ紀層との境界である．また，ジュラ紀層の内部にはブレント油田の貯留層であるブレント層が層状に分布していることがわかる．この反射断面図を解釈した地質断面図が図 2.41 右であり，この石油貯留層は，典型的な**不整合トラップ**であることがわかる．

2.6.2 地すべりの弾性波探査

地すべり (landslide) の調査に弾性波探査が用いられる場合は，そのほとんどが**屈折法**である．屈折法で求められる弾性波速度値は，地盤の強度に関する指標である N 値 (標準貫入試験値) や 1 軸圧縮強度などの工学的な諸量との相関が良いことから，地すべり面の推定に用いられている．特に，表層の**地すべり**

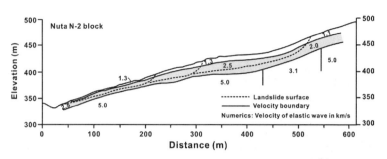

図 2.42 高知県大豊町怒田地区で実施された屈折法の解析結果 [25]

土塊 (移動土塊) とその下部の基盤岩 (不動岩) との速度差が大きい場合には有効である．地すべり土塊のＰ波速度は１km/s 前後で，基盤岩類の速度は２～５km/s 程度である．屈折法では，基盤岩上面の形状，基盤岩中の破砕部の位置や規模などの把握ができる．

　ここでは，高知県大豊町怒田地区で実施された地すべり調査の例を示す．この地域の表層地質は緑色岩類で，この岩石が風化によって厚い粘土化帯を形成している．また，この地区の長期観測から，年間 5 cm 程度の恒常的な移動が確認されている．図 2.42 には，屈折法の解析結果とボーリング孔で確認されている**地すべり面**を示している．弾性波速度層は 3 層に区分され，表層の速度が 1.1 ～ 1.3 km/s，中間層が 2.0 ～ 2.5 km/s，基盤層は一部を除いて 5 km/s と解析された．地すべりのすべり面は，中間層の中に位置していて，速度境界とは一致していないが，その傾斜は屈折法の解析で求めた基盤岩の上面とほぼ平行になっている．

2.6.3　地下水の弾性波探査

　地下水 (ground water) は地表下の水の総称であるが，一般的には地下水面の下にある**帯水層**と呼ばれる地層中の間隙に存在する水を指す場合が多い．そのため，地下水を**地層水**や**間隙水**と呼ぶこともある．なお，地下水面より浅い場所で土壌間に存在する水は，**土壌水**と呼ばれる．地下水面の上部と下部で弾性波速度の差が大きい場合には，弾性波探査が利用できる．地下水面が 10 m 程度の浅い場合には，**屈折法**が使われる．

　ここでは，アメリカ・コネチカット州の Monroe で実施された**地下水探査**の

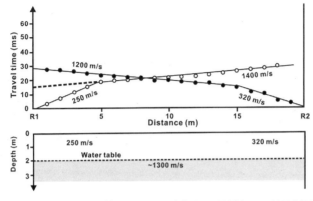

図 2.43 アメリカ・コネチカット州の Monroe で実施された屈折法による地下水探査の結果[2t]

例を紹介する．この調査では，測線上に 1 m おきに 18 個のジオフォンを設置して，測線の両端から起振して屈折法を実施している．1970 年以前に実施された調査なので，解析には単純な水平 2 層構造を用いて，起振点毎に別々の解析が実施された (図 2.43)．表土層と考えられる 1 層目の弾性波速度は遅く，250 〜 320 m/s と解析されている．また，その下部の 2 層目の速度は 1,200 〜 1,400 m/s と解析されていて，表層に比べるとかなり速い弾性波速度になっている．解析で求めた境界深度は，それぞれ 1.9 m と 2.0 m である．なお，この付近で掘削された水井戸で測定した水位は 2.3 m であった．このように，弾性波速度の境界が地下水面に一致しない場合もあるので，探査結果の解釈には注意が必要である．

2.6.4 表層地盤の弾性波探査

地震動の予測を定量的に行なうためには，地下構造の物性値に関する情報，特に弾性波速度や密度が重要となる．**微動アレイ探査** (microtremor array exploration) は，地震防災分野で地下構造探査の 1 つとして，地表から**地震基盤** (深度 3 〜 4 km) までの S 波速度構造の推定に活用されている．ここでは，活断層付近で実施された微動アレイ探査による表層地盤の調査例を紹介する．

警固断層は，福岡県北西部の博多湾から福岡市中心部を経て筑紫野市に至る，長さ約 27 km の**活断層** (active fault) である．この断層の北西方向の延長線上の海底下には，2005 年の福岡県西方沖地震を起こした約 25 km の活断層が

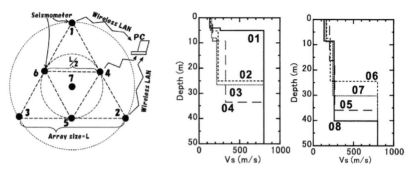

図 2.44　微動アレイ探査のアレイ配置と福岡市天神地区の推定 S 波速度構造 [2u]

あり，両断層をつなぐ**警固断層帯**は長さが約 55 km となる．

　福岡市中央区の天神から赤坂地区までの表層地盤の速度構造を調べるため，微動アレイ探査による調査が実施された．この調査では，一辺が最大 30 m の正三角形アレイ配置 (図 2.44 左) を利用した．測定は，警固断層の直上付近から，断層を直交して横切る方向に約 1.5 km 離れた測点まで，合計 8 点で実施された．これらのデータを水平 3 層構造で解析した結果，測点 01 と測点 02 の比較から，断層から少し離れただけで 2 層目の厚さに約 20 m の段差があることが示された (図 2.44 右)．

2.6.5　遺跡の弾性波探査

　遺跡探査には地中レーダ探査が用いられる場合が多いが，この方法は探査深度が浅いため，古墳などの規模の大きな遺跡では探査深度が不足する．そのような場合には，比抵抗法が使われる場合が多いが，ここでは屈折法を使った遺跡探査の例を紹介する．

　熊本県山鹿市の**岩原双子塚古墳**は，墳長 107 m，高さ 9.3 m，前方部幅が約 50 m の熊本県下で最大級の前方後円墳である．この岩原双子塚古墳の後円部にあると考えられている**埋葬施設 (石室)** を探査するため，後円部の中心点を基準として 4 本の測線を設定した．各測点には，2 m 間隔で 24 個のジオフォンを設置し，振源を 4 m ずつ移動しながら，12 回の測定を行なった (図 2.45)．測定で得られた地震記録から初動走時を読み取り，測線毎に，測線下の矩形ブロックの弾性波速度を逆解析して求める**トモグラフィ解析**を実施した．その結

果，全ての測線中部で 2〜8 m の深さに，周辺の弾性波速度に比べて遅い弾性波速度を持つ領域が検出された．

ここでは，後円部を南北に横切る測線 4 での解析結果を示す (図 2.46)．この図では，結果をわかりやすくするため，弾性波速度の遅い部分 (低速度ブロック) だけを抽出している．後円部の直下には速度 160 m/s から 360 m/s までの**低速度領域**が解析で求まった．特に深度 4 m から 6 m の弾性波速度が最も遅く，後円部中央に空洞を含む石室の存在を示唆していると解釈した．なお，同時期に実施した比抵抗法の 3 次元解析からは，後円部中央に局所的な高比抵抗異常が検出されている[2v]．

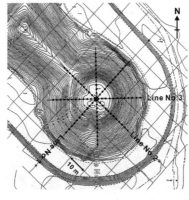

図 2.45　岩原双子塚古墳の後円部での屈折法の測線配置

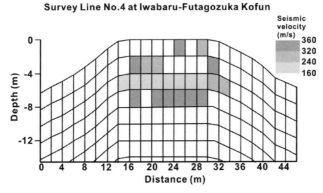

図 2.46　測線 4 での屈折トモグラフィの解析結果 (ただし低速度ブロックだけを選択)

〈コラム 2B〉砂サソリと震源決定

　砂サソリは，数 cm 以内に近づいたカブトムシが動くと，素早く向きを変えて餌となるカブトムシに飛びつきます．夜行性の砂サソリは目が退化しているので，カブトムシは見えないし，カブトムシの足音を耳で聞いているわけでもありません．では，砂サソリはどうやってカブトムシの場所を正確に知るのでしょうか．

　答は次の通りです[C5]．カブトムシの動きによって速い縦波 (v_l = 150 m/s) と遅い横波 (v_t = 50 m/s) が砂地の表面を伝わります．砂サソリはまず縦波を感知して，次にやってくる横波との時間差 Δt を利用してカブトムシとの距離 d を把握します．これを式にすると次のように表せます．

$$\Delta t = \frac{d}{v_t} - \frac{d}{v_l}$$

この式からカブトムシまでの距離を計算する式 $d = 75\Delta t$ が導かれます．時間差 Δt が 4×10^{-3} s なら d は 0.3 m となります．これは地震の震源決定に使う**大森の公式**と全く同じ原理です．大森房吉先生がこの公式を導く遙か昔から，砂サソリはカブトムシの震源決定を行なっていたのです．ここでも生物の方が人間より一枚上手です．

図 2B　シナイデザートスコーピオン[C6] と大森房吉の肖像[C7]

第3章
電気探査

"私は決して失望などしない．どんな失敗も新たな一歩となるからだ"
トーマス・エジソン

デンキナマズ [3a]
(Electric catfish, 学名：*Malapterurus electricus*)

　魚のなかには，電気を発生する能力を進化させたものが数多く存在します．強い電気を出し，馬のような大きな動物をも感電させてしまう，デンキウナギはあまりにも有名です．デンキナマズも，その学名中に electricus(電気) とあるように，体内の発電器官によって水中に電気を流すことができます．デンキナマズの中には最大 350 V もの発電能力を持つ種類もいて，デンキウナギに次ぐ発電力の持ち主です．このような電気魚と人間との関わりは古く，古代エジプトのヒエログリフにはシビレエイによる感電のことが描かれているそうです．勝手な想像ですが，人類と電気現象とのファーストコンタクトは，電気魚による感電だったかもしれません．デンキナマズの発電の目的は，体の周りに電場を作るためで，体周辺の電場の乱れから餌となる小魚の位置を探るそうです．このように，デンキナマズも物理探査する生物の仲間です．しかし，なぜ自分自身は電気で痺れないのでしょうか．不思議です．

3.1 電気探査の物理学

3.1.1 静電気

衣服が擦れて身体にまとわりついたり，ときには火花が発生したりする現象は，古くから身近にあった電気現象である．また，古代ギリシア人は，**琥珀**のボタンが髪の毛のような小さい物を引きつけることや，十分に長く琥珀をこすれば火花を飛ばせることも知っていた．これらの現象は，**静電気** (static electricity) によって引き起こされる．ギリシャの**タレス** (Thales) は，このような静電気についての記述を紀元前 600 年頃に書き残している．タレスは，琥珀をこすって生じる力は磁力だと信じていて，天然磁石の力と同じものだと考えていた．タレスが琥珀による静電気力を磁力と同じものだと考えたことは間違っていたが，第 4 章で説明するように，現代では電気と磁気には密接な関連があることがわかっている．

18 世紀中頃にオランダのミュッセンブルークによって，静電気を貯めることができる装置が発明された．この特殊な装置はオランダのライデン大学で発明されたため，**ライデン瓶** (図 3.1 左) と呼ばれている．ライデン瓶は電気の実験用に広く使われ，一説にはフランクリンの凧揚げの実験にも使われたと言われている．**ヴァンデグラフ** (図 3.1 右) は**静電発電機**の一種で，アメリカ人物理学者ヴァン・デ・グラフによって発明された．ヴァンデグラフはローラーでゴムベルトを回転させて電荷を運び，絶縁性の柱の上に置かれた中空の金属球に静電気を貯めることで，非常に高い電位差を作り出すことができる．

図 3.1　ライデン瓶 (左)[3b] とヴァンデグラフ (右)[3c]

3.1.2 電流と電池

1780年，**ガルヴァーニ** (Galvani: 図3.2左) はカエルの解剖をする際に，切断用と固定用の2つの金属製メスをカエルの脚に差し入れると，カエルの脚が震えるのを発見した．カエルの脚の中で電気が発生する"ガルヴァーニの発見"は，電気に関する新たな発見の糸口となった．ガルヴァーニは，筋肉を収縮させるこの力を**動物電気** (animal electricity) と名付けた．この現象をガルヴァーニや同時代の科学者らは，神経によって運ばれる電気流体が筋肉の収縮を起こすと解釈した．ガルヴァーニを尊敬する**ボルタ** (Volta: 図3.2右) は，この現象をガルヴァーニに因んで**ガルヴァーニ電気** (galvanism) と名付けた．

ガルヴァーニの動物電気に触発されたボルタは，電気に関する研究を開始した．ボルタは，カエルの脚が電気伝導体であり，同時に電気を検出する検電器として機能していると考えた．彼はカエルの脚の代わりに食塩水に浸した紙を使い，それを2種類の金属で挟むことで電気の流れが生じることを確かめた．こうしてボルタは，電解質を挟んだ2種類の金属電極の起電力は，2つの電極間の電極電位の差になるという法則を見出した．

動物電気はカエルの筋肉自体に蓄えられていたものだと主張するガルヴァーニ説への反証として，ボルタは一定の電流を作り出す**ボルタの電堆** (voltaic pile) を発明した．電池の原型となるボルタの電堆は，電解質として塩水を染み込ませた紙を使ったもので，亜鉛と銅の金属板が交互に並んだ層状の構造になっている．この発明を契機として，その後，ダニエル電池などの各種の電解質電池 (液体電池) が発明された．

図3.2 ガルバーニの肖像 (左)[3d] とボルタの肖像 (右)[3e]

3.1.3 抵抗と電圧

ボルタの電堆の発明によって，電気に関する研究が進み，多くのことがわかってきた．**オーム** (Ohm: 図 3.3 左) の発見も，その一つである．オームは，電気回路に流れる電流とその両端の電位差の関係を見出した．この法則は，電気工学で最も重要な法則の 1 つである．この法則は彼の名を冠して**オームの法則** (Ohm's law) と呼ばれている．

オームの法則によれば，電気回路 (図 3.3 右) の 2 点間の電位差 (電圧) は，その 2 点間に流れる電流に比例する．ある導体に電流 I を流したときに，その電位差が V なら，

$$V = RI \tag{3.1}$$

となる．この比例係数 R は導体の材質，形状，温度などによって決まり，**電気抵抗** (electric resistance) あるいは単に**抵抗** (resistance) と呼ばれる．式 (3.1) からわかるように，V, R, I のそれぞれの値は，他の 2 つから求めることができる．式 (3.1) を電流 I について解けば，流れる電流が電位差に比例する式として表現することができる．これを数式で表せば，

$$I = \frac{V}{R} = GV \tag{3.2}$$

となる．この式から，抵抗が大きい場合には電位差を大きくしても少ない電流しか流れないことがわかる．また，抵抗が小さい場合には，小さな電位差でも大きな電流を流すことができる (図 3.4)．このときの比例係数 G (=1/R) は，**コンダクタンス** (conductance) と呼ばれる．電流の単位にアンペア [A] を，電位差の単位にボルト [V] を用いたときの電気抵抗の単位はオーム [Ω] である．また，電気伝導度の単位にはジーメンス [S] が使われる．

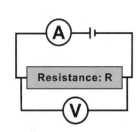

図 3.3　オームの肖像[3f] と電気回路

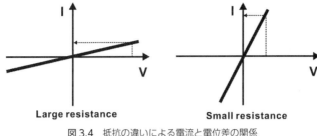

図 3.4 抵抗の違いによる電流と電位差の関係

物質には，電気を通しやすい**良導体** (conductor) と電気を通しにくい**不導体**がある．良導体は単に導体とも呼ばれ，電気抵抗が小さく，電気をよく通す．例えば金，銀，銅，黒鉛 (グラファイト) などがその例である．不導体は，物質内の原子核と電子の結びつきが非常に強く，物質の抵抗値が高いために電気が流れにくい．特に電気抵抗の高い物質を**絶縁体** (insulator) と呼ぶ．固体では，ゴム，ガラス，セラミックスなど，液体では鉱物油や純水など，気体では空気などが絶縁体である．

3.1.4 比抵抗と導電率

物体の電気抵抗は，同じ材料で作っても形や大きさによって異なるが，その物質に固有の電気抵抗は一定である．この物質固有の電気抵抗が，**比抵抗** (resistivity) である．比抵抗の SI 単位は，Ωm (オームメートル) である．断面積 $A\mathrm{[m^2]}$，長さ $L\mathrm{[m]}$ の物質の抵抗 R は，長さに比例して断面積に反比例するので，$R = \rho L/A$ と表される (図 3.5)．このときの比例定数 ρ が物質固有の電気抵抗を表す比抵抗である．なお，1 m^3 の立方体の相対する面に電気を流せば，

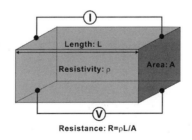

図 3.5 物質の比抵抗の測定法

抵抗 R と比抵抗 ρ が等しくなる.

　比抵抗は，材料の電気の通しにくさを比較するために用いられる物性値で，**抵抗率 (固有抵抗)** とも呼ばれる．比抵抗の大きさには，自由電子の数密度が大きく影響する．金属のように，電流の担い手である**自由電子**の数が多いほど比抵抗は低くなり，少ないほど比抵抗は高くなる．特に自由電子の数が限りなく 0 に近ければ絶縁体となる．また比抵抗は，温度によっても変わるほか，材料の不純物の量や塑性ひずみの有無によっても変わる．なお，比抵抗の逆数を**導電率** (conductivity) と呼ぶ．

　岩石試料では，円筒状に整形した試料の両端 (A と B) に電流電極を取り付け，AB の中点から対称な位置に**リング状電極** (M と N) を取り付けて測定する (図 3.6a). 岩石試料の比抵抗 ρ_R は次式で求められる.

$$\rho_R = \frac{\pi d^2}{4l} \cdot \frac{V}{I} \tag{3.3}$$

ここで，l は電極 MN の間隔，d は円筒形試料の直径である．なお，図中の C_1 と C_2 はそれぞれ正と負の電流端子を表し，P_1 と P_2 はそれぞれ正と負の電位端子を表す.

　溶液試料の場合は，比抵抗が既知の溶液を**測定槽**に入れて**槽定数**を決定し，その槽定数を使って比抵抗を求める (図 3.6b). 例えば，塩化カリウム (KCl) の比抵抗を ρ_{KCl} とすると，槽定数 K_c は次式で求められる.

$$K_c = \rho_{KCl} \frac{I_{KCl}}{V_{KCl}} \tag{3.4}$$

ここで，I_{KCl} と V_{KCl} は，それぞれ KCl を用いた場合の電流と電位差である．よって，溶液試料の比抵抗 ρ_L は，次式で求められる.

$$\rho_L = K_c \frac{V}{I} \tag{3.5}$$

ここで I と V は，それぞれ溶液試料の測定で得られる電流と電位差である.

3.1.5　直流と交流

　電流 (electric current) は，負の電荷を持つ電子が原子の中から飛び出して移動することで発生する．負の性質を持つ電子は，正極に引き寄せられるが，この電子の移動を電流という．このとき，電子は負極から正極の方向に流れるが，

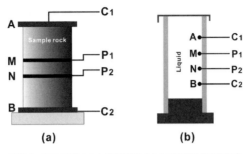

図 3.6　岩石試料 (a) と溶液試料 (b) の比抵抗の測定方法

その反対の流れを電流とするという約束事になっている．

　水が高い所から低い所に向かって流れるように，電流も高電位から低電位に向かって流れる．電流を流すためには電気の圧力が必要で，水位差に相当する電位の差を**電位差** (potential difference) という．電流を流す力である電位差は**電圧**とも呼ばれ，単位にはボルト [V] が用いられる．

　乾電池やバッテリを使った場合の電流のように，電圧が一定で電流の流れる方向が変わらないものを**直流**という (図 3.7 左)．また時間に対して，電圧の大きさと電流の流れる方向が周期的に変化するものを**交流**という (図 3.7 右)．1 つの山と谷のカーブの波形を 1 サイクルといい，1 秒間のサイクル数を**周波数** (frequency) という．周波数の単位には **Hz**(ヘルツ) が用いられ，この波が 1 秒間に 50 回あれば 50 Hz，60 回あれば 60 Hz という．交流のように振幅が時間変化する電流や電圧の大きさには，1 周期の平均的な振幅である**実効値** (RMS) が使われる．一般家庭の商用電源には，交流の 100 V の電気が使われている．日本の電源周波数の境界は，糸魚川静岡構造線に沿う形で，おおむね東日本が 50 Hz，西日本が 60 Hz である．なお東西で周波数が異なるのは，明治初期に

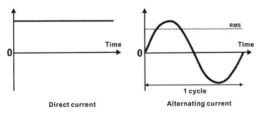

図 3.7　直流と交流の振幅の時間変化

周波数が違うドイツ製とアメリカ製の発電装置を別々に輸入したことで始まったと言われている.

3.2 電気探査の地質学

3.2.1 岩石の比抵抗

純物質の比抵抗は,その物質の材質によって決まるが,岩石の比抵抗は様々なパラメータに依存して決まる.岩石は微視的に観察すると,**石質** (matrix) の部分と**孔隙** (pore) の部分に分けることができる (図 3.8 左).一般的には,新しくできた火成岩には亀裂がなく,大きな比抵抗を有するが,通常の岩石ではこの孔隙の部分に水が含まれるため,岩石は導電性を示す.

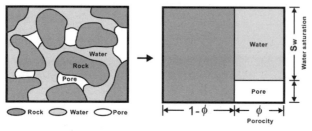

図 3.8 微視的な岩石モデル (右は理想化された岩石モデル)

アーチー (Archie) は,岩石のコアサンプルを使用し,地層水の比抵抗値 ρ_w,**水飽和率** (water saturation) S_W,**孔隙率** (porocity) ϕ の間に,以下の関係があることを実験で確かめた.

$$\rho_R = a\phi^{-m}S_w^{-n}\rho_w \tag{3.6}$$

ここで,ρ_R は岩石の比抵抗,m は**膠結係数** (cementation factor) である.また,m は砂岩で 2 程度である.なお,n は**飽和率指数** (saturation exponent) で,通常は 2 に近い値である.この実験式は**アーチーの式** (Archie's formula) と呼ばれている.次に ρ_0 を地層水により 100% 飽和している場合の比抵抗値とすると,**地層比抵抗係数** (formation resistivity factor) F は,次式で表される.

$$F = \frac{\rho_0}{\rho_w} = a\phi^{-m}S_w^{-n} = a\phi^{-m} \ (S_w = 1) \tag{3.7}$$

このとき,孔隙率と地層水の比抵抗値がわかれば,式 (3.7) から岩石の水飽和

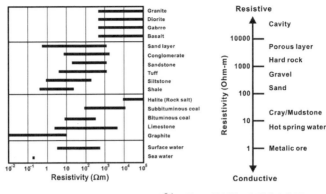

図 3.9 主な岩石・土壌の比抵抗 [3g] と地下の比抵抗の概略的な範囲

率を求めることができる．ただし，構成粒子が非常に細かい粘土では，**表面伝導** (surface conduction) が発生するためアーチーの式は使えない．表面伝導とは，構成粒子と孔隙水との境界に生じるイオンの濃集部に電気が流れる現象である．表面伝導を考慮した比抵抗 ρ_R' は次式から求められる．

$$\rho_R' = \frac{F\rho_W\rho_S}{F\rho_W + \rho_S} \tag{3.8}$$

ここで，ρ_S は表面伝導に関する比抵抗値である．なお，式 (3.8) は，アーチーの式と表面伝導の並列回路の式となっている．

図 3.9 左に，主な岩石や土壌の比抵抗の範囲を示す．この図のように岩石の比抵抗値は大きな幅を持つので，比抵抗値だけから岩種を判別するのは難しい．ただし，火成岩は堆積岩より高い比抵抗を持つ傾向がある．これは新鮮な火成岩には空隙や亀裂が少ないためである．図 3.9 右には，地下構造を推定するための比抵抗の概略的な範囲を示している．例えば，地下空洞や空洞を多く含む地層の比抵抗は大きく，温泉水や金属鉱物などの比抵抗は小さい．ただし，これは概略的な比抵抗範囲なので，地下の条件によってはこの範囲に入らない場合もある．

3.2.2 自然電位

地表または地中・海中に自然に存在する電位のことを，**自然電位** (SP: Self Potential) と呼んでいる．自然電位とは通常，時間と共に急激には変化しない，

ほぼ直流的な電位を指す．自然電位の原因はいくつかあるが，主な原因は**酸化・還元** (oxidation-reduction) に伴う電位や，**熱起電力** (thermoelectromotive force) に関連する電位である．また堆積物に覆われた陸上の斜面などで測定される自然電位の主な原因は，地下水の流れである．

硫化物鉱床のような金属鉱床の中心付近では，数百 mV にも達する負の **SP 異常**が測定されることもある．この大きな負の自然電位異常のピーク値は，**負の中心** (negative center) と呼ばれている．このような鉱体は，あたかも天然の電池のように働くので，**鉱体電池**とも呼ばれる．この鉱体電池のメカニズムは以下のように説明されている (図 3.10)．鉱体の地下水位面より上部では溶解物質にとって還元過程が起こり，下部では酸化過程が同時に起こる．電気的中性を保つためには，周辺の地下水面下の溶液中のイオンとの電気的バランスをとらなければならない．そのため，鉱体それ自身が電子を移動させる導体として働く．このとき，鉱体の周りの溶液中の正負のイオンが鉱体上部や下部へと移動し，良導性鉱体が分極する．この一連の現象で，閉じた電流回路が形成されるため，地表では負の SP 異常が生じる．

鉱体電池のような**酸化・還元電位** (redox potential) の他に，もう 1 つ重要な自然電位の発生機構がある．岩石や土壌の間隙にある地下水の中では，固体壁面へ陰イオンが吸着しやすい傾向がある (図 3.11)．この状態で地下水が流れると，陽イオンが下流に流されて電位が発生する．この現象は**界面動電現象** (electrokinetic phenomena) の 1 つであり，この発生した電位を**流動電位**

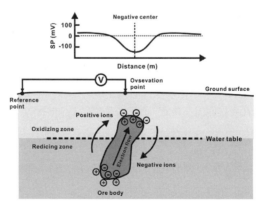

図 3.10　鉱体電池のメカニズムと負の自然電位異常

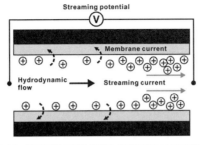

図 3.11　流動電位の発生機構と流動電位による電位異常

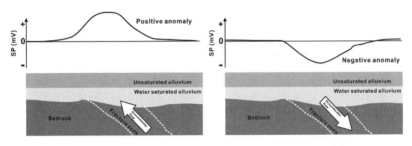

図 3.12　地下水の流動方向の違いによる自然電位異常の符号の変化

(streaming potential) と呼ぶ．地下水の流動や地熱流体の対流のように流体が移動すると，流動電位が発生して地表面で電位異常が測定できる．例えば，地下水が断層の亀裂中を地下深部から上昇すれば**正の自然電位異常**が測定されるし (図 3.12 左)，その逆に亀裂を通って地下水が深部に浸透していけば**負の自然電位異常**が測定される (図 3.12 右)．このように，自然電位異常を測定することで，地下水や地すべりの探査が可能となる．

3.3　電気探査の計測工学

3.3.1　電気探査の分類

　電気探査は，自然の電位を測定する受動的な方法と，地下に電流を流して人工的な電位を測定する能動的な方法に大別できる．受動的な方法には**自然電位法** (self potential method) があり，自然状態で地下に流れている電流によって生じる電位差の分布を測定する．ある種の硫化物鉱床では，金属を含む鉱体の酸化・還元反応によって自発分極が発生する．この分極によって自然の電池が形成されて，地下に電流が流れる．日本での電気探査の歴史は，この自然電位法

の研究から始まった．

　能動的な方法には，**比抵抗法**(resistivity method)と**強制分極法**(IP法：Induced Polarization method)がある．比抵抗法では，地表に設置した一対の電流電極から地下に電流を流して，もう一対の電位電極間の電位差を測定することによって，地下の平均的な比抵抗である**見掛比抵抗**(apparent resistivity)を測定する．岩石や地層の比抵抗は，その構成鉱物の種類，乾湿の状態，風化・変質の状態，温度などによって変わるので，地下の比抵抗分布から地下構造を推定することができる．比抵抗法には，電極の組み合わせが異なる多くの方法がある．**流電電位法**(mise-à-la-masse method)は，この比抵抗法の一種である．流電電位法は**鉱体流電法**(charged potential method)とも呼ばれ，電流電極を探査対象とする鉱体に接触させ，鉱体に直接電流を流し，それによって生じる地表面の電位差を測定することで，地下の局所的な比抵抗異常を調べる方法である．この方法は，金属鉱床の露頭を利用して始められたが，最近では坑井を線電流源として利用した流電電位法が，地熱探査などに使われている．

　IP法は，比抵抗情報に加えて，電気の貯めやすさの指標である**充電率**(chargeability)を測定する方法である．金属粒子などを含むある種の鉱体では，人工的に電流を流すことで誘電分極状態をつくりだし，鉱体中に電荷を貯めることができる(図3.13)．また電流遮断後には，充電した電荷による**分極電流**(polarization current)が流れる．強制分極法では，異なる2つの低周波電流を利用したり，矩形電流遮断後の測定電位の時間変化である**過渡応答**(transient response)を利用して，この**分極現象を計測する**．

　流体流動電位法(fluid flow tomography method)は，流電電位法の電極配置を応用した地下浸透流の挙動を直接モニタリングするために九州大学で考案され

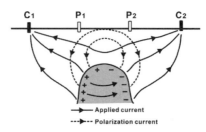

図3.13　人工電流による鉱体の誘電分極

た方法である (詳細は3.3.5). この方法は，既存の坑井のケーシングパイプを利用して地下深部まで電流を流し，あらかじめ地表面に設置した多数の電位電極で同時に測定される人工電位分布と自然電位分布から地下浸透流の動的挙動を可視化する．すなわち流体流動電位法は，3次元の空間軸に時間軸の次元を加えた4次元探査法と言える．

3.3.2　自然電位の測定

イギリスのフォックス (Fox) は，1830年にコーンウオール鉱山の硫化鉱床付近で自然に電気が流れていることを発見した．フォックスは，この現象について原因を突き止めることはできなかったが，この現象を利用すればある種の鉱床の発見に役立つと考えた．この現象は後に**自然電位** (self potential) または自発分極 (spontaneous polarization) と呼ばれ，フォックスは自然電位の発見者とされている．フランスの**シュルンベルジェ** (Schlumberger) は，この自然電位に着目し，自然電位法のための測定装置を開発した．九州大学の小田二三男は，この実用化されたばかりの**シュルンベルジェ式電気探査装置**を使って，1921年に久寝・小坂・花岡鉱山で試用した．この自然電位法探査が日本の電気探査の始まりである．

自然電位法 (SP法：**S**elf **P**otential method) は，地下に存在する金属鉱床や地下水流動などを調べることができる最も簡単な探査法の1つである．自然電位法では，自然の状態で地表で測定される電位分布を解析して地下を推定する．ただし，正確な自然電位測定を行なう場合は，**非分極電極** (non-polarizable electrode) が必要である．測定電極として金属棒を地面に刺しても電位差は測定できるが，地面と金属棒の間で**接触電位**が発生するため，測定電位差が実際の値より大きくずれて2地点間の電位差を正しく測定することはできない．

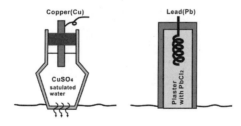

図3.14　自然電位法に使用される非分極電極 (左:銅・硫酸銅電極，右:鉛・塩化鉛電極)

非分極電極は，少しずつ液漏れする材質で作られる．**銅・硫酸銅電極** (図 3.14 左) の場合には，浸透性の高い素焼きの壺の中に硫酸銅の飽和電解液を入れて，電解液に浸した銅線を通して自然電位を測定する．この非分極電極には，電解質の漏出により液が次第に減少してゆく欠点があるが，電極としての安定性が良いため，1 日程度で測定が終了する自然電位法調査などに用いられている．また，**鉛・塩化鉛電極** (図 3.14 右) は，次章で説明する電磁探査の MT 法などにも使われる．

3.3.3 比抵抗の測定

比抵抗法では大地に通電する電流値と，それによって生じる電位差を測定する．しかし，テスターのように電流電極と電位電極を共通とした 2 電極法 (2 端子法) の測定では，得られる抵抗値は電極と大地との**接地抵抗**を反映したものとなる．この接地抵抗の影響を受けないようにするためには，一対の電極から電流を流し，もう一対の電極で電位を測定する 4 電極法 (4 端子法) を用いる必要がある．比抵抗法では，4 電極法を使った測定で大地の比抵抗を求める．4 つの電極を使用した電極配置は **4 電極配置**と呼ばれ，その幾何学的な組み合わせによって様々な名称がある．図 3.15 は，全ての電極間隔が等しい最も一般的な 4 電極配置で，**ウェンナー電極配置** (Wenner configuration) という．

比抵抗法では，探査目的や探査対象に応じて様々な電極配置が用いられる．代表的な電極配置としては，2 極法である**ポール・ポール法**，3 極法である**ポール・ダイポール法**，4 極法では**ウェンナー法** (Wenner method) の他に，**ダイポール・ダイポール法**，**シュランベルジャー法**などがある．これらの各手法につい

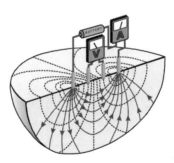

図 3.15　ウェンナー電極配置による地中の電流経路 (実線) と等電位面 (破線)

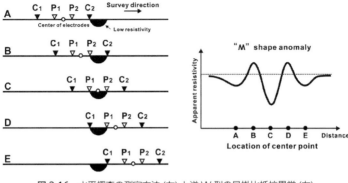

図 3.16 水平探査の測定方法 (左) と逆 W 型の見掛比抵抗異常 (右)

ては，3.4 節で詳しく説明する．

また，比抵抗の変化を調べる位置や方向などにより，ある深さの水平方向の比抵抗変化を調べる**水平探査** (resistivity profiling) と，ある測点の深さ方向の比抵抗変化を調べる**垂直探査** (resistivity sounding) に分類できる．水平探査では，4 つの電極から構成される電極系を，その位置関係を変えずに測線上を移動しながら測定する．このとき，電極間隔に応じた探査深度での平均的な比抵抗値である**見掛比抵抗** (apparent resistivity) が測定できる．図 3.16 のように，地表付近に低比抵抗体が存在する場合には，電極系の中心が低比抵抗部の中心に来たときに，最も低い見掛比抵抗値を示す．このような測定を複数の測線上で実施すれば，見掛比抵抗の平面的な分布が作成できる．この面的に測定する水平探査は，**比抵抗マッピング** (resistivity mapping) と呼ばれる．

図 3.17 は，電流電極間隔の違いによる電流経路の違いを表したものである．このように電流電極間隔を広くすれば，深部まで電流を流すことができる．垂直探査ではこの性質を利用して，測点 (電極系の中心点) での深度方向の比抵抗情報を測定する．垂直探査には，シュランベルジャー法やウェンナー法などが利用される．

比抵抗探査用の装置には，遺跡探査に特化した浅層用のもの (図 3.18 左) から，深部の鉱床探査を目的としたものまで様々な装置が市販されている．最近では 2 次元比抵抗探査や 3 次元比抵抗探査が可能な，多電極を切り替えて自動測定する多チャンネルの比抵抗探査装置もある (図 3.18 右)．

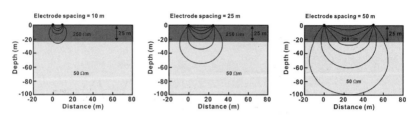

図 3.17 電極間隔の違いによる電流経路の比較

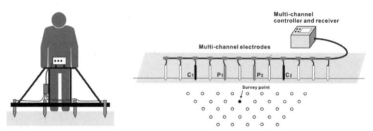

図 3.18 遺跡探査用の比抵抗探査装置 (左) と多チャンネルの比抵抗探査装置 (右)

3.3.4 流電電位法の測定

流電電位法 (mise-à-la-masse method) は，電流電極を探査対象とする鉱体に接触させ，鉱体に直接電流を流し，それによって生じる地表面の電位差を測定して，地下の局所的な比抵抗異常を調べる方法である．流電電位法は 2 極法の一種なので，**遠電極**と測定点間の電位差を測定する．流電電位法では，図 3.19 左のような**露頭鉱床**や**潜頭鉱床**の追跡調査に利用されていたが，現在では坑井

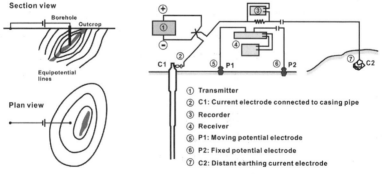

図 3.19 露頭鉱床を利用した流電電位法 (左)[3h] と線電極を利用した流電電位法 (右)

のケーシングを線電流源として利用する流電電位法が，**地熱貯留層探査**などに利用されている (図 3.19 右).

3.3.5 流体流動電位法の測定

流体流動電位法は，時間と共に変動する流体を可視化することを目的とした，空間分布に加えて時間も考慮した 4 次元的な電気探査法である．流体流動電位法では，坑井の周辺に電位電極を多数配置し，地下に電流を流しながら，見掛比抵抗の経時変化と地下浸透流に起因する流動電位を連続測定する (図 3.20)．この方法は，比抵抗法と SP 法の特徴を併せ持つハイブリッドな**モニタリング探査法**である．

この方法を使えば，高温岩体発電の人工フラクチャ造成のために実施される水圧破砕と同時に実施することで，造成されたフラクチャを流れる圧入水による自然電位変化を捉えることができる．さらに，地熱井の蒸気生産の開始時や，熱水の還元開始時または定期点検時などと同期して実施することにより，**地熱貯留層**の地熱流体の分布や経時変化を捉えることができる．また石油の分野では，石油の**水蒸気攻法**時と同時に流体流動電位法を実施することで，高温の水蒸気によって粘性が低下した**オイルサンド**中の重質油の流動状態や流動方向のモニタリングが可能である．このように流体流動電位法は，地下浸透流の動的挙動を把握する**モニタリング探査法**として利用される．

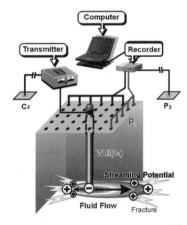

図 3.20　流体流動電位法の測定概念図 [3)]

3.3.6 強制分極現象の測定

強制分極法は IP 法とも呼ばれ,地下に電流を流して金属鉱床や地質構造を**誘電分極** (dielectric polarization) させ,この分極によって生じる電場を測定して対象物を探査する方法である.自然界に存在する鉱物の中には,電圧を加えるとコンデンサのように電荷を蓄える性質を持つものがある.このような性質を **IP 効果**といい,その程度を表す指標を**充電率** (chargeability) という. IP 法では,比抵抗と同時にこの充電率を測定する.黄銅鉱や黄鉄鉱のような硫化鉱物は充電率が高いため,金属鉱床の探査で IP 法探査がよく使われる. IP 法の測定には,2 種類の低周波電流を使う**周波数領域法** (図 3.21) と,電流遮断後の過渡応答を測定する**時間領域法** (図 3.22) がある.

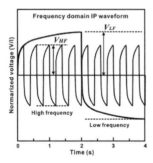 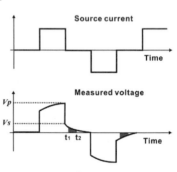

図 3.21　周波数領域 IP 法の測定波形　　図 3.22　時間領域 IP 法の測定波形

周波数領域法では,次の周波数効果 FE とパーセント周波数効果 PFE が IP 効果を示す指標として使われる.

$$FE = \frac{V_{LF} - V_{HF}}{V_{HF}} \tag{3.9}$$

$$PFE = \frac{V_{LF} - V_{HF}}{V_{HF}} \times 100 \tag{3.10}$$

ここで, V_{LF} は低周波の測定電位の振幅, V_{HF} は高周波の測定電位の振幅である.使用する周波数には決まりはないが,0.1 Hz と 1 Hz のように 10 倍程度の周波数ペアを使う場合が多い.また,分母に低周波の測定電位 V_{LF} を使って, FE や PFE が定義される場合もある.

時間領域法では,次の 2 種類の**見掛充電率** (apparent chargeability) M が定義されている.

$$M = \frac{V_s}{V_p} \tag{3.11}$$

$$M = \frac{1}{V_p}\int_{t_1}^{t_2} V(t)dt \tag{3.12}$$

ここで，V_p は測定電位のピーク値，V_s は電流遮断直後の**過渡電位**，t_1 と t_2 は時間窓の開始と終了の時間である．なお，式 (3.11) の見掛充電率は**メタルファクタ** (metal factor) とも呼ばれ無次元であるが，式 (3.12) の見掛充電率は時間の次元を持つ．

IP 法では，大地と電流電線間の**電磁カップリング** (electromagnetic coupling) によるノイズを抑えるため，電流電極と電位電極が交差しないダイポール・ダイポール電極配置が使われる場合が多い (図 3.23)．ダイポール・ダイポール電極配置では**擬似断面** (pseudo section) による測定値の表示が使われることが多いので，見掛比抵抗の擬似断面と共に IP 効果 (充電率や周波数効果など) の擬似断面が作成できる．

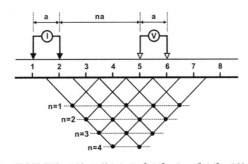

図 3.23　強制分極法 (IP 法) に使われるダイポール・ダイポール法の電極配置

> 〈コラム 3A〉フランクリンのシビれる実験
>
> ベンジャミン・フランクリン (Benjamin Franklin) は，政治家，外交官，著述家，物理学者，気象学者というマルチな才能を持った人です．フランクリンは印刷業で成功を収めた後，政界に進出して英国からのアメリカ独立に多大な貢献をしました．現在の米 100 ドル紙幣には，その肖像が描かれています．今では語られることが少なくなりましたが，雷が電気であることを証明したフランクリンの実験は有名です．

フランクリンは，電気を貯めるライデン瓶の実験を知り，電気に興味を持つようになったと言われています．1752年，フランクリンは雷を伴う嵐の中で凧をあげ，雷雲の帯電を証明するという実験を行ないました．この実験では，凧の糸をライデン瓶につないで雷の電気をライデン瓶に蓄え，そこから電気火花が飛ぶのを見て，雷が電気であることを証明したと言われています．この逸話は有名になりましたが，同じような実験をしようとして死者が出たため，現在ではあまり紹介されません．

　実は最近知ったのですが，このインパクトのある逸話には証拠がないそうです．フランクリンがこのような実験のアイディアは出したかもしれませんが，実際に実験したかどうかは不明なようです．このことも，最近このエピソードが語られなくなった理由の一つかもしれません．事実のように語られるエピソードは数多くありますが，多くの場合は作り話です．何でも鵜呑みにしてはいけません．

図 3A　フランクリンの肖像 [C8] と落雷 [C9]

3.4　電気探査の数学

3.4.1　点電極による電位

　図 3.24 のように，比抵抗 ρ の**全空間**中に電極 C (点電流源) から電流 I [A] を流すと，電流は電極から放射状に流れる．このとき，電極 C から r [m] だけ離れた点 P での半径方向の**電流密度** j [A/m^2] は，電流 I を半径 r の球の表面積で割って，次式となる．

$$j = \frac{I}{4\pi r^2} \tag{3.13}$$

点 P における電場 E [V/m] は，大地の比抵抗を ρ [Ωm] とすると，オームの法則より，

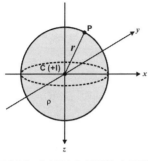 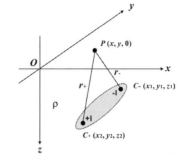

図 3.24　全空間中の点電極による電位　　図 3.25　正負の点電極による鉱体電池モデル

$$E = \rho j = \frac{\rho I}{4\pi r^2} \tag{3.14}$$

となる．また，点 P における電位 V [V] は，点 P と無限遠との電位差であり

$$V = \int_{\infty}^{r} E dr = \frac{\rho I}{4\pi r} \tag{3.15}$$

で表される．**半空間**の場合は半球上の電流密度となるので，電流密度は全空間の場合の 2 倍 ($j = I/2\pi r^2$) となる．よって半空間での電位は次式となる．

$$V = \frac{\rho I}{2\pi r} \tag{3.16}$$

地下に複数の電流源が存在する場合は，それぞれの電流源による電位を重ね合わせて電位を計算できる．例えば，正負の電流源を持つ鉱体電池モデル (図 3.25) では，地表面での理論電位は，各電流源による電位を足し合わせて，次式となる．

$$V = \frac{\rho I}{2\pi r_+} - \frac{\rho I}{2\pi r_-} \tag{3.17}$$

ここで，r_+ は正の電流源までの距離，r_- は負の電流源までの距離で，ρ は地中の比抵抗である．

3.4.2　鏡像法

空中 (比抵抗 ∞) と地中 (比抵抗 ρ_1) からなる 2 層モデルで，地中の点 C に点電極 (+I) が存在する場合 (図 3.26) を考える．このとき，地中の点 P での電位は，絶縁体の効果を仮想的な電流源 C' (+I) で置き換えることで計算できる．この仮

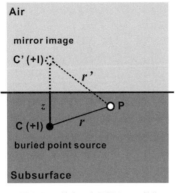
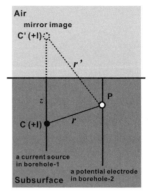

図 3.26　地中の点電極とその鏡像　　　　図 3.27　クロスホールの2極法配置

想電流源が**鏡像** (mirror image) である．点 P での電位は，電流源による電位と仮想電流源である鏡像による電位を重ね合わせることで，次式のように求められる．

$$V = \frac{\rho_1 I}{4\pi r} + \frac{\rho_1 I}{4\pi r'} \tag{3.18}$$

ここで，第 1 項は実際の点電極による電位で，第 2 項が鏡像による電位である．式 (3.17) は，地表面で測定する探査の場合は r と r' が等しくなり式 (3.16) と同じ式となるが，図 3.27 のように比抵抗トモグラフィで使われる**クロスホール配置**の場合では重要な式となる．

2 つの比抵抗層が境界で接する 2 層構造の場合は，**比抵抗反射係数** k を考慮した鏡像を用いて理論電位が求められる．図 3.28 のように，点 P が電流源と同じ側 (媒質 1) に存在する場合には鏡像をその反対の媒質 2 側に (図 3.28 左)，

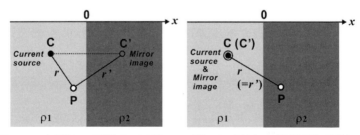

図 3.28　一般的な 2 層構造中の点電極とその鏡像 (左：測定点 P が電流源側の媒質中にある場合，右：測定点 P が電流源のない媒質中にある場合)

点 P が電流源の位置と異なる媒質 2 側に存在する場合は媒質 1 側に鏡像を考える (図 3.28 右). 媒質 1 (比抵抗 ρ_1) と媒質 2 (比抵抗 ρ_2) が水平に接した 2 層構造で, 媒質 1 側の点 C に電流源 (+I) が存在する場合の点 P での電位は, 点 P の x 座標によって理論電位式が異なり, それぞれ次式となる.

$$V_1 = \frac{\rho_1 I}{4\pi}\left(\frac{1}{r} + \frac{k}{r'}\right) \quad (x \leqq 0) \tag{3.19}$$

$$V_2 = \frac{\rho_1 I}{4\pi} \cdot \frac{1+k}{r} \quad (x \geqq 0) \tag{3.20}$$

$$k = \frac{\rho_2 - \rho_1}{\rho_2 + \rho_1} \tag{3.21}$$

ここで, r は電流源から点 P までの距離, r' は鏡像から点 P までの距離である.

3.4.3 各種電極配置の見掛比抵抗

4 電極法の測定では, 図 3.29 のように, 比抵抗 ρ の大地の地表面に接地した一対の電流電極 C_1, C_2 から電流 I を流し, もう一対の電位電極 P_1, P_2 で電位差 V を測定する. C_1 を正極, C_2 を負極とすると, C_1 には電流源 +I が, C_2 には電流源 −I があると考えることができる. 電極 C_1 と C_2 による電極 P_1 での電位 V_1 は,

$$V_1 = \frac{\rho I}{2\pi}\left(\frac{1}{C_1 P_1} - \frac{1}{C_2 P_1}\right) \tag{3.22}$$

となる. また P_2 での電位も同様に,

$$V_2 = \frac{\rho I}{2\pi}\left(\frac{1}{C_1 P_2} - \frac{1}{C_2 P_2}\right) \tag{3.23}$$

となる. よって $P_1 P_2$ 間の電位差 ΔV は,

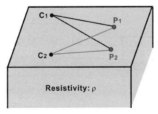

図 3.29　比抵抗法の任意の 4 電極配置

$$\Delta V = V_1 - V_2 = \frac{\rho I}{2\pi}\left(\frac{1}{C_1P_1} + \frac{1}{C_2P_2} - \frac{1}{C_2P_1} - \frac{1}{C_1P_2}\right) \tag{3.24}$$

となる．式 (3.24) を ρ について解くと，次式となる．

$$\rho = 2\pi\left(\frac{1}{C_1P_1} + \frac{1}{C_2P_2} - \frac{1}{C_2P_1} - \frac{1}{C_1P_2}\right)^{-1} \cdot \frac{\Delta V}{I} \tag{3.25}$$

地下が均質の場合には，測定した電位差 ΔV と電流値 I から真の比抵抗が求められる．しかし，地下は不均質なので，実際には地下の平均的な比抵抗が求められる．測定した電位差と電流値から求められるこの比抵抗を**見掛比抵抗** (apparent resistivity) と呼び，慣例的に添字 a を付けて ρ_a と表す．電極の組み合わせを変えれば，様々な電極配置が可能である．ただし，式 (3.25) の括弧内が 0 となるような電極配置の場合は，見掛比抵抗は定義できない．

ウェンナー配置 (Wenner configuration) は，4 本の電極を直線上で等間隔に配置したものである (図 3.30a)．通常は，外側を電流電極に，内側を電位電極にする．可探深度は調査地の状況や用いる測定システムにも依存するので正確な値を決めることはできないが，目安としては電極間隔 a となる．ウェンナー法では得られる信号が大きいので，比較的安定したデータが得られる．この方法は，浅部の垂直探査や水平探査に用いられることが多い．ウェンナー法の見掛比抵抗は，次式となる．

$$\rho_a = 2\pi a \cdot \frac{\Delta V}{I} \tag{3.26}$$

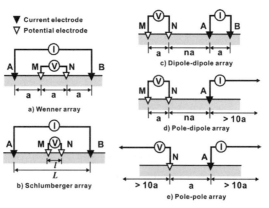

図 3.30　比抵抗法の電極配置

シュランベルジャー配置 (Schlumberger configuration) は，ウェンナー配置の電位電極の間隔を小さくした配置である (図 3.30b)．電極系の中心を固定し，電位電極間隔を一定のまま，電流電極間隔を大きくして，垂直探査を行なう．ただし，電流電極間隔を広げていくと測定される電位差が小さくなるので，S/N 比が小さくなったときには電位電極間隔を広げる．この場合，電流電極間隔を L，電位電極間隔を l とすると，$L \geqq 5\, l$ にすることが望ましい．この配置での可探深度の目安は $L/2$ となる．シュランベルジャー配置の電極系の中心直下に対する感度はウェンナー配置より高く，また移動させる電極が少ないので，深部の垂直探査に適している．シュランベルジャー法の見掛比抵抗は，次式となる．

$$\rho_a = \frac{\pi(L^2 - l^2)}{4l} \cdot \frac{\Delta V}{I} \tag{3.27}$$

ダイポール・ダイポール配置 (dipole-dipole configuration) は，一対の電流電極ともう一対の電位電極が重ならないように配列する電極配置である (図 3.30c)．この配置では，電流電極および電位電極の 2 つの双極子 (ダイポール) を使うので，ダイポール・ダイポール配置と呼ばれる．通常は測線に沿って電極系を並べ，ダイポールの間隔はダイポール長 a の整数倍 na となるように電極系を移動させて探査を行なう．なお，n が 1 となりダイポール間隔とダイポール間の距離とが等しくなる場合を，特に**エルトラン配置** (Eltran configuration) と呼ぶ．この配置の可探深度の目安は，$(n+1)a/2$ である．この電極配置では，ダイポール間の分解能は他の電極配置より優れているが，測定で得られる信号 (電位差) が小さくなるという問題がある．この配置は，主に断面構造を求める 2 次元探査や IP 法に用いられる．ダイポール・ダイポール法 (dipole-dipole method) の見掛比抵抗は，次式となる．

$$\rho_a = \pi an(n+1)(n+2) \cdot \frac{\Delta V}{I} \tag{3.28}$$

3 極法配置は，ダイポール・ダイポール配置の電流電極の一方を，調査地から十分に遠方に離した配置である．この配置は，**ポール・ダイポール配置** (pole-dipole configuration) とも呼ばれる (図 3.30d)．3 極法では，電流電極からダイポール長 a の整数倍 na となるようにダイポールを移動させて探査を行なう．可探深度の目安は，$(n+1)a/2$ である．この配置は，分解能が比較的高く，ま

たノイズにも比較的強いため，主に2次元や3次元探査に用いられる．3極法の見掛比抵抗は，次式となる．

$$\rho_a = 2\pi an(n+1) \cdot \frac{\Delta V}{I} \tag{3.29}$$

2極法配置は，一方の電流電極と一方の電位電極を調査地から十分に離し，またそれぞれの遠電極同士も十分に離した電極配置である(図3.30e)．この方法は，**ポール・ポール配置**(pole-pole configuration)とも呼ばれる．見掛比抵抗の計算では，測定される電位は1つの点電流源によるものと仮定するので，遠電極は調査地にある電流電極と電位電極の距離 a の10倍以上離す必要がある．この配置の可探深度の目安は，a である．この配置は移動する電極が少ないので，遠電極の設置ができれば測定効率が高いという利点がある．また，信号強度が大きく，探査深度も大きいという利点もある．その反面，周辺の構造の影響を受けやすく，分解能が低いという問題がある．この電極配置は，測定データ量が多い探査に適しており，2次元・3次元探査やジオトモグラフィなどに利用される．2極法の見掛比抵抗は，次式となる．

$$\rho_a = 2\pi a \cdot \frac{\Delta V}{I} \tag{3.30}$$

3.4.4　線電極による電位

ここでは流電電位法の基礎となる，垂直な線電極による理論電位を示す．図3.31のように，長さ l の線電極 C_1 による P_1 での電位 V は，無限遠点となる C_2 と P_2 の影響が無視できる2極法の場合は，次式となる．

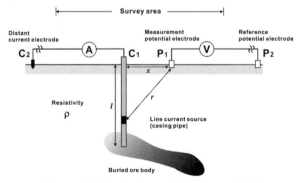

図3.31　線電極と点電極による流電電位法の4極配置

$$V = \frac{\rho I}{2\pi l} \ln \frac{\sqrt{x^2 + l^2} + l}{x} \tag{3.31}$$

よって，線電極を用いた2極法での見掛比抵抗は次式となる．

$$\rho_a = 2\pi l \left(\ln \frac{\sqrt{x^2 + l^2} + l}{x} \right)^{-1} \cdot \frac{\Delta V}{I} \tag{3.32}$$

ここで，x は C_1 から P_1 までの水平距離である．

遠電極である C_2 と P_2 が無視できない場合は，線電極と点電極を組み合わせた4電極配置となり，理論電位差 ΔV と見掛比抵抗 ρ_a は，それぞれ次式となる．

$$\Delta V = \frac{\rho I}{2\pi} \left\{ \frac{1}{l} \ln \frac{\overline{P_2 C_1} \left(l + \sqrt{l^2 + \overline{P_1 C_1}^2} \right)}{\overline{P_1 C_1} \left(l + \sqrt{l^2 + \overline{P_2 C_1}^2} \right)} - \frac{1}{P_1 C_2} + \frac{1}{P_2 C_2} \right\} \tag{3.33}$$

$$\rho_a = 2\pi \left\{ \frac{1}{l} \ln \frac{\overline{P_2 C_1} \left(l + \sqrt{l^2 + \overline{P_1 C_1}^2} \right)}{\overline{P_1 C_1} \left(l + \sqrt{l^2 + \overline{P_2 C_1}^2} \right)} - \frac{1}{P_1 C_2} + \frac{1}{P_2 C_2} \right\}^{-1} \cdot \frac{\Delta V}{I} \tag{3.34}$$

ここで，$\overline{P_i C_j}$ は電極間の距離，l は線電極の長さ，ρ は大地の比抵抗である．

3.4.5 水平2層構造の理論電位と見掛比抵抗

上層の比抵抗が ρ_1，下層の比抵抗が ρ_2 である2層構造を考える (図 3.32a)．このとき，点電流源 C$(+I)$ による点 P での理論電位 V は，無限級数の和として次式で表される．

$$V = \frac{\rho_1 I}{2\pi a} \left[1 + 2 \sum_{n=1}^{\infty} \frac{k^n}{\sqrt{1 + 4n^2 (d/a)^2}} \right] \tag{3.35}$$

ここで，k は次に示す**比抵抗反射係数** (resistivity reflection coefficient) である．

$$k = \frac{\rho_2 - \rho_1}{\rho_2 + \rho_1} \tag{3.36}$$

よって，2極法の見掛比抵抗は次式となる．

$$\rho_a = \rho_1 \left[1 + 2 \sum_{n=1}^{\infty} \frac{k^n}{\sqrt{1 + 4n^2 (d/a)^2}} \right] \tag{3.37}$$

ウェンナー法の場合 (図 3.32b) は，電位の重ね合わせを用いることで，理論

電位差 V_W が次式のように導ける.

$$V_W = \frac{\rho_1 I}{2\pi a}\left[1 + 4\sum_{n=1}^{\infty}\frac{k^n}{\sqrt{1+4n^2(d/a)^2}} - 2\sum_{n=1}^{\infty}\frac{k^n}{\sqrt{1+n^2(d/a)^2}}\right] \quad (3.38)$$

よって,水平2層構造のウェンナー法による見掛比抵抗 ρ_{aW} は,次式となる.

$$\rho_{aW} = \rho_1\left[1 + 4\sum_{n=1}^{\infty}\frac{k^n}{\sqrt{1+4n^2(d/a)^2}} - 2\sum_{n=1}^{\infty}\frac{k^n}{\sqrt{1+n^2(d/a)^2}}\right] \quad (3.39)$$

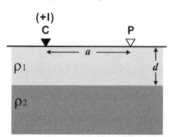
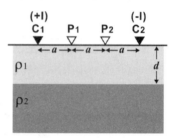

図 3.32 水平 2 層構造モデル (2 極法とウェンナー法)

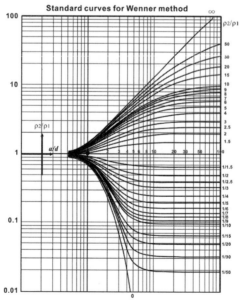

図 3.33 水平 2 層構造の理論見掛比抵抗曲線 (ウェンナー法)[3j]

図 3.33 は，1 層目の比抵抗を 1 Ωm，厚さを 1 m とした場合の見掛比抵抗を計算したもので，**2 層標準曲線**と呼ばれている．

3.4.6 水平多層構造の理論電位と見掛比抵抗

図 3.34 のような水平多層構造で，地表に置かれた点電極 C による P 点での電位は，次式となる．

$$V(r) = \frac{\rho_1 I}{2\pi}\left[\frac{1}{r} + 2\int_0^\infty B(\lambda, k, h) J_0(\lambda r) d\lambda\right]$$
$$= \frac{\rho_1 I}{2\pi}\int_0^\infty T_1(\lambda) J_0(\lambda r) d\lambda \tag{3.40}$$

ここで，λ は積分変数，B は地層パラメータを含む**核関数**，T_1 は地表面での**比抵抗変換係数** (resistivity transform coefficient) である．このとき，n 層構造の地表面での比抵抗変換係数 $T_1(\lambda)$ は，次の再帰式を利用して求めることができる．

$$T_i = \frac{T_{i+1} + \rho_i \tanh(h_i)}{1 + T_{i+1}\tanh(h_i)/\rho_i}, \quad T_n = \rho_n, \quad (i = n-1, \ldots, 1) \tag{3.41}$$

ここで，ρ_i と h_i はそれぞれ各層の比抵抗と厚さである．

ウェンナー法の見掛比抵抗は，

$$\rho_{aw}(a) = 2a\int_0^\infty T_1(\lambda)[J_0(\lambda a) - J_0(2\lambda a)]d\lambda \tag{3.42}$$

となる．ここで，a はウェンナー法の電極間隔，J_0 は 0 次のベッセル関数 (Bessel function) である．また，シュランベルジャー法の見掛比抵抗は，

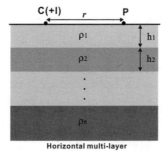

図 3.34 比抵抗法の水平多層モデル

$$\rho_{as}(s) = s^2 \int_0^\infty T_1(\lambda) J_1(\lambda s) d\lambda \tag{3.43}$$

となる．ここで，s は電流電極間隔の $1/2$ の長さで，J_1 は 1 次のベッセル関数である．

このような，ベッセル関数を含む無限積分は，**ハンケル変換** (Hankel transform) と呼ばれる．これらの式を数値的に解くために，**リニアフィルタ法** (linear filter method) と呼ばれる方法が使われる．ここでは，式 (3.43) を例にして説明する．対数を使って，$x=\log(s)$ および $y=\log(1/\lambda)$ となる変数変換を行なうと，式 (3.43) は，

$$\rho_a(x) = \int_{-\infty}^\infty T_1(y) b(x - y) dy \tag{3.44}$$

と変形できる．ここで，$b(x)=J_1(e^x)e^{2x}$ である．式 (3.43) の無限積分は，対数軸上で等間隔にサンプリングした関数の積和として，次式のように計算できる．

$$\rho_a(x_i) = \sum_{j=1}^n b_j T_1(x_i - j\Delta x) \tag{3.45}$$

ここで，Δx はサンプリング間隔，b_j はフィルタ係数，n はフィルタ係数の個数である．具体的な計算方法は省略するが，フィルタ係数はあらかじめ求めることができるので，T_1 を計算してフィルタ係数を掛け合わせる単純な積和の演算で見掛比抵抗が計算できる．

3.4.7 比抵抗法の感度分布

感度解析 (sensitivity analysis) は，使用するパラメータ値の変更によって，計算値がどのような影響を受けるかを調べる計算科学の重要な解析手法である．図 3.35 左のように，点電極 C(+I) による点 P での電位の感度は，Single Scattering 理論を用いると，次式で近似できる．

$$\frac{\partial V}{\partial \rho} \simeq \rho^{-2} \nabla V \cdot \nabla V' = \frac{I}{4\pi^2} \frac{\boldsymbol{r}_C \cdot \boldsymbol{r}_P}{|\boldsymbol{r}_C|^3 |\boldsymbol{r}_P|^3} \tag{3.46}$$

ここで，V は点 C の電流源による点 Q での電位，V' は点 P に仮想の単位電流源 (+1) を置いた場合の点 Q での電位，$\boldsymbol{r}_C$ は点 Q から点 C までの方向ベクトル，$\boldsymbol{r}_P$ は点 Q から点 P までの方向ベクトルである．

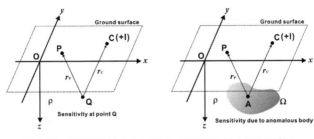

図 3.35 感度計算のための電極配置 (局所点モデルと体積モデル)

また，領域 Ω 内の比抵抗体の比抵抗変化による感度 (図 3.35 右) は，上式を領域積分することによって，次式で与えられる．

$$\frac{\partial V}{\partial \rho} \simeq \rho^{-2} \int_\Omega \nabla V \cdot \nabla V' \, d\lambda = \frac{I}{4\pi^2} \int_\Omega \frac{\boldsymbol{r}_C \cdot \boldsymbol{r}_P}{|\boldsymbol{r}_C|^3 |\boldsymbol{r}_P|^3} \, d\lambda \tag{3.47}$$

一般的な地表面での 4 電極配置の場合は，次式となる．

$$\frac{\partial V}{\partial \rho} \simeq \frac{I}{4\pi^2} \int_\Omega \left(\frac{\boldsymbol{r}_{C1} \cdot \boldsymbol{r}_{P1}}{|\boldsymbol{r}_{C1}|^3 |\boldsymbol{r}_{P1}|^3} - \frac{\boldsymbol{r}_{C1} \cdot \boldsymbol{r}_{P2}}{|\boldsymbol{r}_{C1}|^3 |\boldsymbol{r}_{P2}|^3} - \frac{\boldsymbol{r}_{C2} \cdot \boldsymbol{r}_{P1}}{|\boldsymbol{r}_{C2}|^3 |\boldsymbol{r}_{P1}|^3} + \frac{\boldsymbol{r}_{C2} \cdot \boldsymbol{r}_{P2}}{|\boldsymbol{r}_{C2}|^3 |\boldsymbol{r}_{P2}|^3} \right) d\lambda \tag{3.48}$$

式 (3.48) に電極間係数を掛けると，各種電極配置での見掛比抵抗の感度が計算できる．ここでは 100 Ωm の均質媒質中に完全導体を置いた場合の，ウェンナー配置とエルトラン配置での感度の計算例を図 3.36 に示す．ウェンナー配置では，電極系の中央部に正の感度領域が広く分布している．それに対してエルトラン配置では，電極系の中央部の正感度の領域は狭く，電極系の外側に逆感度の領域が広がっている．このように，電極配置によってその感度分布が大きく異なる．

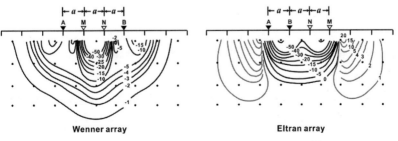

図 3.36 感度の計算例 (ウェンナー配置とエルトラン配置)[3k]

3.4.8 複素比抵抗とコール・コールモデル

強制分極法 (IP 法) では，周波数に応じて変化する**複素比抵抗** (complex resistivity) を考慮する必要がある．複素比抵抗で用いられるモデルに，**コール・コールモデル** (Cole-Cole model) がある．コール・コールモデルは岩石の**直流比抵抗** (resistivity) と，岩石中に含まれる金属粒子の**交流比抵抗** (impedance) との並列回路になっている (図 3.37)．金属粒子の交流比抵抗には，**静電容量** (capasitance) の成分が含まれていて，この成分が周波数の変化に応じて値を変える．コール・コールモデルの周波数領域での**複素比抵抗**は，次式となる．

$$\rho(\omega) = \rho_0 \left[1 - m\left\{1 - \frac{1}{1+(i\omega\tau)^c}\right\}\right] \tag{3.49}$$

ここで，ω は**角周波数** (angular frequency)，ρ_0 は直流比抵抗，m は**充電率** (chargeability) と呼ばれる分極の強さの指標，τ は**時定数** (time constant)，c は**周波数依存係数** (frequency exponent) である．

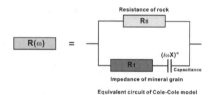

図 3.37　コール・コールモデルの複素比抵抗の等価回路

鉱染状や塊状の鉱石などの複素比抵抗は，式 (3.49) で比較的よく表現できる．鉱石の粒子径は時定数 τ に，鉱石含有率と鉱床規模は充電率 m に影響を与える．通常，周波数依存係数 c は 0.5〜1 の間の値をとるが，塊状鉱石では 0.5 に近い値となる．

多くの周波数について見掛比抵抗を測定する**スペクトル IP 法** (spectral IP method) では，周波数毎の見掛比抵抗応答から IP パラメータである**充電率**や，**時定数**，**周波数依存係数**などが推定できる．また**時間領域 IP 法** (time-domain IP method) では，式 (3.49) からフーリエ逆変換やラプラス逆変換を使って，時間領域の比抵抗応答を求めることができる．時間領域の IP 法では，次式の過渡応答 (ステップ応答) から IP パラメータを推定することができる．

$$\rho(t) = \mathcal{L}^{-1}\left\{\frac{\rho(s)}{s}\right\} = \mathcal{L}^{-1}\left\{\frac{\rho_0}{s}\left[1 - m\left\{1 - \frac{1}{1+(s\tau)^c}\right\}\right]\right\}\rho_0 \tag{3.50}$$

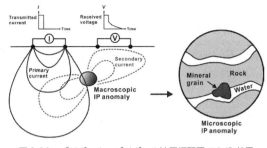

図 3.38 ダイポール・ダイポール法電極配置での IP 効果

ここで，$\mathcal{L}^{-1}$ はラプラス逆変換を表す．

3.4.9 流体流動電位法の基礎理論

地熱貯留層のモニタリングには，重力測定による**重力変動モニタリング**や高精度傾斜計を用いた**地形変動モニタリング**などがあり，数ヵ月から数年単位の長期間にわたる広域の貯留層変動を把握するのに適した方法である．これに対して**流体流動電位法** (fluid flow tomography method) は，地熱貯留層内の流体の短期的 (数分から数時間単位) な変動に着目した貯留層モニタリング法である．この方法は，地熱貯留層内の流体挙動が大きく変化すると考えられる地熱井の生産・還元時などに実施され，短期間の地熱流体の動的挙動の把握に効果をあげている．このような短期間でのモニタリングを可能にするためには，地表に広範囲に設置した多点 (測点) のデータを高速に測定する必要がある．

ここでは，地下の流体流動によって生じた圧力勾配が流動電流を発生させ，同時に地下の電場によって流体の移動 (電気浸透) を生じさせる，電流と水流の**クロスカップリング流れ** (cross-coupling flow) を考える．地下での電場によって生じる**導電電流** (conduction current) と，圧力勾配によって生じる**流動電流** (streaming current) を合わせた電流は，次式で表される．

$$j = -\sigma \nabla \phi - C_s \nabla P \tag{3.51}$$

ここで，j は電流密度ベクトル [A/m^2]，σ は導電率 [S/m]，ϕ は電位 [V]，C_s は**流動電位係数** [A/Pa·m]，P は圧力 [Pa] である．この式から，クロスカップリング流れでは電位勾配 ($\nabla \phi$) に比例した電流に加えて，圧力勾配 (∇P) に比例した電流が流れることがわかる．

地下に電流源が存在しない場合は，全電流の発散 ($\nabla \cdot$) が 0 となるので，式

(3.51) の発散をとって整理すると，次式が得られる．

$$\nabla \cdot (\sigma \nabla \phi) = -\nabla \cdot (C_s \nabla P) \tag{3.52}$$

式 (3.52) は，電気探査のモデリングの基礎となる**ポアソン方程式** (Poisson's equation) で，ソース項に相当する右辺の圧力 P と流動電位係数 C_S の分布がわかれば，電位 ϕ が計算できる．

次に，定常流れの地下での圧力分布の計算手順を示す．地下に局所的な**流量源** Q $[\mathrm{m^3/s \cdot m^3}]$ が存在する場合の定常流れの**流速**$\boldsymbol{v}$ $[\mathrm{m/s}]$ は，以下の式となる．

$$\nabla \cdot \boldsymbol{v} = Q\delta(\boldsymbol{r} - \boldsymbol{r}_s) \tag{3.53}$$

ここで，$\boldsymbol{r}$ は測定点ベクトル，$\boldsymbol{r}_s$ は流量源の位置ベクトル，δ はデルタ関数である．

流体の密度が一定であるとし，圧力 P を静水圧からの変化量と考えると，重力項を除去したダルシー則である次式が得られる．

$$\boldsymbol{v} = -\frac{k}{\mu}\nabla P \tag{3.54}$$

ここで，k は流体の浸透率 $[\mathrm{m^2}]$，μ は流体の粘性率 $[\mathrm{Pa \cdot s}]$ である．なおクロスカップリング流れでは，厳密には式 (3.54) 中に**電気浸透** (electro-osmosis) に関する項が加わるが，電気浸透による流速は圧力勾配による流速に比べてかなり小さいので，ここでは省略している．式 (3.54) を式 (3.53) に代入して整理すると，次式のような圧力に関するポアソン方程式が得られる．

$$\nabla \cdot \left(\frac{k}{\mu}\nabla P\right) = -Q\delta(\boldsymbol{r} - \boldsymbol{r}_s) \tag{3.55}$$

式 (3.55) を精度良く解くため，次式のように圧力 P を流量源による**1次圧力** P_1 と，浸透率の不均質性に依存する**2次圧力** P_2 に分離する．

$$P = P_1 + P_2 \tag{3.56}$$

一次圧力 P_1 は，粘性率 μ を一定とし，平均浸透率を k^* とすると，式 (3.55) を満たすので，

$$\nabla \cdot \left(\frac{k^*}{\mu}\nabla P_1\right) = -Q\delta(\boldsymbol{r} - \boldsymbol{r}_s) \tag{3.57}$$

となる．式 (3.57) を式 (3.55) に代入して整理すると，2 次圧力 P_2 に関する次式が得られる．

$$\nabla \cdot (k\nabla P_2) = -\nabla \cdot \{(k - k^*)\nabla P_1\} \tag{3.58}$$

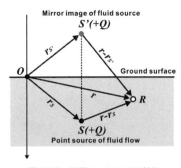

図 3.39 流量ソースとその鏡像

　このように1次場と2次場を分離し，デルタ関数による特異点を除去する方法は，**特異点除去** (singularity removal) と呼ばれ，ソース近傍でも精度良く計算できることが知られている[30]．式 (3.58) の計算に必要な地中の1次圧力 P_1 は，式 (3.57) のポアソン方程式の解なので，図3.39に示すような流量源(S)の鏡像(S')を考えることで計算できる．計算点(R)での流量源による1次圧力 P_1 は，次式のように求めることができる．

$$P_1 = \frac{\mu Q}{4\pi k^*}\left(\frac{1}{|\boldsymbol{r}-\boldsymbol{r}_s|}+\frac{1}{|\boldsymbol{r}-\boldsymbol{r}_s{'}|}\right) \tag{3.59}$$

ここで，$\boldsymbol{r}_s{'}$ は地表に対して線対称の位置にある流量源の鏡像の位置ベクトルである．

3.5　電気探査のケーススタディ

3.5.1　地下資源の自然電位探査

　ある種の硫化物鉱床では，鉱体自体の自発分極のため，大きな**自然電位異常**が測定される場合がある．ここでは，海外の教科書などで数多く引用されている，最も有名な自然電位異常を紹介する．

　図 3.40 は，トルコのイスタンブールに近い Sariyer 地区の銅鉱床で計測された自然電位異常の測定値と，その推定地質断面図である．Sariyer 地区では，ビザンツ帝国 (東ローマ帝国) 時代の 14 世紀頃から銅の採掘が行なわれていたと言われている．Sariyer 地区では，1940 年代に地質調査や掘削調査を用いた銅鉱床の探査が実施されたが，大規模な鉱床発見には至らなかった．しかし，1951 年に，自然電位法を用いた広範囲の探査が実施され，銅鉱床の発見に成

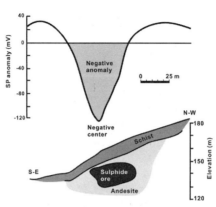

図 3.40 トルコの Sariyer 地区の硫化物鉱床で測定された負の自然電位異常と地質断面図 [3m)]

功した．この調査の結果，最大で 100 mV を超える大きな負の**自然電位異常**が測定されている．この図は，自然電位異常域を南西・北東方向に横切る測線での自然電位プロファイルである．探査後のボーリングや坑道掘削によって推定された地質断面図の対比からわかるように，最も大きな負の SP 異常を示す地点である**負の中心** (negative center) は，硫化物鉱床の中央付近に現れている．なお，この鉱床が地質調査で発見できなかった理由は，地質断面図にもあるように，鉱化作用の見られない片岩の下に隠れた**潜頭鉱床** (blined deposit) であることが一因である．

3.5.2　地熱貯留層の流電電位法探査

地熱調査では，地下の比抵抗分布を求める探査法が中心的な役割を果たしている．これは，比抵抗が温度や流体の状態に敏感な物性であるという理由が大きい．地熱資源は，**熱源**，**熱水**およびその**貯留構造**の 3 要素から成り立っている．そのため，地熱探査では熱源・熱水・貯留構造の状況を把握することが必要である．

熱水や蒸気を貯める構造 (**地熱貯留層**) は，断層によって形成された**破砕帯**中に形成される．熱水の比抵抗値は数 Ωm 程度なので，熱水を多量に含む地熱貯留層は，周辺地層に比べて比抵抗が低くなる．また，その地熱貯留層の上部には，貯留層の蓋の役割をする**帽岩** (cap rock) が存在する．帽岩は，熱水変質を受けて生成した粘土などから構成されていて，一般的に比抵抗が低い．地熱

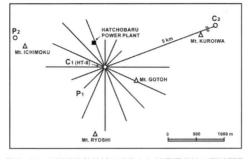

図 3.41　八丁原地熱地域で実施した流電電位法の測線配置

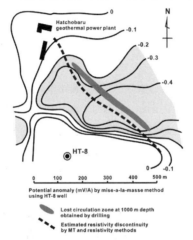

図 3.42　八丁原地熱地域で実施した流電電位法の解析結果 [3]

の比抵抗探査では，周辺に比べて比抵抗の低い場所が探査対象となる．

ここでは，日本最大の地熱発電所である大分県の**八丁原地熱発電所**で行なわれた，**流電電位法探査**の例を示す．図 3.41 は，線電極に使用した HT-8 号井とその周囲に展開した 16 方向の測線を示す．C_1 電極に使った HT-8 号井は，八丁原地熱発電所の南方約 500 m に位置する長さ約 1,000 m の坑井である．もう一方の C_2 電極は，北東方向の約 5 km 離れた点に設置された．また，電位の基準点である P_2 は，C_2 の反対側となる一目山の北部に設置された．なお，測点は各測線上に 100 〜 150 m 間隔に設置された．

この流電電位法データを解析した結果，HT-8 号井の北部から東部にかけて低電位異常部が広く分布していることがわかった (図 3.42)．この結果は，それ

までの比抵抗やMT法探査で推定されていた**比抵抗不連続面**や，掘削によって確認されている1,000 m深度での**逸水帯**の分布と整合的である．このように流電電位法は，断層やそれに付随する地熱貯留層などによる比抵抗の不連続面の推定に適している．ただし，流電電位法は比抵抗の水平分布を調べるマッピング調査なので，垂直探査には不向きである．

3.5.3　遺跡の比抵抗法探査

考古学で対象となるのは，遺跡中に存在する**遺構** (remains) や**遺物** (relics) である．遺物は人類が作った道具のことで，石器や土器などがそれに相当する．遺構とは，その遺跡を構成する施設のことで，集落などの場合は住居跡や溝など，古墳の場合は石室や濠などがそれに当たる．比較的小さな遺物の探査には，地中レーダ探査が使われる場合が多いが，溝や濠などの比較的対象が大きな探査には，**比抵抗法**が使われる場合がある．遺跡中の溝や濠は，使われていた時代以降の土壌で埋められるため，周囲の土壌との違いがある．土壌の孔隙率やその孔隙に含まれる水分量に違いがあれば，比抵抗法でその差を検出することができる．また，**古墳** (ancient tomb) のようにその内部に**石室** (stone chamber) などの埋葬施設を含むものは，周辺の土壌と比べて大きな比抵抗変化が期待できる．

九州大学・伊都キャンパスがある福岡市西区の元岡丘陵には，多くの古墳が存在していて，伊都キャンパス内だけでも大型の**前方後円墳** (keyhole-shaped mounded tomb) 6基と大型の**円墳** (round tomb) 1基が確認されている (図 3.43)．

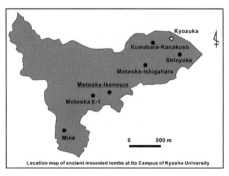

図 3.43　九州大学伊都キャンパス内の主な古墳の分布

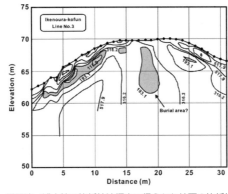

図 3.44 元岡池ノ浦古墳の比抵抗法探査で得られた地下の比抵抗断面図 [30]

それらの一部については発掘調査などが行なわれているが，残りの古墳については地形などの基礎的なデータが不足していた．そこで，墳丘測量と比抵抗法による非破壊調査が実施された．ここでは，**元岡池ノ浦古墳**で実施された，比抵抗法の探査結果の一例を紹介する．

図 3.44 は，池ノ浦古墳の主軸に沿って実施された，後円部の中心部を縦断する測線での解析結果である．この探査では，測線上に 1 m おきに 32 本の電極を設置し，**ポール・ポール法**による自動測定が行なわれた．この探査データを解析して求めた 2 次元比抵抗断面が図 3.44 である．この図から，後円部の中央部の直下に大きな**低比抵抗部**が検出されている．この低比抵抗異常部の下部は，この古墳の埋葬施設である**石室**およびそれを取り巻く**粘土層**と解釈され，墳頂部に近いシャフト状の低比抵抗部は，盗掘によって生じた**緩み領域**と解釈されている．

3.5.4 地下水の比抵抗法探査

地下水の探査で最も広く利用されているのは，**比抵抗法**である．**地下水探査**ではウェンナー法やシュランベルジャー法が使われ，地下の層序や層厚，地層境界，断層などの情報を比抵抗分布から推定する．一般的には，水を含む岩石や土壌は比抵抗が低くなるが，溶存成分をあまり含んでいない水が含まれる場合は高比抵抗になる場合もある．したがって，比抵抗だけから地下水を含む**帯水層** (aquifer) を判断することは難しい．そのため地下水探査では，比抵抗法と

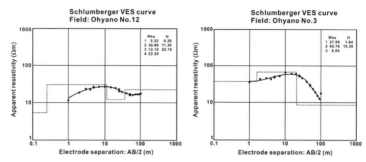

図 3.45 熊本県上天草市の大矢野島で測定した垂直探査曲線 (VES 曲線) の例

屈折法を組み合わせる場合も多い．

　熊本県上天草市の大矢野島では，島内独自の水資源確保のため，水井戸の掘削や地下水調査を実施していた．この調査は，大矢野町水道局 (当時) の依頼をうけて実施した地下水探査の例である．この調査の目的は，大矢野島の地下構造や帯水層の分布を把握することであった．シュランベルジャー法による比抵抗法探査が，大矢野島の北部を中心として 18 箇所で実施された．この地域は，阿蘇溶結凝灰岩の上に砂礫層やローム層が堆積した表層地質になっている．図 3.45 左が，この地域の典型的な見掛比抵抗の垂直探査曲線 (Vertical Electric Sounding curve) であり，およそ 4 層に分類することができる．掘削データ，電気検層データ，インバージョンによって求めた比抵抗値から，1 層目は**表土層**，2 層目は**ローム層**，3 層目は**砂礫層**，最下層が**凝灰岩層**と解釈した．地下水を含む**帯水層**は，3 層目の砂礫層に存在すると仮定して，最も厚い 3 層目を持つ地点を有望地点と選定した．測定したなかで最も厚い 3 層を持つのは測点 3 の地点であった．この地点では，100 m までの電極間隔では最下層との境界が現れないほど，3 層目の厚さが厚くなっている (図 3.45 右)．

3.5.5　流体流動電位法による地下流体のモニタリング

　流体流動電位法は，地下浸透流の動的挙動を直接モニタリングするための方法である．この方法では，既存の坑井のケーシングパイプを利用して地下深部まで電流を流し，あらかじめ地表面に設置した多数の電位電極で同時に測定される人工電位分布と自然電位分布から，**地下浸透流**の動的挙動を**可視化**する．

　高温岩体発電は，乾燥した高温な岩体 (HDR: Hot Dry Rock) 中に**水圧破砕**

(hydraulic fracturing) を使って人工の亀裂を造成し，その人工亀裂中に水を注入して熱水を回収する地熱発電の方式である (図 3.46)．この技術は，温度は高いが熱水系が発達していない場所に強制的に地熱系を作る技術なので，EGS(Enhanced Geothermal System) とも呼ばれている．北海道・東北・九州には，地温勾配が 10℃/100 m を超える地域が点在しているが，特に東北地方の奥羽山地沿いには，地温勾配が高い地域が集中している．

ここでは，秋田県鹿角市雄勝町の電力中央研究所の高温岩体実験フィールドで実施された，流体流動電位法の調査例を紹介する．電力中央研究所では，高温岩体発電の基礎実験として，2 本の坑井を掘削して水圧破砕を行ない，**人工亀裂**の造成・進展状況を監視する流体流動電位法を九州大学と共同で実施した．図 3.47 は，水圧破砕時に測定された時系列の流動電位データを使って求めた**電流源の 3 次元分布**である．

この図から，水圧破砕坑井の孔底部に負の電流源が現れ，その電流源から遠ざかるように正の符号を持つ電流源が分布していることがわかる．この結果から，坑井から注入された圧入水は，**負の電流源**がある坑底付近から，**正の電流源**の方向に流動していることが推定できた．このモニタリング調査と同時に，AE(Acoustic Emission) の測定も行なわれた．図 3.47 には，AE 測定から求めた AE 震源の 3 次元位置もプロットしている．流体流動電位法で得られた流動電位の電流源分布は，これらの AE 震源の進展方向とも一致していることがわかった．このように，人工フラクチャ造成のために実施される水圧破砕と同時に流体流動電位法を行なうことで，新規に造成されたフラクチャに沿った流体の流動に伴う流動電位変化を捉えることができる．

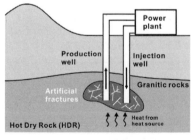

図 3.46　高温岩体発電の概念図

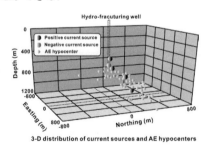

図 3.47　水圧破砕時の流体流動電位法データから得られた電流源と AE 震源の 3 次元分布 [3p]

〈コラム 3B〉ロレンチーニ器官とカモノハシ

　サメの頭をよく見ると，小さな穴がたくさん開いていることがわかります．この穴の奥には，ゼリー状の物質が詰まった筒状の構造が存在します．これは**ロレンチーニ器官** (ampullae of Lorenzini) と呼ばれる感覚器官です．この器官を使って，サメは生物が持っている 100 万分の 1 ボルトという**生体電流** (bioelectric current) を感知することができます．生きたカレイを砂に埋めた実験では，サメは砂中のカレイを見事に探し出しました．サメが使っているこのような**電気定位** (electrolocation) は，獲物から発生する電気が利用されるので，**受動的電気定位**と呼ばれています．因みに自身が発電した電気を使うデンキナマズの場合は，能動的電気定位と呼ばれます．

　カモノハシ (platypus) は，そのユーモラスな体型と卵を産む珍しいほ乳類として知られていますが，餌の取り方もとっても変わっています．カモノハシは水中で餌を探しますが，実は水中では耳も目も瞑っています．それでは，どうやってエサを探しているのでしょうか．生き物の身体の中には，生体電流という微弱な電気が流れています．もちろん私たち人間の身体の中にも流れています．実は，カモノハシのゴムのようにやわらかい**クチバシ**には，電気を感知するセンサが 4 万個も備わっています．おそらく，このセンサがサメのロレンチーニ器官と同じ働きをしているものと考えられます．カモノハシは水中でクチバシを左右に振りながら，この生体電流を感知することで，目や耳を閉じたまま川底の泥の中の小さな生き物を捕まえられるのです．サメのロレンチーニ器官やカモノハシのクチバシをもっと研究すると，高精度な電気センサが開発できそうです．

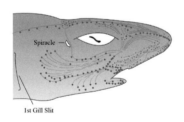 

図 3B　生体電流を感知するサメのロレンチーニ器官[C10] とカモノハシのクチバシ[C11]

第4章
電磁探査

"さらに試行せよ．何が可能かを知るために"

マイケル・ファラデー

雷獣 [4a)]
(Raijū "Thunder beast", 学名：*Canis electricus* [注)])

「ピカッ…ゴロゴロ！」と激しい音を伴う発光現象である雷は，地球上では珍しくない自然現象です．しかし，時には落雷によって命を落とすこともあるので，危険な自然現象でもあります．現代の人達は雷の正体が電気だと知っていますが，昔の人達にとっては雷のイメージは少し違っていたようです．日本人は想像力がたくましいようで，雷を擬人化した雷神さまや，擬獣化した雷獣を創造しました．この写真は鳥取県境港にある水木しげるロードの雷獣のブロンズ像です．もちろん原作者は，ゲゲゲの鬼太郎で有名な水木しげる先生です．雷獣は，落雷とともに現れるといわれる想像上の動物で，東日本を中心とする日本各地に伝説が残されています．雷獣の外見は子犬に似ていて，前足が2本と後足が4本，尻尾があって鋭い爪を持った動物であると言われています．この雷獣，子供達に人気のある雷モンスターに少し似てると思いませんか．

注：妖怪の類なので学名はもちろんありません．電気狼の意味のつもりで創作しました．

4.1 電磁探査の物理学

4.1.1 電気と磁気の相互作用

1820年，デンマークの物理学者**エルステッド** (Ørsted; 図 4.1 左) は，夜間講義でボルタの電池を使った公開実験の準備をしていた．たまたまその実験の最中に，近くに置いていた方位磁石の磁針が，電流を流したり止めたりした時に動いたことに気付いて，エルステッドは大変驚いた (図 4.1 右)．電線に電流を流すとその周りに磁場が発生し，その磁場の影響で磁針が振れると考えたエルステッドは，磁場と電流の相互関係 (**電気の磁気作用**) を示す直接的な証拠であると確信した．エルステッドは，電流が磁場を作ることを証明したその発見を学会に報告したが，その時にはこの現象を数学的に説明することができなかった．

この報告は電気と磁気の相互作用を確認した重要な出来事として，当時のヨーロッパの科学界で大きな反響を呼んだ．同年にパリの科学アカデミーでこの発見が報告されると，この発見に感銘を受けたフランスの**アンペール** (Ampère) は，すぐに実証実験を行なった．アンペールは短期間で再現実験を成功させ，電流によって生じる磁場が電流方向の直角面に右回りで発生することを発見した．アンペールはその結果を数式として記述し，**アンペールの法則**として科学アカデミーに報告した．このアンペールの考えが電気力学の基礎となり，その後の19世紀の電磁気学に大きな影響を与えることとなった．

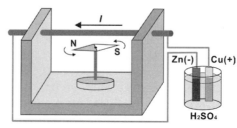

図 4.1 エルステッドの肖像[4b]とエルステッドの実験

4.1.2 定常電流による静磁場

磁石には両端にN極とS極の異なる**磁極** (magnetic pole) があり，磁極と磁

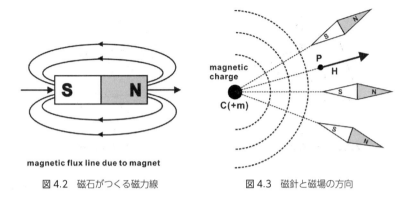

図 4.2　磁石がつくる磁力線　　　図 4.3　磁針と磁場の方向

極の間には，磁気のクーロンの法則による力が働く．この磁気が原因で作用する力を**磁気力**と呼ぶ．また，磁極が存在する周囲の空間を**磁場** (magnetic field) という．ある点での磁場は，その点で単位正磁極が受ける磁気力の大きさと，その磁極が受ける力の方向で表す．磁場の強さは，**磁力線**という方向を持った線で視覚的に表現できる．例えば，棒状磁石がつくる磁場を磁力線で表すと，N極からS極に向かう図4.2のようになる．磁針を磁場中に置くと，磁針は図4.3に示すように磁場の方向を向く．このように，磁針を使うことで磁場の方向を調べることができる．

図 4.4 に示す非常に長い直線導体に図の方向に電流を流すと，電流に直角な平面上で電流を中心とした円周には同心円状の磁力線が確認できる．この時の磁場の大きさ H[A/m] は，電流を I[A]，電流からの距離を r[m] とすれば，

$$H = \frac{I}{2\pi r} \tag{4.1}$$

となる．この式から，電流による磁場は，導線を中心とする半径 r の円周の長さ ($2\pi r$) に反比例していると考えることができる．したがって，図のように電流に垂直な平面上に，電流を中心とした同心円状の磁場ができ，磁力線は電流に近いほど密になる．電流と磁場との方向の関係は，アンペールが発見した**右ネジの法則**で知ることができる．

電流を流す導線が短い場合 (図 4.5) には，線電流が点に近くなるため，磁場は球の表面積に反比例する．ここで微小な導線の長さを dl とすると，微小線電流による磁場 dH の大きさは次式で表すことができる．

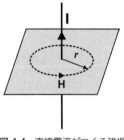 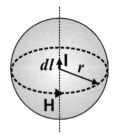

図 4.4　直線電流がつくる磁場　　図 4.5　微小線電流がつくる磁場

$$dH = \frac{Idl}{4\pi r^2} \tag{4.2}$$

この式は，フランスのビオとサバールが発見したため，**ビオ・サバールの法則** (Biot-Savart law) と呼ばれている．また，磁場をベクトル量として，方向まで考慮すると次式となる．

$$d\bm{H} = \frac{Id\bm{l} \times \bm{r}}{4\pi r^3} \tag{4.3}$$

ここで，$d\bm{l}$ は線要素ベクトル，$\bm{r}$ は対象点までの方向ベクトルである．

円の円周に沿って時計方向に電流 I を流すと，電流に垂直な平面上に磁場が発生する．この磁場はどの平面でも同一である．したがって，このような磁場が円の中心を含む各面にでき，円形電流全体としての磁場は図 4.6 左となる．この磁場の分布は，図 4.6 右のように板状の磁石がつくる磁場と同様になる．この円形電流がつくる円の中心での磁場 H は，電流を I[A]，半径を a[m] とすれば，次式となる．

$$H = \frac{I}{2a} \tag{4.4}$$

円筒の表面に沿って電線を螺旋状に巻いたものを，**ソレノイド**または**コイル**

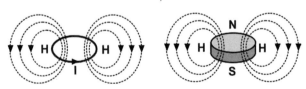

図 4.6　円形電流による磁場 (左) とそれに等価な板磁石がつくる磁場 (右)

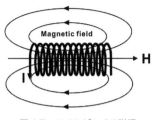

図4.7 コイルがつくる磁場

と呼ぶ．図4.7のように線を密に巻いたコイルに電流を流した場合の磁場は，円形電流が横に並んだ状態と等価なので，コイルが作る磁場はコイルの両端に磁極を持つ磁石の磁場と等しくなる．

　電気によって強い磁場を発生させるには，導線を筒状に多数回巻いたコイルをつくればよい．これは，コイルの巻数によって磁束線の数を増やすことができるからである．さらにコイルの中に磁化しやすい金属の棒を挿入すれば，さらに磁力を大きくすることができる．これを利用すれば，強い磁石を電気でつくれることになり，**電磁石**として活用されている．また筒状コイルはその特徴を活かして，磁場を計測する**磁場センサ** (magnetic sensor) としても利用できる．

　これまで磁場は磁力線によって表してきたが，次に媒質の磁気的性質を表す**透磁率** (magnetic permeability) という量を導入する．磁力線の透磁率倍という**磁束** (magnetic flux) を考えると，磁束は磁場中で閉じた指力線となり，磁場の取り扱いが容易になる．磁力線密度が磁場の強さ H[A/m] に等しいので，透磁率を μ とすれば，磁束 ϕ[Wb] の面密度である**磁束密度** (magnetic flux density) B[T] との間には，次の関係が成立する．

$$B = \mu H \tag{4.5}$$

ここで，透磁率 μ の単位は [N/A^2] であり，真空中では $4\pi \times 10^{-7}$ N/A^2 となる．したがって，これまでに扱った単一な直線電流や円形電流による磁場の強さは，磁束密度と等価として扱ってよい．

　次に図4.8のように，コイルの中に磁性材料を挿入した場合を考える．この材料が強磁性体材料の場合には，磁束が格段に増加する．コイルに電流を流すと，その磁場により磁束 ϕ_0 ができる．磁場のない場合は材料内部の分子・原子レベルでは電子のスピン運動などにより円形電流が形成されているため，個々に磁性を持っている．ただし，これらの磁性は互いにバラバラな方向を向

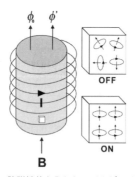

図 4.8　強磁性体を入れたコイルがつくる磁場

いているため，全体として外部に磁性は現れない．しかし，コイルに電流を流すことで発生した磁場によって各々の円形電流は磁場の方向に力を受け，その方向に向きを変える．そのため，円形電流による磁場は外部磁場と同一方向となり，材料中には図に示す磁束 ϕ' が加わることになる．強磁性体では，このようにして磁束が増加して磁性が強くなる．

4.1.3　電磁誘導

電磁誘導 (electromagnetic induction) とは，磁束が変動する環境下で導体に電位差 (起電力) が生じる現象である．また，このとき発生した電流を**誘導電流**という．電磁誘導を発見したのは**ファラデー** (Faraday) である．ファラデーは，閉じた経路に発生する起電力が，その経路によって囲まれた任意の面を通過する磁束の変化率に比例することを発見した．これは，導体によって囲われた面を通過する磁束が変化した時，すべての閉回路に電流が流れることを意味する．この現象は，磁束の強さそれ自体が変化した場合であっても，導体が移動した場合であっても同様である．電磁誘導は，**発電機**，**誘導電動機 (モータ)**，**変圧器**など多くの電気機器の動作原理となっている．因みに**電磁誘導加熱 (IH: Induction Heating)** は，コイルに流した強い電流による強力な磁場で，鍋やフライパンなどの金属に渦電流を発生させ，金属の電気抵抗により熱が発生することを利用した加熱法である．

　誘導電流の向きは，磁束密度の向きによって決まる．図 4.9 のようにコイルに向かって棒磁石の N 極を素早く近づけると，コイルを通り抜ける磁力線が

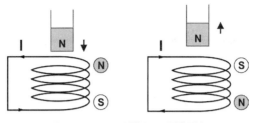

図 4.9　コイルに誘導される誘導電流

急激に増えて誘導電流が流れる．この誘導電流には向きがある．コイルにN極を近づけた場合，誘導電流の向きはコイル内ではN極に向かう方向となる．つまり，磁石のN極を近づけると，コイルは磁石の側がN極となる磁石に変化する．次に，磁石を遠ざけると**誘導電流**の向きは逆になり，磁石を引きとめようとするS極の力が生じる．つまり，磁石をコイルに近づけたり遠ざけたりすると，そこには磁極の変化に応じた方向の誘導電流が流れる．

電磁誘導によって得られる誘導起電力 V は，磁束の変化量 $\Delta\phi$ と変化時間 Δt より，次式で与えられる．

$$V = -\frac{\Delta\Phi}{\Delta t} = -\frac{\Delta(BS)}{\Delta t} \tag{4.6}$$

ここで，磁束 ϕ は磁束密度 B に面積 S をかけたものである．これを**ファラデーの法則**と呼んでいる．この式で右辺の符号が負になるのは，磁束の変化する方向とは逆向き電位差が発生することを意味している．

4.1.4　電磁気の基礎事項

電気の量は，**電荷** (electric charge) で評価できる．2つの物体 A と B の電荷を q_a, q_b とし，物体間の距離が r のときに，2つの物体に働く力の大きさ F は，次式で表すことができる．

$$F = |\boldsymbol{F}_a| = |\boldsymbol{F}_b| = k\frac{q_a q_b}{r^2} \tag{4.7}$$

ここで，k は比例係数を表している．図 4.10 は電荷が異符号の場合の引力を表したものである．なお，電荷が同符号の場合は斥力(反発力)として反対方向に力が働く．

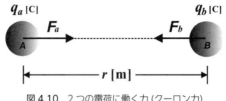

図 4.10　2 つの電荷に働く力 (クーロン力)

　この式は，ニュートンの万有引力の法則と同形式で，質量の部分が電荷に置き換わった式になっている．この法則は，18 世紀後期にフランスのクーロン (Coulomb) が発見し，**クーロンの法則** (Coulomb's law) と呼ばれている．式 (4.7) における力の単位は N (ニュートン) で，それに対応する電荷の単位は C (クーロン) で定義されている．2 つの等しい電荷があり，距離 r が 1 m のとき，9×10^9 N の力が働くときの電荷を 1 C と定義している．これにより，係数 k は，9×10^9 Nm^2/C^2 となる．

　このような万有引力の法則と同様な逆 2 乗則の式は，2 つの電荷の間のクーロン力だけでなく，磁石における 2 つの磁極の間に働く力にも成立する．磁石は N 極と S 極に分かれ，お互いに引っ張り合う力を生じる．電気の量は，**電荷** (electric charge) で表現したが，磁気に対応する量は**磁荷** (magnetic charge) と呼んでいる．2 つの物体 A と B の磁荷を p_n, p_s とし，物体間の距離が r のとき，2 つの物体に働く力 F は，力の向きを考慮しない場合には，次式で表すことができる．

$$F = k\frac{p_n p_s}{r^2} \tag{4.8}$$

ここで k は，磁荷と磁気力を関連付ける係数を表している．

　電荷の強さの単位は C で定義されていたが，磁極の強さは，Wb という単位で定義されている．2 つの等しい磁極があり，距離 r が 1 m のとき，6.33×10^4 N の力が働くときの電荷を 1 Wb と定義している．これにより係数 k は，6.33×10^4 Nm^2/Wb^2 となる．電荷では**電場**という概念を導入して電荷の影響を表すことができたが，磁極では**磁場**という概念を導入して磁極の影響を表すことができる．

4.2 電磁探査の地球物理学

4.2.1 自然の電磁気現象

宇宙空間に広がった**地球磁場**は，太陽から放出された高エネルギ粒子の流れ(**太陽風**)の影響を受け，太陽と逆側に吹き流されたような形をしている(図4.11)．この地球磁場が支配する領域を**磁気圏**という．地球の周りには，北極と南極の下にそれぞれS極，N極のある巨大な棒磁石がつくるのと同じような磁場が地球を取り巻いている．しかし，地下深部が高温の状態では永久磁石は磁性を失うので，地球磁場の原因は電流以外には考えられない．地球の地表から深さ 2,900 km から 5,100 km にある外殻は，溶融した鉄で構成されている．液体と考えられている外核では，金属の対流によって30億Aという巨大な電流が流れ，その電流によって地球磁場ができていると考えられている．

地球はこのような磁気圏を持っているので，生命は太陽からくる太陽風などの宇宙からの高エネルギ粒子に直接さらされずに守られている．荷電粒子が磁場の中を進むと，進行方向と直交方向の力を受け，進路が曲がる．こうした**荷電粒子**の流れ，つまり電流は，**ビオ・サバールの法則**にしたがって磁場をつくる．地球の磁気圏は，太陽風のため昼側では地球半径の10倍ぐらいに圧縮され，夜側では細長い尾を引いている．地磁気の変化には1日周期の変化が認められるが，これは**地球磁気圏**と大気圏の間の**電離層**への太陽放射の影響を示すものである．この1日周期の変化を**地磁気の日変化**と呼んでいる．太陽活動は磁気圏を通じて地球の電磁気環境に影響を与えている．例えば，**太陽フレア** (solar flare) などの太陽表面の爆発現象が地球の磁気嵐の発端となって，電波障

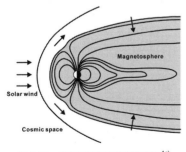

図 4.11 地球磁気圏の構造模式図 [4c]

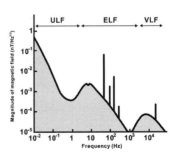

図 4.12 地球磁場の周波数スペクトル [4d]

害や通信障害を起こしたり，極地方での**オーロラ** (aurora) をもたらしたりする.

　図 4.12 に，地球を取り巻く磁場の**周波数スペクトル** (frequency spectrum) を示す．この図の横軸は周波数で縦軸が磁場強度であるが，1 Hz 以下の磁場は周波数が下がるほどその強度は大きくなっていることがわかる．これが，**地磁気脈動** (micropulsation) と呼ばれる太陽風がつくる磁場である．また，10 Hz 付近で極大値が見られる．これは**シューマン共振** (Schumann resonance) と呼ばれ，おもに雷放電による強い電磁波が地球の電離層で共振する現象によるものである．この周波数帯には，複数のピークが存在する．図 4.12 で 10 Hz 前後の極値付近が滑らかでないのは，これらのシューマン共振帯の磁場ピークのためである (詳細は次項).また，10 Hz から 1 kHz に現れている 4 つの鋭いパルス状ピークは，商用電源の周波数とその高調波の周波数帯で発生する磁場ノイズである．その次にパルス状ピークが VLF(Very Low Frequency) 帯の 10 kHz 付近に見られるが，これは潜水艦との交信に使われている人工の電磁場である．日本では，宮崎県えびの送信所から 22.2 kHz の電磁波 (**VLF 波**) が 500 W の出力で送信されている．この電磁波は，**VLF 法**として地下の断層や埋設物などの調査に利用されている．なお，鋭いピークとして示された商用電源 (50/60 Hz) に関連したパルス状ピークは，電磁探査ではノイズとして扱われる場合が多いが，**PLMT(Power Line MT) 法**として探査に利用されることもある．

4.2.2　シューマン共振

　雷雲内に発生した多量の電荷は，雷によって大地に放電される．地球上では 1 日に約 5 万個の雷雲が発生し，1 秒間に 100 回ぐらいの雷が落ちているといわれている．雷による電流は，数千 A から数万 A に達する．雷によって発生した，数 Hz から数百 MHz の電磁波のうち，**電離層** (ionosphere) に反射する低い周波数は，大地と電離層の間を何回も反射しながら進行し，特定の周波数で共振する．

　シューマン共振は，地球の地表と電離層との間で極極超長波 (**ELF 波**) が反射をして，その波長がちょうど地球一周の距離の整数分の 1 に一致したものをいう．電離層とは，地球を取り巻く大気の上層部にある分子や原子が，紫外線やエックス線などにより電離した領域である．この電磁波の共振は，地球大地

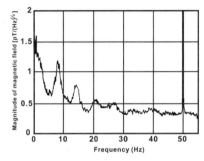

図 4.13 シューマンの肖像[4e]と北海道で観測されたシューマン共振帯のスペクトル分布[4f]

と電離層の間の球殻状の空洞を雷放電で発生した極超長波が伝播する現象で，この現象を理論的に予測した**シューマン** (Schumann: 図 4.13 左) の名前に因んでシューマン共振と呼ばれている．シューマン共振のエネルギ源は，雷の放電や太陽風による電離層の振動などである．電離層と地面間での電磁波の共振周波数は，電磁波の伝播速度である秒速 30 万 km を地球周囲の長さ 4 万 km で割った 7.5 Hz 付近になる．ただし実際に測定したデータでは，様々な条件から 7.5 Hz を中心としたある一定範囲の周波数で共振が観測される．シューマン共振帯の電磁波の周波数は，8 Hz, 14 Hz, 20 Hz などと多数存在する (図 4.13 右)．このようなシューマン共振帯の電磁波は，常に共振し続けているので常時観測できる．

4.2.3 地磁気の擾乱

地磁気脈動 (micropulsation) は，超低周波自然電磁波の 1 つで，周期は 1 〜 500 秒にわたり，**地磁気**または**地電流**の変動として観測される．地磁気脈動については，周期に基づく分類法が国際的に決められている．この分類によると地磁気脈動は 2 つに大別され，連続 (continuous) で規則的な波形を持つ脈動を P_c，波形が不規則 (irregular) でスペクトルの幅が卓越周期に比べて広い脈動を P_i と呼んでいる (表 4.1)．地磁気脈動は磁気圏内で発生した電磁流体波などが原因と考えられており，磁気嵐のときに活発になり，その後 1 〜 2 日にわたって現れることが多い．これらの脈動には，静止衛星と地上とで同時に見られるものや，静止衛星では見られるが地上には現れないものなど，様々な種類があることが知られている．

表 4.1　地磁気脈動の種類 [4g)]

地磁気脈動の種類		周期　(s)
規則的	P_c1	0.2 − 5
	P_c2	5 − 10
	P_c3	10 − 45
	P_c4	45 − 150
	P_c5	150 − 600
	P_c6	600 〜
不規則	P_i1	1 − 40
	P_i2	40 − 150
	P_i3	150 〜

　磁気嵐 (magnetic storm) とは，通常は中緯度・低緯度において全世界的に地磁気が減少する現象のことを指す．典型的な磁気嵐では地磁気は数時間から 1 日程度の時間をかけて減少し，その後数日かけて徐々にもとの強さまで回復するという過程をとる．このうち地磁気が減少し磁気嵐が発達する過程を**主相**，回復する過程を**回復相**と呼ぶ．磁気嵐に伴って変化する地上の磁場変動は地磁気の 1,000 分の 1 程度であるが，大規模な磁気嵐のときには地磁気の 100 分の 1 程度の変化が観測される場合もある．

　大規模な磁気嵐の多くは，**太陽フレア**に伴う**コロナ質量放出** (CME: **C**oronal **M**ass **E**jection) と呼ばれるプラズマによって発生する．このような磁気嵐は，太陽フレア発生から 1 〜数日後に観測される．太陽フレアは**太陽黒点** (sunspot) の活動と関係していることから，磁気嵐は太陽黒点数が多い太陽の活動が活発なときに発生しやすい．また，太陽コロナが希薄な領域から吹き出る高速の太陽風によって弱い磁気嵐が起きる場合もある．このような自然の地磁気変化が，後述する**地磁気地電流法** (magnetotelluric method) の電磁場ソースとして利用される．

4.2.4　電気伝導度異常

　地球上で広範囲に観測される地磁気の長周期変化の主要因は，前節のように地球外部の太陽活動などによるが，短周期の地磁気変化は観測する場所によって大きく異なることがわかってきた．これは，地球表層の電気伝導度 (導電率) の地域差によるもので，**電気伝導度異常** (CA: **C**onductivity **A**nomaly) と呼ばれている．

玄武岩質マグマの導電率は，一般に10 S/m程度であるが，地殻の導電率は不均質性が強く，10^{-7} S/mから1 S/mの広範囲の導電率を持つ．地下深部の導電率が異常に大きな場合は，火山の下部のマグマや地下水などが関与している．また，マグマが高温で部分溶融している場合にも，導電率は高くなる．地球内部の電気伝導度は直接観測することはできないが，**地磁気**や**地電流**の変化から間接的に推定することができる．

4.2.5 地震や火山による電磁気現象

地震発生や火山噴火に伴って，**電磁気現象**が観測されることがある．火山ではマグマが上昇してきて，地下の温度が上がると磁化している岩石が**消磁**され，地表で観測される磁気の強さは減少する．その後，温度が下がると磁気の強さは増加する．これは火山の噴火活動推移を知るためには重要なデータである．また，地震発生に伴う**地電流の変化**や，上空の**電離圏電子密度の変化**などの現象が知られている．

地震電磁気現象は，地震に伴って発生すると考えられている電磁気現象の総称で，直流に近い低周波からHF帯までの広い周波数範囲の電磁気現象である．古くは，日本地震学会を創設したミルン (Milne) が大気中の電荷変動を報告しているし，その他にもULF～ELF～VLF～LF～HF領域にわたる幅広い周波数帯域での地磁気・地電位差変動が数多く報告されている．

地震電磁気現象は，地殻内部から放射される**自然電磁波**と，大気や電離層を伝播する既存伝播の異常 (**VLF局電波伝搬異常**) の2種類に大別できる．これらの地震電磁気現象の中でも，数十Hz以下の地震電磁気現象が注目されているが，この周波数帯の一部はシューマン共振帯の地磁気脈動と周波数帯が重なるので，解析結果の解釈には注意が必要である．なおギリシャでは，地震の前兆とされる直流域信号 (SES) に基づいた**VAN法**と呼ばれる地震予知法も存在するが，その有効性評価については賛否が分かれている．地震予知の可能性はさておき，地震に伴う電磁気現象は観測事実からも明らかである．

〈コラム 4A〉太陽嵐と宇宙天気予報

　太陽嵐とは，太陽で大規模な太陽フレアが発生した際に太陽風が爆発的に放出され，それに含まれる電磁波・粒子線・粒子などが，地球上や地球近傍の人工衛星などに甚大な被害をもたらす現象です．太陽は，太陽黒点数の変化周期である約 11 年のほか，数百年程度のいくつかの活動周期を持つといわれています．活動周期で最も顕著なのは 11 年周期であり，およそ 11 年毎に，活動が活発な極大期とそうでない極小期とを繰り返します．活動が活発な極大期には，人工衛星に搭載された電子機器などに被害をもたらすような強い太陽フレアが発生することもあります．1859 年の太陽嵐は，記録上で最も巨大な磁気嵐です．このときは，ニューヨークやハワイなどの低緯度地域でもオーロラが観測されています．また，過去にも太陽嵐に関連したオーロラが記録されています．鎌倉時代の歌人，藤原定家は，1204 年に長時間続いたオーロラについて，自身の日記「明月記」にそのことを書き残しています．

　太陽風が磁気圏に衝突することが原因となって，短波通信障害や地上の電力施設などにも被害をもたらすことがあります．宇宙天気予報とは，太陽フレアや磁気嵐などの状況である宇宙天気を観測し，それに伴う影響を予測して，地球上の天気予報と同じように予報するものです．このような予報は，人工衛星の運用者や漁業無線などの短波電波を使った通信の利用者などにとっては重要な情報となっています．日本では，宇宙天気情報センターが設立された 1988 年から情報提供が開始され，宇宙天気予報はウェブサイト上で公表されています．

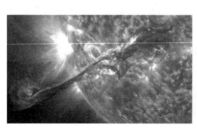

図 4A　太陽フレア[C12]と極地方で観測されるオーロラ[C13]

4.3　電磁探査の計測工学

4.3.1　電磁探査の分類

　電磁探査は，地層を構成する物質の比抵抗の違いに着目し，地下の構造や状態，地下資源の存在などを調査する探査法である．電磁探査法には，電場のみを測定する方法と，電場と磁場の両方を測定する方法がある．電磁探査では，人工または自然の電磁場変動によって生じる電磁応答を利用する．

比抵抗法が大地に直接電流を流すのに対し，電磁探査法は大地に入射した電磁波に由来する電磁応答を扱う．電磁探査は，測定される信号の成分によって**周波数領域法**と**時間領域法**に区分される．**周波数領域法**では，測定する信号を複数の周波数成分にわけて，その各々の周波数における信号の強度や位相の変化などを測定する．周波数領域の代表的な探査手法としては，人工の信号源を使った**ループ・ループ法 (スリングラム法)** や，自然の電磁場信号を使った**地磁気地電流法 (MT法: M**agneto**T**elluric method) などがある．スリングラム法は，埋設管や不発弾などの低比抵抗体の検出能力に優れている．また，MT法は地球上で発生する磁気嵐や雷などによる電磁場変動を利用して地下構造を探査する方法で，石油資源や地熱貯留層などの探査に利用されている．一方，**時間領域法**では，送信電流遮断後の受信信号の**過渡応答**を測定する．時間領域の代表的な探査手法としては，人工信号源を用いた **TEM法 (T**ransient **E**lectro**M**agnetic method: または **TDEM法)** がよく知られている．

MT法は，地球上で発生する磁気嵐や雷などの原因で発生する自然信号を利用し，磁場および電場を測定することで比較的深部の地下構造を探査する方法である．MT法は，主に石油資源や地熱資源などの地下数 km の広域・大深度を探査する方法であるが，自然信号の不安定さが欠点である．MT法の弱点を軽減する方法として考案されたのが，人工的に大地に大電流を流して，安定性のある信号を得る方法 **CSAMT法 (C**onroled **S**ource **A**udio-frequency **M**agneto**T**elluric method) である．この方法は，探査深度が地表下 1 km 程度までを対象とした，金属鉱床・地熱・温泉などの探査に多く用いられている．CSAMT法は，可探深度では自然信号を利用する MT法に及ばないが，人工信号源を用いて安定した信号を取得することができるため，簡便で効率的な探査法である．

また，人工的な信号源として，潜水艦との通信に使われている VLF 送信局から放射される電磁波を用いる **VLF法**もある．VLF 送信局は，世界各地にあり，常時大電力で電波を発信している．VLF法には，1次磁場と2次磁場の合成で作られる分極楕円の傾きを測定する **VLF-EM法**と，CSAMT法のように磁場と電場の比から見掛比抵抗を測定する **VLF-MT法**がある．

4.3.2 磁気センサ

電磁探査では，様々な磁気センサがそれぞれの特徴を考慮して利用される．磁気センサの中で，最も単純なセンサが**ループコイル**である．コイルは構造が簡単で壊れにくいという特徴があるが，出力電圧が磁束の変化速度に依存するため，非常にゆっくりと磁束が変化する場合や，固定された磁石の有無を検知する場合などには使用できない．コイルの中を通過する磁束が変化すると，電磁誘導による起電圧が発生し，その電圧を測定すれば磁気を検出することができる (図 4.14)．

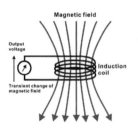

図 4.14 ループコイルによる磁場測定

ループコイルは銅線などをループ状にした単純な**空芯コイル**であるが，使いやすい磁場センサになる．正弦波形 $H = H_0 \sin \omega t$ で表される交流磁場が，面積 S，巻き数 N のループコイルに入ると，次式のような**起電圧** e が観測できる．

$$e = NS\frac{dB}{dt} = -NS\mu_0 H_0 \omega \cos \omega t \tag{4.9}$$

ここで，B は磁束密度，H_0 は交流磁場の振幅，μ_0 は真空の透磁率 [$= 4\pi \times 10^{-7}$ H/m]，ω は角周波数，t は時間である．この電圧は，角周波数 ω に依存しているため，低周波では感度が低いが，周波数が高くなると感度が上がることがわかる．このように簡単な式で磁場強度を知ることができるため，ループコイルは主に TEM 法の測定などに使われる．

ループコイルの中に高透磁率の物質を入れると，磁束密度を増やすことができるので，コイルの感度を上げることができる．これが**インダクションコイル**の原理である．直径 d [m]，長さ L [m] の高透磁率コアに，導線を N 回巻いて作成したインダクションコイルを考える．入力信号を正弦波形として，ループコイルの場合と同様に $H(t) = H_0 \sin \omega t$ とすると，このインダクションコイルでの観測波形 $U(t)$ は，次のように近似できる．

$$U(t) = NS\mu_0\mu_{eff}H_0\omega \sin\left(\omega t + \frac{\pi}{2}\right) \tag{4.10}$$

ここで，Sは断面積 [m^2]，μ_0は真空の透磁率，μ_{eff}はコアの有効比透磁率 [$\doteqdot L^2/4d^2$]，ωは角周波数 [rad]，tは時間 [s] である．この式からわかるように，低周波になるほどωが小さくなり，感度は低下する．コアの材質や周波数にもよるが，1～3mのインダクションコイルの感度は，0.125～0.625 VA^{-1}ms 程度である．インダクションコイルは，主にMT法などで利用される．

MIセンサ (Magneto-Impedance sensor) は，アモルファス合金ワイヤの**磁気インピーダンス効果** (magneto-impedance effect) を応用した素子である．パーマロイやアモルファス合金などの軟磁性材料に適当な周波数の高周波電流を流すと，外部磁場によってその**交流抵抗 (インピーダンス)** が変化する (図 4.15)．その変化は，適切な周波数の電流と軟磁性体の形を選べば，数倍にもなる．このように，**磁気インピーダンス素子**はホール効果を利用した**ホール素子**などに比べて磁場の感度が高いことから，**地磁気センサ**として開発された．高感度のMIセンサは，1 nT(地磁気の約 1/50,000) の感度で磁場変化を検出できる．近年では，さらに感度を上げたMIセンサで心臓や脳などが発する生体磁気の検出などにも利用されている．

超伝導磁力計 (SQUID magnetometer) は，極薄の絶縁体を超伝導体で挟んだ**ジョセフソン接合**を用いた磁気センサであり，微小な磁場を測定するのに使用される．ジョセフソン接合の電流電圧特性は，リング内を貫く磁束の変化に敏感に反応して電気抵抗が変わる．超伝導磁力計は，超伝導状態のときに磁場が印加されると電場が発生するという原理を用いた，最も高感度の磁気センサである．近年では，このような超伝導磁力計を使ったTEM法の研究開発などが行なわれている．

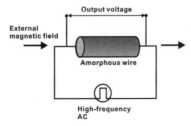

図 4.15　MIセンサの原理[4h)]

4.3.3 ループ・ループ法の計測

ループ・ループ法 (loop-loop method) はスリングラム法 (Slingram method) とも呼ばれ，送信ループコイルと受信ループコイル間の電磁誘導現象から地下の比抵抗構造を推定する手法である (図 4.16)．スリングラムとは，スウェーデン語で"フレームに取り付けた"という意味である．ループ・ループ法はスウェーデンで始まり，1950 年代から北米で広く普及し，1970 年代には日本にも導入されている．

ループ・ループ法は，主に導電性の**金属鉱床**，**金属製の埋設物**，**地下水**の探査などに利用されている．この探査法は非接触タイプの探査法なので，地上での迅速な探査に適している．また，ループ・ループ法はセンサコイルを航空機やヘリコプタに搭載した**空中電磁探査** (airborne electromagnetic exploration) にも利用される．使用される送信電流の周波数は，通常は数十 kHz から数百 kHz 程度であり，浅層の探査に適している．

送信ループから時間変動する磁場を発生させると，ファラデーの電磁誘導の法則に従い地下に誘導電流が発生する．そしてこの電流は，アンペールの法則にしたがって周辺に新たな磁場を発生させる．この新たな磁場は，最初の磁場の時間変動を妨げる向きになっている．この誘導電流は，地中で渦を成すように流れるので**渦電流** (eddy current) と呼ばれている (図 4.16)．このとき，送信ループを流れる電流によって直接生じる磁場を **1 次磁場** (primary magnetic field)，比抵抗異常体内で誘導電流がつくる新たな磁場を **2 次磁場** (secondary magnetic field) という．1 次磁場は地盤からの影響を含まず，純粋に送信ループを流れる電流値，ループの面積，巻き数，そして送信ループからの距離によって決まる．2 次磁場は誘導電流の大きさや分布に依存し，その大きさは地盤内の 1 次磁場

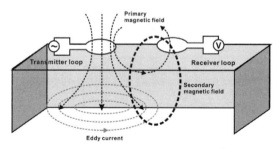

図 4.16　ループ・ループ法の測定原理 [4)]

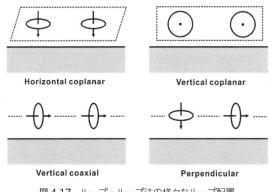

図 4.17 ループ・ループ法の様々なループ配置

の分布とその時間変化，そして地盤の比抵抗分布の関数となる．なお送受信ループの配置には，同じ平面内に送受信ループを置く**共面配置** (horizontal coplanar, vertical coplanar) や，送受信ループの中心軸を同じにする**共軸配置** (vertical coaxial, perpendicular) などがある (図 4.17)．

4.3.4 自然電磁場を利用した MT 法の計測

地球という導体中で磁場が変動すれば，その変動を妨げるように地中に電流が発生する．フランスの Cagniard と旧ソ連の Tikhonov，日本の力武，アメリカの Wait などの研究者達によって，地表で互いに直交する電場と磁場を測定することで大地の比抵抗が推定できることが発見され，物理探査手法として確立された．この方法は地磁気と地電流を同時に利用するので**地磁気地電流法 (MT 法)** と呼ばれている．MT 法では，非常に低周波の地磁気脈動から，数 kHz くらいまでの周波数範囲の自然電磁場の変動を利用する．MT 法は深部探査に適していて，地表 300 m 程度から数百 km 程度の深さを調査することができるので，石油探査・地熱探査・金属鉱床探査などに広く使われている．また地球内部構造の研究では，低い周波数帯域の電磁場を利用して，地殻や上部マントルなどの深部構造探査に用いられることもある．

地磁気が変動すると，それに応じて大地に誘導電流が流れる．その電磁場の変動を，図 4.18 のように設置した**インダクションコイル**や**非分極電極**で測定する．通常は，**電場 2 成分**と**磁場 3 成分**の併せて 5 成分の測定を行なう．測定では時間と共に変化する電場や磁場を測定するため，5 成分の時系列データが

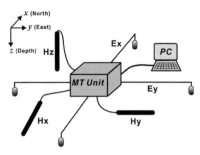
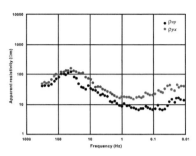

図 4.18　MT 法の測定方式　　　　図 4.19　MT 法の見掛比抵抗曲線の例

得られる．さらにこの時系列データをフーリエ変換して，電場と磁場の比から周波数毎の見掛比抵抗が計算できる．図 4.19 は MT 法の見掛比抵抗曲線の例である．周波数が高いときの見掛比抵抗は浅い部分の比抵抗を反映し，周波数が低くなるにつれて地下深部の比抵抗が反映される．

MT 法では大地に電極を接地して電場を測定するために，**ガルバニック・ディストーション** (galvanic distortion) などの問題が生じる場合もある．ガルバニック・ディストーションは周波数に依存しない効果で，全周波数領域に影響が及ぶため，見掛比抵抗曲線全体が低比抵抗側や高比抵抗側に平行移動した分布となる (図 4.20)．このように見掛比抵抗値がシフトするため，**スタティックシフト** (static shift) または**スタティック効果**とも呼ばれる．このスタティック効果は，測定点近傍の局所浅部の影響によって，電場の向きが変わったり，振幅が変化したりするために生じる．スタティックシフトを受けたデータをそのまま解析すれば，実際の比抵抗構造とは異なる結果が生じることになる．ただし，1 つの測点のデータからは，どの程度のスタティックシフトを受けているかが評価できないので，スタティックシフトを評価するためには 2 次元または 3 次元調査を実施してデータ解析することが望ましい．

ここでは，**浅部比抵抗異常**による電場の不連続を定性的に説明する．図 4.21 に示すように浅部に局所的な低比抵抗異常体が存在する場合，地電流が低比抵抗体の内部を選択的に流れるので，地表付近の電流密度が大きく変化する．そのため，比抵抗と電流密度の積である電場が，低比抵抗異常体の上部で小さくなり，見掛比抵抗も小さくなる．スタティック効果の説明では，低比抵抗異常体の例が紹介される場合が多いが，高比抵抗異常体の場合にもスタティック効

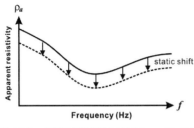

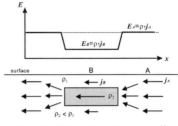

図 4.20　見掛比抵抗曲線のスタティックシフト　　図 4.21　電流のディストーション [4j]

果は生じる．ただし，その場合には見掛比抵抗曲線が高比抵抗側にシフトする．

4.3.5　人工電磁場を利用した MT 法の計測

　CSAMT 法は人工信号源を用いる MT 法であり，深度約 1 km までの調査に適用される．日本では，1980 年代から金属鉱床の探査や地熱探査に盛んに用いられてきた．また最近では，土木や防災分野でも利用されている．CSAMT 法は Controlled Source Audio-frequency MagnetoTelluric(可聴周波数帯人工信号源による地磁気地電流) 法の略称で，可聴周波数帯域以外の電磁場を使う場合は，A(Audio-frequency) を省略して **CSMT 法** と呼称される場合もある．CSAMT 法では送信源として，調査地区から数 km 以上離れた場所に両端を地面に接地した**グラウンデッドワイヤ** (grounded wire) を設置し，地下に交流電流を流して電磁場を発生させる (図 4.22)．調査対象の測点では，送信源から伝播した磁場と誘導された電場の測定を行なう．なお地下の見掛比抵抗値は，MT 法と同様に電場と磁場の強度比である**インピーダンス**から求めることができる．また，送信源の周波数を変えることで，地下浅部から地下深部までの見掛比抵抗値が周波数毎の値として得られる．

　送信源設置作業では，電流を地盤に流すための電極棒の設置，それらを送信機に接続するためのケーブルの敷設を行なう．受信側では，各測点ごとに一対の**電場センサ**とインダクションコイル型の**磁場センサ**を設置して，送信源から放射された電場と磁場を測定して，データを取得する．なお，測点が送信源に近すぎると，受信信号が平面波と見なせない領域 (ニアフィールド：near field) となるので，測点は**スキンデプス** (詳細は 4.4.3 を参照) の 3～5 倍程度離したファーフィールドに置く必要がある．送信周波数は，2 倍を基本としたバイナ

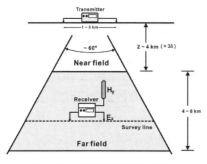 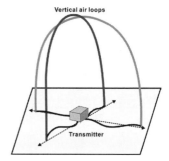

図 4.22　CSAMT 法の測定方式図　　　図 4.23　垂直エアループを用いた CSMT 法

リーステップ (binary step) で変える場合が多く，0.625〜5,120 Hz の 14 周波数，または 4〜2,048 Hz の 10 周波数である．この周波数帯の自然電磁場は強度が弱く，その周波数範囲が商用周波数とも重なるので，従来の MT 法では高品質のデータ取得が難しかった．調査地点となる受信地点では，電場センサとして**非分極電極**を送信電線と平行に 15〜30 m の間隔で設置し，これと直交する方向に磁場センサを設置する．

人工信号源を用いた MT 法には，浅部探査に特化した**高周波テンソル CSMT 法**がある．この方法では，図 4.23 に示すような**垂直エアループ**を用いて 1 kHz から 100 kHz の電磁場を発生させ，垂直エアループから数百 m 離れた観測点で，水平電場 2 成分と水平磁場 2 成分の測定を行なう．この方法では磁場ソースの周波数が高いため，探査深度は地下数十 m 程度と浅く，最大でも 100 m 程度である．

4.3.6　TEM 法の計測

時間領域の電磁法である **TEM 法 (TDEM 法)** は，送信源で電流を周期的に断続させ，受信側で測点に設置したコイルやループを用いて電流切断時における磁場の減衰状況 (過渡応答) を観測する探査手法である (図 4.24)．送信源には，探査深度が浅い場合はループを用い，探査深度が深い場合には，電気ダイポールを利用した**グラウンデッドワイヤ**が使われる．受信側の磁場センサは，通常コイルを鉛直にして設置するが，断層調査の場合には水平に設置する場合がある．また，コイルの代わりにループを用いる場合もある．

この方法では，電流切断後の経過時間が長いほど受信信号は微弱となるが，

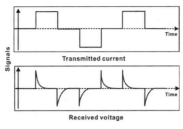

図 4.24　TEM 法の送受信波形

探査深度は大きくなる．探査深度はループの大きさや電流ダイポールの長さによって異なるが，数 m から数百 m 程度である．グラウンデッドワイヤを用いた**ロングオフセット** (long offset) の TEM 法の場合は，探査深度はやや深く，数 km から 10 km 程度である．適用分野としては，地質構造，鉱物資源，地下水資源，塩淡水境界，トンネル地山，断層，永久凍土などがあり，幅広く利用されている．

また近年では，船舶によってループソースを曳航して測定する**海洋 TEM 法**や，航空機やヘリコプタからループソースを吊り下げて測定する**空中 TEM 法**などが海洋鉱物資源や金属鉱床の探査に利用されている．日本国内でも，ヘリコプタを利用した TEM 法による地熱の広域探査が実施されている．

TEM 法では，磁場の観測結果から各測点における電流切断後の各時刻における見掛比抵抗値を求め，1 次元解析により地下の比抵抗構造を水平多層構造として求める．また，各測点相互間の比抵抗関係を考慮した 2 次元断面解析を行なう場合もある．この探査手法では，送信ループ (または電気ダイポール) と受信磁場センサの組み合わせ方法が数多く研究開発されており，探査目的に沿って探査手法をどの組み合わせにするかを適切に選択する必要がある (図 4.25).

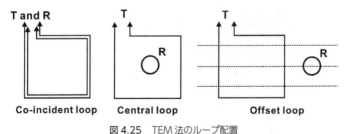

図 4.25　TEM 法のループ配置

4.3.7 海洋電磁法の計測

海底で電磁場を測定して，海底下の比抵抗情報や比抵抗構造を得る電磁探査を**海底電磁探査**と呼ぶ．海底電磁探査には，自然の電磁気信号を用いる方法と，人工的に発生させた電磁気信号を用いる方法がある．前者の代表例は**海洋MT法探査**であり，複数の**海底電磁場計 (OBEM: O**cean **B**ottom **E**lectro**M**agnetometer**)**を使って海底での電磁場変動を測定し，地下情報を得る電磁探査の一つである．自然の電磁場変動は，その変動周波数と地下の比抵抗に依存する．また，低周波数の電磁場変動ほど地下深くまで浸透する．従って様々な測定周波数で電磁場変動を測定すれば，海底下の浅部から深部までの比抵抗構造の情報を得ることができる．

海洋MT法 (marine MagnetoTotelluric method) の場合は，海底直下の浅部比抵抗構造の情報を得ることは難しい．これは，高周波の電磁場変動は海水中で大きく減衰して海底まで届かないためである．一方，低周波の電磁場変動は海底まで届いて海底直下でも急速に減衰しないために，海底下深部 (数 km) までの平均的な比抵抗情報が得られる．

海底下数 km よりも浅部を探査するためには，海底付近に比較的高周波の人工電磁場信号源を設置して，能動的な電磁探査を行なう必要がある．人工信号を用いた海底電磁探査は，現在様々な手法が開発中であり，送受信装置が切り離されている方法と，送受信装置が一体化されて海底付近を曳航する方法に分類できる．前者は探査深度が 1 km～数 km 程度と深く，後者は 1 km 未満と浅いという特徴がある．**海洋 CSEM 法** (marine Controled Source ElectroMagnetic method: 図 4.26) は，前者の方法に相当する．MT 法では大局的な比抵抗構造を把握する際に，前述の**スタティック効果**が支障となるが，海洋 CSEM 法では，

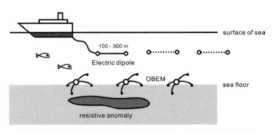

図 4.26　海底電磁場計 (OBEM) を使った海洋 CSEM 法

このスタティック効果を積極的に利用して海底下の油ガス層などの高比抵抗異常体の検出に利用している．

4.3.8 流体流動電磁法の計測

流体流動電磁法 (fluid flow electromagnetic method) は，石油・天然ガスや地熱流体などの地下流体の流動によって生じる電磁場変化から地下流体の動的挙動を把握するモニタリング探査法である．流体流動電磁法では，MT 法と同様に地表面で電場 2 成分と磁場 3 成分を同時に測定して，その電磁場の時間変動から地下流体の動的挙動を推定する (図 4.27)．地下流体が流動すると，前章の自然電位法の節で説明したように，流動に連動した**流動電流**が発生する．この流動電流は，地表面で電場の変化として観測できる．また，流動電流はアンペールの法則により磁場も発生させるので，磁場データからも流動電流のモニタリングが可能となる．流体流動電磁法は，これらの電場と磁場の時間変動を利用して，地下流体の動的挙動を監視する新しい**モニタリング探査法**である．

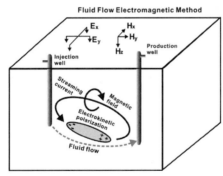

図 4.27 流体流動電磁法の測定概念図

4.4 電磁探査の数学

4.4.1 マクスウェル方程式

マクスウェル方程式 (Maxwell's equations) は，電磁場の振る舞いを記述する電磁気学の基礎方程式であり，マクスウェル・ヘルツの電磁方程式とも呼ばれる．この一連の方程式は，ファラデーが実験的考察から発見した電磁気に関する法則から，**マクスウェル**が数学的形式として整理して導いた．ファラデーは

実験から物事の真理を追究する立場をとった偉大な実験科学者である．一方，マクスウェルは数学的な裏付けを重視した理論科学者である．一見正反対に見える両科学者だが，文通により交流していたことが知られている．マクスウェルは5年に及ぶ文通で，ファラデーの電磁場の概念を学ぶことができた．マクスウェル方程式は，マクスウェル1人では完成し得なかった．

ここでは，電流源も磁気源も存在しない最も単純なマクスウェル方程式を以下に示す．

$$\nabla \times \boldsymbol{e} = -\frac{\partial \boldsymbol{b}}{\partial t} \tag{4.11}$$

$$\nabla \times \boldsymbol{h} = \boldsymbol{j} + \frac{\partial \boldsymbol{d}}{\partial t} \tag{4.12}$$

$$\nabla \cdot \boldsymbol{d} = q \tag{4.13}$$

$$\nabla \cdot \boldsymbol{h} = 0 \tag{4.14}$$

$$\boldsymbol{j} = \sigma \boldsymbol{e} \tag{4.15}$$

$$\boldsymbol{d} = \varepsilon \boldsymbol{e} \tag{4.16}$$

$$\boldsymbol{b} = \mu \boldsymbol{h} \tag{4.17}$$

ここで，$\boldsymbol{e}$ は電場 [V/m]，$\boldsymbol{b}$ は磁束密度 [T]，t は時間 [s]，$\boldsymbol{h}$ は磁場 [A/m]，$\boldsymbol{j}$ は電流密度 [A/m^2]，$\boldsymbol{d}$ は電束密度 [C/m^2]，q は電荷 [C]，σ は導電率 [S/m]，ε は誘電率 [F/m]，μ は透磁率 [H/m] である．多くの教科書では，時間領域の電磁場応答と周波数領域の電磁場応答に同じ大文字の英字を割り当てているが，本教科書ではその違いを明確にするため，時間領域では小文字を，周波数領域では大文字を使う．

これらの式で，式 (4.11) は磁束変化が電流となるファラデーの**電磁誘導の法則**である．また式 (4.12) は，電流が磁場を生じる**アンペールの法則**である．ただし，この式にはマクスウェルのアイディアである**変位電流**の項 (右辺第2項) が付加されている．式 (4.13) と式 (4.14) はそれぞれ，電場と磁場の発散に関する式で，特に式 (4.13) は**ガウスの法則**と呼ばれている．式 (4.14) からもわかるように，磁場は発散しない．これは重要な磁場の性質で，磁極から出た磁力線は必ず元の磁極に戻ることを意味している．式 (4.15) は電流密度と電場の関係を表す**オームの法則**である．さらに式 (4.16) と式 (4.17) は，それぞれ電場と電束密度，磁場と磁束密度を関係付ける式である．

4.4.2 ループ・ループ法の基礎理論

ループ・ループ法のような小型ループを用いた電磁法では，特定周期の正弦波形で変動する磁場を入力信号として，その応答である受信信号の振幅と位相を入力信号と比較することで地下の比抵抗分布を調べる．送信ループに流した電流によって生じた1次磁場は，地中で**渦電流**を発生させる．また地中に良導性の比抵抗異常体が存在すると，その異常体中でも渦電流を生じる．この良導体中の渦電流によって2次的な磁場が発生し，受信コイルでは送信ループによる**1次磁場**と，比抵抗異常体による**2次磁場**を重ね合わせた磁場が観測される．ただし，1次磁場に対する2次磁場の大きさは0.1％程度なので，通常は1次磁場に対する2次磁場の比を100万倍したppmで測定結果を表示する場合が多い．

次に同相・離相について説明する．送信電流の振幅を $A \sin \omega t$ とすると，受信される磁場は振幅も位相も違うので $A' \sin(\omega t + \phi)$ のように表すことができる (図 4.28)．ここで A, A' はそれぞれ，送信電流の振幅，受信ループで観測される磁場の振幅である．また，ω は角周波数，t は時間，ϕ は位相のずれである．この受信ループの磁場を，加法定理を使って展開すると，

$$A' \sin(\omega t + \phi) = A' \cos\phi \, \sin \omega t + A' \sin\phi \, \cos \omega t \tag{4.18}$$

となり，送信電流と同じ位相成分を持つ sin の項と，異なる位相成分を持つ

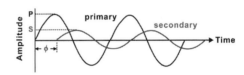

図 4.28 ループ・ループ法の1次磁場と2次磁場

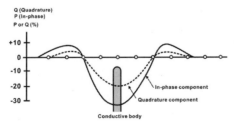

図 4.29 ループ・ループ法による2次磁場のアノマリ

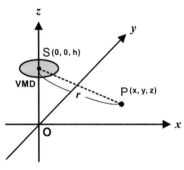

図 4.30 垂直磁気ダイポールによる 1 次磁場

cos 成分の項に分離できる．この同じ位相成分を**同相** (in-phase) 成分と呼び，同相成分から 90°ずれた成分を**離相** (out-of-phase または quadrature) 成分と呼んでいる．図 4.29 には，低比抵抗体が地下に存在する場合に想定される，2 次磁場の同相成分と離相成分の例を示す．

次に，ループ・ループ法の**見掛比抵抗**を求めるために，地表面と平行なループ (垂直磁気ダイポール) による 1 次磁場を求める．ループソースを原点 O の直上の点 S (0, 0, h) に置いた場合の，任意の点 P (x, y, z) での1次磁場を求める (図 4.30)．ループソースの面積を S [m^2]，電流を I [A]，巻数を N [-] とすると，ループソースの磁気モーメント m は，NIS [Am^2] となる．SP 間の距離を r とすると，

$$r = \sqrt{x^2 + y^2 + (z-h)^2} \tag{4.19}$$

となる．このときの x, y, z 方向の磁場はそれぞれ，

$$H_x = \frac{3mx(z-h)}{4\pi r^5} \tag{4.20}$$

$$H_y = \frac{3my(z-h)}{4\pi r^5} \tag{4.21}$$

$$H_z = \frac{3m(z-h)^2}{4\pi r^5} - \frac{m}{4\pi r^3} \tag{4.22}$$

となる．これは地下が均質な場合の 1 次磁場で，比抵抗の値に関係なく一定となる．ただし，地下が不均質な場合には 2 次磁場が生じる．

式の導出は省略するが，水平ループ配置でループ間隔 r に対してループ半径 a が十分小さい ($a/r \ll 1$) 場合，1 次磁場 $H_z^{(P)}$ と 2 次磁場 $H_z^{(S)}$ の比は次式で近

似できる.

$$\left(\frac{H_z^{(S)}}{H_z^{(P)}}\right) = 1 - \frac{i\mu\omega\sigma r^2}{4} \tag{4.23}$$

ここで,σ は地下の導電率,μ は透磁率,i は虚数単位,ω は角周波数である.したがって,式 (4.23) の虚部から,次式のように**見掛導電率**を求めることができる.

$$\sigma_a = \frac{4}{\mu\omega r^2}\left|\mathrm{Im}\left(\frac{H_z^{(S)}}{H_z^{(P)}}\right)\right| \tag{4.24}$$

ループ・ループ法は,送信周波数を固定して**水平探査** (mapping) に使われる場合が多い.この方法は,**垂直探査** (sounding) に使われることは少ないが,ループ間隔や周波数を変えれば垂直探査にも利用できる.ここでは図 4.31 に示す水平多層構造を考え,地表から H の高さに距離 L だけ離れたループ・ループが置かれているとする.ループ半径に対してループ間距離が十分大きい場合には,送信ループは**垂直磁気ダイポール** (VMD: **V**ertical **M**agnetic **D**ipole) と考えてよいので,水平多層構造の場合に受信ループで観測される磁場の 1 次磁場と 2 次磁場の比は,次式で表される.

$$\frac{H_z^S}{H_z^P} = -L^3 \int_0^\infty \gamma_{TE} e^{-2H\lambda} J_0(\lambda L)\, d\lambda \tag{4.25}$$

$$\gamma_{TE} = \frac{\lambda - \hat{u}_1}{\lambda + \hat{u}_1} \tag{4.26}$$

ここで,J_0 は 0 次の第 1 種ベッセル関数である.式 (4.26) 中の $\hat{u}_1$ は,次の漸化式から求められる.

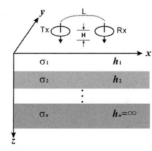

図 4.31　水平多層構造上のループ・ループ配置

$$\hat{u}_n = u_n \frac{\hat{u}_{n+1} + u_n \tanh(u_n h_n)}{u_n + \hat{u}_{n+1} \tanh(u_n h_n)} \tag{4.27}$$

$$(n = N - 1, \dots, 1)$$

$$\hat{u}_N = u_N, \tag{4.28}$$

ここで，h_n は n 層の厚さで，u_n は次式で表される各層の地層パラメータである．

$$u_j = \sqrt{\lambda^2 + i\omega\mu_j\sigma_j - \varepsilon_j\mu_j\omega^2}, \quad j = 1, \dots, N \tag{4.29}$$

ここで，μ_j，ε_j，σ_j はそれぞれ j 層の**透磁率**，**誘電率**，**導電率**を表す．

4.4.3 MT 法の基礎理論

MT 法は，地磁気の変動とそれによって誘導される地電流の変化から地下の比抵抗分布を測定する物理探査法である．磁場と電場の関係は，前述のマクスウェル方程式で表される．時間領域の電場を $e(t)$，磁場を $h(t)$ とし，変位電流の項が無視できる場合には，マクスウェル方程式は以下のようになる．

$$\nabla \times e = -\mu \frac{\partial h}{\partial t} \tag{4.30}$$

$$\nabla \times h = \sigma e \tag{4.31}$$

次に，周波数領域での電場を $E(\omega)$，磁場を $H(\omega)$ とし，時間変動項を $e^{i\omega t}$ とすると，式 (4.30) と式 (4.31) は周波数領域の次式となる．

$$\nabla \times E = -i\omega\mu H \tag{4.32}$$

$$\nabla \times H = \sigma E \tag{4.33}$$

ここで，ω は電磁場の角周波数である．導電率 σ が一定の均質構造の場合は，電場 E_x と，その直交方向の磁場 H_y だけを考えればよいので，式 (4.32) と式 (4.33) から E_x に関する**拡散方程式**と，H_y に関する式が次のように得られる．

$$\frac{\partial^2 E_x}{\partial z^2} = k^2 E_x \tag{4.34}$$

$$H_y = -\frac{1}{i\omega\mu} \frac{\partial E_x}{\partial z} \tag{4.35}$$

ここで，$k^2 = i\omega\mu\sigma$ である．式 (4.34) の一般解は，次式となる．

$$E_x = A e^{-kz} + B e^{+kz} \tag{4.36}$$

ここで，A と B は任意の定数である．このとき，電場が遠方 ($z=\infty$) で発散し

144

ないことを考慮すると定数 B は 0 となり,

$$E_x = Ae^{-kz} \tag{4.37}$$

となる. よって式 (4.35) から,

$$H_y = \frac{kA}{i\omega\mu} e^{-kz} \tag{4.38}$$

となる. したがって, 電場と磁場の比である**インピーダンス** Z_{xy} は,

$$Z_{xy} = \frac{E_x}{H_y} = \sqrt{\frac{\omega\mu}{2\sigma}} (1+i) \tag{4.39}$$

となる. 次に, 式 (4.39) の絶対値をとって両辺を 2 乗すると,

$$|Z_{xy}|^2 = \frac{\omega\mu}{\sigma} \tag{4.40}$$

となる. よって導電率 σ の逆数である比抵抗 ρ は, 式 (4.40) を変形して次式で求められる.

$$\rho = \frac{1}{\sigma} = \frac{1}{\omega\mu} |Z_{xy}|^2 \tag{4.41}$$

また, インピーダンス Z_{xy} の**位相** ϕ_{xy} は

$$\phi_{xy} = \arg(Z_{xy}) = \tan^{-1}\left\{\frac{\mathrm{Re}(Z_{xy})}{\mathrm{Im}(Z_{xy})}\right\} = \frac{\pi}{4} \tag{4.42}$$

となり, 均質構造の場合には一定値となる. 位相は地下の比抵抗変化を反映するパラメータであり, このような均質大地では 45 度 ($\pi/4$ ラジアン) となる. また, 低周波数になるにつれて見掛比抵抗が大きくなる場合には, 位相は 45 度より小さくなり, 逆に見掛比抵抗が小さくなる場合には 45 度より大きくなる. 位相は表層の不均質性による**スタティックシフト**の影響を受けにくいという特徴があり, 見掛比抵抗とともに比抵抗構造の解析に利用されることが多い.

地中に入射した電磁場は, 地下深くなるほど減衰するため, 探査深度には限界がある. 探査深度の目安として, 電磁場の振幅が地表の $1/e$ ($\fallingdotseq 0.37$) に減衰する深さを透入深度または**表皮深度 (スキンデプス**：skin depth) と呼び, δ で表記する. スキンデプス δ は, 次式となる.

$$\delta = 503 \sqrt{\frac{\rho}{f}} = 503 \sqrt{\rho T} \tag{4.43}$$

ここで，ρ は比抵抗，f は周波数，T は周期である．この式から探査深度は，周波数が低い(周期が長い)ほど大きくなることがわかる．つまり，電磁場変動の周期が長いほど地下深部の情報が含まれている．

水平多層構造の場合の見掛比抵抗と位相は，次式で求められる．

$$\rho_a = \rho_1 |Z|^2 \tag{4.44}$$

$$\phi = -\frac{\pi}{4} + \tan^{-1}\frac{\mathrm{Im}(Z)}{\mathrm{Re}(Z)} \tag{4.45}$$

ここで，インピーダンス Z は，N 層構造の各層の比抵抗 (ρ_j) と層厚 (h_j) を用いて，次の漸化式から求められる．

$$Z = \frac{i\omega\mu_0}{B_1} \tag{4.46}$$

$$\alpha_j = \sqrt{i\omega\mu_0/\rho_j} \tag{4.47}$$

$$B_N = \alpha_N \tag{4.48}$$

$$B_j = \alpha_j \frac{B_{j+1} + \alpha_j \tanh(\alpha_j h_j)}{\alpha_j + B_{j+1} \tanh(\alpha_j h_j)} \tag{4.49}$$

$$(j = N-1, \ldots, 2, 1)$$

図 4.32 には，水平 2 層構造での見掛比抵抗と位相の計算例を示す．MT 法のデータ解析では，これらの理論式から計算される見掛比抵抗と，実測された見掛比抵抗を用いて層構造を決定する．実際のデータ解析ではコンピュータを

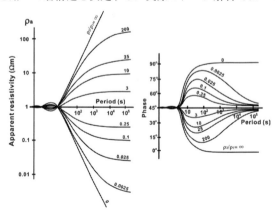

図 4.32　MT 法の見掛比抵抗と位相 (水平 2 層構造)

使って，最小2乗法に基づいたインバージョン(逆解析)が実施される．

概略的な比抵抗構造が必要な場合には，ボスティック(Bostick)が考案した**ボスティックインバージョン** (Bostick inversion) と呼ばれる簡易解析法が用いられる．ボスティックインバージョンでは，MT法の見掛比抵抗および位相曲線から，**ボスティック深度** (Bostick depth) と呼ばれる参照深度での比抵抗を求めることができる．ボスティック深度 D は，次式で求められる．

$$D = \sqrt{\frac{\rho_a(\omega)}{\omega\mu_0}} \tag{4.50}$$

ここで，$\rho_a(\omega)$ は角周波数 ω における見掛比抵抗，μ_0 は真空の透磁率である．

このボスティック深度での比抵抗 ρ は，次式で求められる．

$$\rho = \rho_a \frac{1 - \dfrac{d\log\rho_a}{d\log\omega}}{1 + \dfrac{d\log\rho_a}{d\log\omega}} \tag{4.51}$$

ここで，$d\log\rho_a/d\log\omega$ は両対数表示の見掛比抵抗曲線の勾配である．ただし実測MT曲線の見掛比抵抗分布では，小さな誤差でもこの勾配の計算に大きく影響するので，次の位相を使った近似式を用いる場合が多い．この理由は，位相曲線の変化の方が見掛比抵抗曲線の変化に比べて滑らかなためである．

$$\frac{d\log\rho_a}{d\log\omega} \approx \frac{\phi(\omega)}{\frac{\pi}{4}} - 1 \tag{4.52}$$

MT法は送信機を必要とせず，比較的簡単な原理で大地の比抵抗を求められるため，急速に普及した．しかしその初期には，大地の2次元・3次元性や観測点近傍に磁場のノイズ源がある場合などが多く，実際の測定や解析には困難な面も多くあった．現在は，調査地点から数十km以上遠くに離したもう1つの受信機でのデータを用いて，非常に高い精度のデータ処理が可能になっている．これを**リモートリファレンス処理**という．

MT法のデータ処理では，まず，各測定成分の時系列データを周波数解析して，次式で定義する**インピーダンス** Z_{ij} と**ティッパー** (Tipper) T_i ($i = x, y$) を周波数ごとに求める．

$$\begin{pmatrix} E_x \\ E_y \\ H_z \end{pmatrix} = \begin{pmatrix} Z_{xx} & Z_{xy} \\ Z_{yx} & Z_{yy} \\ T_x & T_y \end{pmatrix} \begin{pmatrix} H_x \\ H_y \end{pmatrix} \tag{4.53}$$

MT 法データの周波数解析の方法には，**高速フーリエ変換** (FFT) や，**カスケードデシメーション** (cascade decimation) 法のようなデジタルフィルタを使ったフーリエ変換が適用されるのが一般的である．

MT 法のインピーダンスはテンソル量であり，大地が 2 次元あるいは 3 次元であれば，式 (4.53) を座標回転することにより、様々な方向の値が求められる．大地が 1 次元であれば，互いに直交する 2 方向を x と y とすると，座標系の向きによらず，$Z_{xx} = Z_{yy} = 0$ および $Z_{xy} = -Z_{yx}$ となる．また，大地が 2 次元の場合，大地の走向を x とし，それに直交する方向を y とすると，$Z_{xx} = Z_{yy} = 0$，$Z_{xy} \neq -Z_{yx}$ となる．このとき，Z_{xy} を **TE モード** (E-polarization) のインピーダンスと呼び，Z_{yx} を **TM モード** (H-polarization) のインピーダンスと呼ぶ．すなわち，TE モードの Z_{xy} は走向に沿った電場 E_x とそれに直交する磁場 H_y から求まり，TM モードの Z_{yx} は走向に沿った磁場 H_x とそれに直交する電場 E_y から求まる．

TE モードおよび TM モードの見掛比抵抗と位相は，次式で計算される．

$$\rho_{xy} = \frac{1}{5f}\left|Z_{xy}\right|^2 = \frac{1}{5f}\left|\frac{E_x}{H_y}\right|^2 \ , \Phi_{xy} = \tan^{-1}\left\{\frac{\mathrm{Im}\left(Z_{xy}\right)}{\mathrm{Re}\left(Z_{xy}\right)}\right\} \tag{4.54}$$

$$\rho_{yx} = \frac{1}{5f}\left|Z_{yx}\right|^2 = \frac{1}{5f}\left|\frac{E_y}{H_x}\right|^2 \ , \Phi_{yx} = \tan^{-1}\left\{\frac{\mathrm{Im}\left(Z_{yx}\right)}{\mathrm{Re}\left(Z_{yx}\right)}\right\} \tag{4.55}$$

ただし，電場の単位は mV/km，磁場 (厳密には磁束密度) の単位は nT である．

MT 法では，測定された電場と磁場の時系列データをフーリエ変換し，周波数毎の電磁場応答に変換する．各方向の電磁場の周波数応答は，見掛比抵抗の計算に使われる次に示す 4 つの**インピーダンス** (電場と磁場の比) に変換される．

$$Z_{xx} = \frac{\langle E_x N^*\rangle\langle H_y M^*\rangle - \langle E_x M^*\rangle\langle H_y N^*\rangle}{\langle H_x N^*\rangle\langle H_y M^*\rangle - \langle H_x M^*\rangle\langle H_y N^*\rangle} \tag{4.56}$$

$$Z_{xy} = \frac{\langle E_x N^*\rangle\langle H_x M^*\rangle - \langle E_x M^*\rangle\langle H_x N^*\rangle}{\langle H_y N^*\rangle\langle H_x M^*\rangle - \langle H_y M^*\rangle\langle H_x N^*\rangle} \tag{4.57}$$

$$Z_{yx} = \frac{\langle E_y N^*\rangle\langle H_y M^*\rangle - \langle E_y M^*\rangle\langle H_y N^*\rangle}{\langle H_x N^*\rangle\langle H_y M^*\rangle - \langle H_x M^*\rangle\langle H_y N^*\rangle} \tag{4.58}$$

$$Z_{yy} = \frac{\langle E_y N^*\rangle\langle H_x M^*\rangle - \langle E_y M^*\rangle\langle H_x N^*\rangle}{\langle H_y N^*\rangle\langle H_x M^*\rangle - \langle H_y M^*\rangle\langle H_x N^*\rangle} \tag{4.59}$$

ここで，〈 〉は有限幅での周波数帯域の平均を表し，添字＊は各電磁場応答の**複素共役**成分を表す．また，N, M は H_x, H_y, E_x, E_y のうちから任意に選べるが，N には H_x，M には H_y を選ぶ場合が多い．**リモートリファレンス処理**の場合は，遠方のリファレンス点での磁場を使って，以下の式からインピーダンスを計算する．

$$Z_{xx} = \frac{\langle E_x H_{xr}^* \rangle \langle H_y H_{yr}^* \rangle - \langle E_x H_{yr}^* \rangle \langle H_y H_{xr}^* \rangle}{\langle H_x H_{xr}^* \rangle \langle H_y H_{yr}^* \rangle - \langle H_x H_{yr}^* \rangle \langle H_y H_{xr}^* \rangle} \tag{4.60}$$

$$Z_{xy} = \frac{\langle E_x H_{xr}^* \rangle \langle H_x H_{yr}^* \rangle - \langle E_x H_{yr}^* \rangle \langle H_x H_{xr}^* \rangle}{\langle H_y H_{xr}^* \rangle \langle H_x H_{yr}^* \rangle - \langle H_y H_{yr}^* \rangle \langle H_x H_{xr}^* \rangle} \tag{4.61}$$

$$Z_{yx} = \frac{\langle E_y H_{xr}^* \rangle \langle H_y H_{yr}^* \rangle - \langle E_y H_{yr}^* \rangle \langle H_y H_{xr}^* \rangle}{\langle H_x H_{xr}^* \rangle \langle H_y H_{yr}^* \rangle - \langle H_x H_{yr}^* \rangle \langle H_y H_{xr}^* \rangle} \tag{4.62}$$

$$Z_{yy} = \frac{\langle E_y H_{xr}^* \rangle \langle H_x H_{yr}^* \rangle - \langle E_y H_{yr}^* \rangle \langle H_x H_{xr}^* \rangle}{\langle H_y H_{xr}^* \rangle \langle H_x H_{yr}^* \rangle - \langle H_y H_{yr}^* \rangle \langle H_x H_{xr}^* \rangle} \tag{4.63}$$

4.4.4　TEM 法の基礎理論

時間領域電磁法である TEM 法は，電流遮断後の電磁場の**過渡応答**から地下の比抵抗構造を推定する探査法で，主に金属鉱床などの探査に利用されている．ループソースを使った TEM 法では，通常は地上にループを設置して，受信点で磁場の過渡応答の測定を行なう．地表に設置した送信ループに電流を流して急激に遮断すると，それまでの磁場を維持する方向に**渦電流**が生じる．この渦電流は煙の輪のように拡散していくので，**スモークリング** (smoke ring) と呼ばれている (図 4.33)．

地下が均質な場合，この現象は次の単純な１次元**拡散方程式**で記述できる．

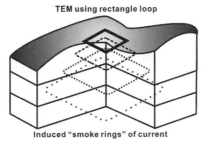

図 4.33　地中に拡散するスモークリング状の渦電流

$$\frac{\partial^2 E}{\partial z^2} - \mu\sigma\frac{\partial E}{\partial t} = 0 \tag{4.64}$$

ここで，E は水平方向の電場，μ は大地の透磁率，σ は大地の導電率，t は時間である．

この式の解は深度 z と時間 t に依存し，ある深さで振幅が最大となる．その時の深度を**時間領域電磁法の透入深度**と呼び，周波数領域電磁法のスキンデプスに相当する探査深度の目安となる．時間領域電磁法の透入深度 z_{max} は次式となる．

$$z_{max} = \sqrt{\frac{2t}{\mu\sigma}} \tag{4.65}$$

最初に，地下が均質な導電率 σ を持つ場合の理論式を示す．図 4.34 のような，地上に置かれた半径 a のループソースによる点 P での鉛直方向の磁場 H_z は，次式となる．

$$H_z(r) = Ia\int_0^\infty \frac{\lambda^2}{\lambda + u(\omega)} J_1(\lambda a) J_0(\lambda r) d\lambda \tag{4.66}$$

$$u(\omega) = \sqrt{\lambda^2 + i\omega\mu_0\sigma - \mu\varepsilon\omega^2} \tag{4.67}$$

ここで，r はループの中心から観測点までの距離，I は送信電流，λ は積分変数，J_1 および J_0 はそれぞれ，次数 1 と次数 0 の第 1 種ベッセル関数である．また，μ_0 は真空の透磁率，ε は地下の誘電率，ω は角周波数である．

次に，半径 R の同心円のループ (図 4.35) に誘起される起電力 V を求める．ループに生じる起電力 V は，式 (4.65) の磁場を円周方向 ϕ および半径方向 r について積分することで，次式のように得られる．

$$V(\omega) = -i\omega\mu_0 \int_0^R \int_0^{2\pi} H_z(r) r d\phi dr \tag{4.68}$$

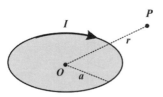

図 4.34　半径 a のループソースによる磁場

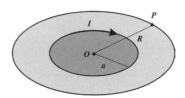

図 4.35　半径 R の受信コイルに誘導される起電力

受信ループの半径 R と送信ループの半径 a が一致する**コインシデントループ** (coincident loop) の場合，その起電力 V は，次式となる．

$$V(\omega)_{coincident} = -i\omega\mu_0 \int_0^a \int_0^{2\pi} H_z(r) r d\phi dr$$

$$= -2\pi a^2 i\omega\mu_0 I \int_0^\infty \frac{\lambda}{\lambda + u(\omega)} [J_1(\lambda a)]^2 d\lambda \tag{4.69}$$

上記の周波数領域の起電力から時間領域の起電力を求めるため，**複素周波数** $s(=i\omega)$ を使って変形すると，次式となる．

$$V(s)_{coincident} = -2\pi a^2 s\mu_0 I \int_0^\infty \frac{\lambda}{\lambda + u(s)} [J_1(\lambda a)]^2 d\lambda \tag{4.70}$$

$$u(s) = \sqrt{\lambda^2 + \mu_0 \sigma s + \mu\varepsilon s^2} \tag{4.71}$$

時間領域の**ステップ応答** (step response) は，次式のように複素周波数領域の応答をラプラス逆変換することで求められる．

$$V(t)_{coincident} = \mathcal{L}^{-1}[V(s)_{coincident}/s]$$

$$= -2\pi a^2 \mu_0 I \int_0^\infty \mathcal{L}^{-1}\left[\frac{1}{\lambda + u(s)}\right] \lambda [J_1(\lambda a)]^2 d\lambda \tag{4.72}$$

なお，数値ラプラス逆変換のアルゴリズムには様々な種類があるが，実数計算だけでラプラス逆変換が可能な Gaver-Stehfest 法などが有効である．

次に，多層構造中に置かれた**コインシデントループ**によるステップ応答の理論式を示す．図 4.36 のような，多層構造中に置かれたコインシデントループを考える．この図では，ループソースを基準として上層を j 層，下層を i 層とし，上層には M 層，下層には N 層の層があると仮定している．

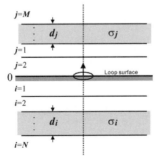

図 4.36　多層構造中にコインシデントループが存在する TEM 法の 1 次元モデル

以下に複素周波数 s に基づくステップ応答を示す[4k]. 複素周波数を用いると, 多層構造中のコインシデントループによるステップ応答は次式となる.

$$V(s) = 2\pi I a^2 \int_0^\infty \left(\frac{P_1 Q_1}{P_1 + Q_1}\right) \lambda [J_1(\lambda a)]^2 d\lambda \tag{4.73}$$

ここで, V はループ中に生じる起電力, I はループに流れる電流, a はループ半径, J_1 は次数 1 の第 1 種ベッセル関数, λ は積分変数である. なお, 式 (4.73) 中の係数 P_1 と Q_1 は, 次の漸化式によって求められる.

$$Q_i = \frac{\mu_0}{\theta_i}\left[\frac{\theta_i Q_{i+1} + \mu_0 \tanh(\theta_i d_i)}{\mu_0 + \theta_i Q_{i+1}\tanh(\theta_i d_i)}\right] \quad (i = N, N-1, \dots, 1) \tag{4.74}$$

$$P_j = \frac{\mu_0}{\theta_j}\left[\frac{\theta_j P_{j+1} + \mu_0 \tanh(\theta_j d_j)}{\mu_0 + \theta_j P_{j+1}\tanh(\theta_j d_j)}\right] \quad (j = M, M-1, \dots, 1) \tag{4.75}$$

ここで, μ_0 は真空の透磁率, θ_i と θ_j はそれぞれループ位置を基準とした下層と上層でのパラメータであり, 次式で求められる.

$$\theta_i^2 = \lambda^2 + s\mu_0\sigma_i \tag{4.76}$$

$$\theta_j^2 = \lambda^2 + s\mu_0\sigma_j \tag{4.77}$$

ここで, σ_i と σ_j はそれぞれ, 下層および上層での導電率である. また最上層が空気層の場合は, $\sigma_M = 0$ となるので, 次式で θ_M を決定する.

$$\theta_M^2 = \lambda^2 + s^2\mu_0\varepsilon_0. \tag{4.78}$$

なお, 式 (4.73) 中の係数 Q_1 および P_1 は, $Q_N = \mu_0/\theta_N$ および $P_M = \mu_0/\theta_M$ から計算を開始し, 式 (4.74) と (4.75) の漸化式を使って求められる. 時間領域のステップ応答は, 先程と同様に複素周波数領域の応答を数値ラプラス逆変換することで求められる.

4.4.5　流体流動電磁法の理論式

流体流動電磁法は, 地下流体の流動時に生じる流動電流に起因した電磁場を測定する地下流体のモニタリング探査法である. ここでは, 地下に単純な電流源 (点電極) が存在する場合の電磁場を求める. なお, 複数の電流源がある場合には, 各電流源による電磁場を重ね合わせることで全体の電磁場を計算できる.

図 4.37 のように, 地中に電極 C (点電流源) があるとし, 電流値を I とすると, 大地の比抵抗値が均質であれば, 電流は電極 C から放射状に流れる. このとき,

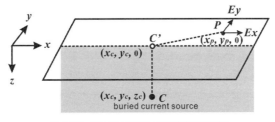

図 4.37 　地中の点電極による地表面の電場

電極 C から距離 $r[m]$ だけ離れた測定点 P での電位 $V[V]$ は，

$$V = \frac{\rho I}{2\pi r} \tag{4.79}$$

となる．

次に，図 4.37 のように測定点 P の座標を $(x_p, y_p, z_p = 0)$，電極点 C の座標を (x_c, y_c, z_c) とすると，CP 間の距離 r は，

$$r = \sqrt{(x_p - x_c)^2 + (y_p - y_c)^2 + z_c^2} \tag{4.80}$$

となる．よって，これを式 (4.79) に代入すると，

$$V = \frac{\rho I}{2\pi \sqrt{(x_p - x_c)^2 + (y_p - y_c)^2 + z_c^2}} \tag{4.81}$$

となる．電場ベクトル E は電位の勾配 ($E = \text{grad } V$) なので，電場 E の x 成分 E_x は，

$$E_x = -\frac{\partial V}{\partial x_p} = \frac{\rho I (x_p - x_c)}{2\pi \left\{ (x_p - x_c)^2 + (y_p - y_c)^2 + z_c^2 \right\}^{\frac{3}{2}}} \tag{4.82}$$

となる．同様に y 方向の電場成分 E_y は，

$$E_y = -\frac{\partial V}{\partial y_p} = \frac{\rho I (y_p - y_c)}{2\pi \left\{ (x_p - x_c)^2 + (y_p - y_c)^2 + z_c^2 \right\}^{\frac{3}{2}}} \tag{4.83}$$

となる．

点電流源による磁場 (磁束密度) は，地中に存在する点電極 (図 4.38 左) と等価な，半無限長の**電流フィラメント** (図 4.38 右) を用いることで計算が可能に

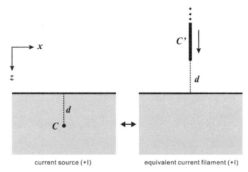

図 4.38 点電極と等価な半無限長の電流フィラメント

なる．図 4.37 の測定点 P での磁束密度および磁束密度の水平成分は，次式となる．

$$B = \frac{-\mu I}{4\pi \sqrt{(x_p - x_c)^2 + (y_p - y_c)^2}} \left(1 - \frac{z_c}{\sqrt{(x_p - x_c)^2 + (y_p - y_c)^2 + z_c^2}}\right) \quad (4.84)$$

$$B_x = \frac{-\mu I(y_p - y_c)}{4\pi \{(x_p - x_c)^2 + (y_p - y_c)^2\}} \left(1 - \frac{z_c}{\sqrt{(x_p - x_c)^2 + (y_p - y_c)^2 + z_c^2}}\right) \quad (4.85)$$

$$B_y = \frac{-\mu I(x_p - x_c)}{4\pi \{(x_p - x_c)^2 + (y_p - y_c)^2\}} \left(1 - \frac{z_c}{\sqrt{(x_p - x_c)^2 + (y_p - y_c)^2 + z_c^2}}\right) \quad (4.86)$$

なお，均質比抵抗の場合は，鉛直方向の電流フィラメントによる鉛直磁場 B_z は生じないが，比抵抗が不均質で水平方向の電流に偏りが生じれば，鉛直磁場が発生する．

4.5 電磁探査のケーススタディ

4.5.1 不発弾の電磁探査

不発弾は英語の略称で **UXO**(Une**X**ploded **O**rdnance) と呼ばれ，爆弾や砲弾が何らかの原因で爆発せずに地中に埋まっているものを指す．不発弾の外部は鉄製なので，不発弾の探査には**磁気探査**が有効であるが，導電性が高い鉄製品でできていることを利用した**電磁探査**も，よく用いられている．

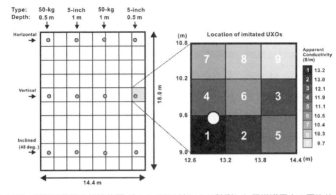

図 4.39 模擬不発弾の埋設位置 (左) と TEM 法により計測した見掛導電率の平均値 (右)

　ここでは，小規模なコインシデントループを使った **TEM 法**で**模擬不発弾**を探査した実験例を紹介する．模擬不発弾は，不発弾探査の効率化を実施するために，九州大学伊都キャンパスの野外実験フィールドに埋設したものである．野外実験フィールドでは，50 キロ爆弾 (直径 20.8 cm，長さ 80 cm) および 5 インチ砲弾 (直径 12.5 cm，長さ 50 cm) を模擬した鉄製の砲弾モデルが埋設されている (図 6.37 参照)．埋設深度および埋設方向は，図 4.39 左に示す．最初に，この調査地区を 1.8 m 四方のループを使って TEM 法による調査を実施した．その結果，磁気探査では検出が難しいとされる 5 インチ砲弾の場所を含めて，全ての模擬不発弾の位置に高導電率の異常を検出できた．さらに，ループを 0.6 m 四方にした詳細な実験では，5 インチ砲弾が埋設されている位置で最も大きな導電率を検出し，小規模ループを使った TEM 法による不発弾探査が可能なことを確認した (図 4.39 右)．

4.5.2　地熱貯留層の電磁探査

　火山は，時として**噴火**や**火砕流**などの大きな災害をもたらす．しかしその一方で，火山の下部にあるマグマの活動は，火山周辺の地下に熱水系を形成し，**温泉**や**地熱エネルギ**という恩恵をもたらす．日本はアメリカ，インドネシアに次ぐ世界第 3 位の地熱ポテンシャルを持ち，地熱発電を目的とした地熱探査が活発に行なわれてきた．地熱探査の初期には，**自然電位法**や**比抵抗法**などの電気探査が主要な役割を果たしたが，現在では電磁探査が中心的な役割を果たし

ている.特に,自然の電磁場変動を利用した**MT 法**は,地熱探査の標準的な探査法と考えられている.

一般的に,含水した岩石の比抵抗は,岩石の孔隙率と地層水の比抵抗に依存している.また,地層水の比抵抗は温度にも依存するので,比抵抗分布から温度分布の推定が期待できる.また,熱水変質帯や断層構造は,その周辺に存在する地熱貯留層と深い関連があるので,比抵抗分布から地熱構造に関する情報が期待できる.このような観点から,地下数 km までの比較的深部の探査が可能な MT 法が,地熱探査に使われる場合が多い.

大地溝帯 (Great Rift Valley) は,アフリカ大陸東部を南北に縦断する巨大な谷で,プレート境界の1つである.大地溝帯の谷は幅が 35 〜 100 km で,その名の通り落差 100 m を超える急な崖が随所にある.狭義の大地溝帯は,エチオピアを南北に走る高原地帯から,ズワイ湖,シャーラ湖,チャモ湖,トゥルカナ湖を経てタンザニアへと至り,東リフト・バレーとも呼ばれる.この大地溝帯の形成は,約 1,000 万〜 500 万年前から始まったと考えられている.大地溝帯の形成には,地球内部の**マントル対流**が関与し,大地溝帯周辺は地殻熱流量が高いことがわかっている.このように,エチオピアの大地溝帯周辺は世界でも有数な地熱地帯である.ここでは,エチオピアのシャーラ湖北部にある Aluto-Langano 地熱地帯で実施された **MT 探査**の例を紹介する.Aluto-Langano 地熱地帯は,大地溝帯内部の2つの湖に挟まれたカルデラ状の台地に位置している (図 4.40 左).

Aluto-Langano 地熱地帯では,国際協力事業団の援助により,地熱構造の把

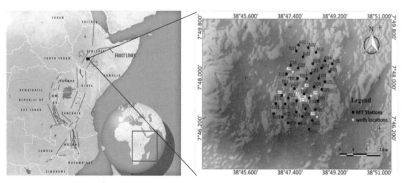

図 4.40 エチオピアの Aluto-Langano 地熱地帯の位置 (左) と MT 法の測点配置 (右)

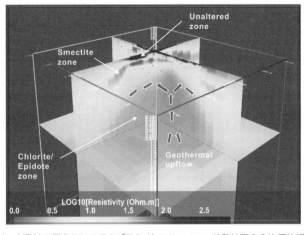

図 4.41　MT 法で得られたエチオピアの Aluto-Langano 地熱地帯の 3 次元比抵抗構造

握を目的とした MT 法探査が 2009 年から実施された．この地区では，約 700 m 間隔の格子状に測点を配置し，40 点での MT 計測が実施された (図 4.40 右)．これらの全ての MT データを用いて 3 次元インバージョンを実施した結果，この地域の 3 次元的な比抵抗構造が推定された．ここでは，調査地区中央部を東西と南北に横切る 2 つの比抵抗断面を図 4.41 に示す．この地域の比抵抗構造は大きく 3 つの領域に分類できる．1 つめの領域は，地表付近に存在する 100 Ωm 以上の**高比抵抗領域**である．2 つめの領域は，その下部の約 500 m 深度に存在する 10 Ωm 以下の**低比抵抗領域**である．この低比抵抗領域は，地熱貯留層の貯留構造には不可欠な，透水性の低い**熱水変質帯**と考えられている．3 つめの領域は，さらにその下部にある 20 〜 60 Ωm の**中程度の比抵抗**を持つ領域である．この領域は，坑井で得られた温度情報や地質情報などから，熱水の上昇域と考えられている．このように，Aluto-Langano 地熱地帯では，大規模な熱水系が存在すると推定され，今後の地熱開発が期待できる．

4.5.3　地下水の電磁探査

地下の比抵抗構造は，岩石や土壌に含まれる水の比抵抗に強く影響を受ける．そのため，帯水層中に含まれる地下水の探査には，比抵抗を計測できる比抵抗法や各種の電磁探査法が利用される場合が多い．特に電磁探査は，低比抵

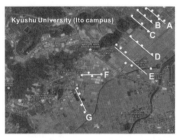

図 4.42　TEM 法の測点配置 (左) と地下水探査の測定作業 (右)

抗の地質構造に対する感度が高く，その検出能力に優れている．ここでは時間領域電磁法である **TEM 法**を用いた**地下水探査**の例を紹介する．

　沿岸域の地下水では，淡水中に海からの塩水が浸入すること **(塩水化)** があり，侵入した海水の分布形状から**塩水くさび**と呼ばれている．九州大学伊都キャンパスがある福岡市西区・元岡地区は，生活用水の大部分を地下水に依存し，地下水をビニールハウスの栽培用水や水田灌漑用水として利用している．この地区の平野部は海岸に近く，すでに地下水の塩水化により農作物が被害を受けている地域もある．そこで，九州大学周辺の地下水の状態を把握する目的で，TEM 法を用いた地下水探査が実施された．

　図 4.42 左は，2014 年に実施した測点の位置図である．伊都キャンパスの西部の平野部を中心に 29 測点で，15 m 四方の矩形ループを使った TEM 法を実施した．その結果，沿岸部に近い測定点の一部で，塩水化の影響と考えられる低比抵抗層を検出した．図 4.43 は，低比抵抗層が検出された測点の一例で，

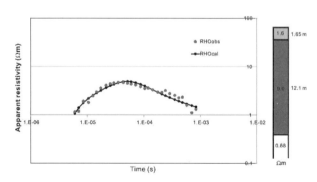

図 4.43　TEM 法による地下水探査の結果 (D-4 測点)

左図がTEM法の見掛比抵抗曲線で，右図は解析された比抵抗構造である．この測点では，3層の多層構造として解析しているが，最下層の比抵抗が，塩水の比抵抗に近い 0.68 Ωm と解析されていて，地下水の塩水化の可能性を示唆している．

4.5.4　金鉱床の電磁探査

　火山が誕生して十分な時間が経過すると，マグマの熱で温められた地下水が大規模に循環し始める．この熱水にマグマから分離した金を含む熱水が加わり，地下の岩盤の割れ目を通って地表に湧き出そうとする途中で，金は石英と共に割れ目に沈殿し，金を含んだ**石英脈**ができる．このような場所を**金鉱床**という．金鉱床ができて，さらに時間が経過すると，地表が風化・浸食を受けて，**含金石英脈**が地表に現れる．石英脈が地表に現れていない場合は，物理探査やボーリング調査などにより，金の品位や埋蔵量を調べて，経済的に開発可能かどうかを判断する．金は地殻に平均で 0.0015 ppm 含まれるが，金だけを採掘対象とする場合は 0.2 ppm 程度の品位が必要となる．

　菱刈鉱山は，鹿児島県伊佐市の菱刈地区東部にある**日本最大の金鉱山**である．1981 年に発見された金鉱脈は，住友金属鉱山により 1985 年から採鉱が行われている．菱刈鉱山における金の埋蔵量は 250 t と推定されている．また菱刈鉱山の金鉱石は高品位という特徴があり，通常の金鉱石の品位が数 g/t であるのに対し，鉱山の平均でも約 30 〜 40 g/t と非常に品位が高く世界最高水準

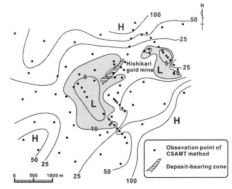

図 4.44　菱刈鉱山周辺の CSAMT 法による 128 Hz の見掛比抵抗分布 [41]

である．この鉱脈は，前述のマグマの活動に伴う熱水の活動によって形成されたと推定されている．含金石英脈である金鉱床自体は高比抵抗であるが，その規模と探査分解能の関係から，個々の石英脈自体を地表から探査することは難しい．ただし，石英脈を含む金鉱床の周囲に発達した粘土化変質帯 (低比抵抗) や珪化変質帯 (高比抵抗) は，鉱脈より規模が大きいため地表からの探査が可能である．

ここでは金鉱床の電磁探査の例として，菱刈鉱山周辺で実施された**CSAMT法**による探査結果を示す (図 4.44)．この図は 128 Hz での見掛比抵抗の平面図である．見掛比抵抗と周波数から計算できる**スキンデプス**から判断すると，この平面図は深度 100 〜 200 m での見掛比抵抗分布を表している．この図から，金鉱床周辺に発達していると思われる**低比抵抗帯**が，菱刈鉱山を挟むように分布していることがわかる．

4.5.5 遺跡の電磁探査

遺跡探査には，**地中レーダ**や**磁気探査**が使われることが多いが，探査対象が鉄や銅でできた金属製の埋設物であれば**電磁探査**も有効な手段となる．ループ・ループ法は，既知の 1 次磁場を地盤への入力信号とし，2 次磁場を受信信号として観測することで地盤の導電率分布を推定する方法である．この電磁探査に使うループの大きさは，探査対象の大きさや深度によって異なるが，地表付近の浅層探査に特化した，小規模ループを用いた携行型電磁探査装置がある．この装置で使用するループ電流の周波数は 10 kHz 前後で，主に 5 m より浅い**地下浅部**を対象とした，遺跡調査・不発弾調査・地下水調査・環境調査などに利用される．

ここでは，**遺跡探査**の応用例として携行型電磁探査装置を用いた調査結果を示す．福岡県太宰府市にある**大宰府政庁跡**は，奈良時代や平安時代に九州全体の行政や軍事・外交を担当した地方最大の役所であり，多くの下部組織を持っていた．そのうちの 1 つが蔵司であり，九州各地より税として収められる特産品や布などの管理を行なっていた．古代大宰府の蔵司があった場所は，大宰府政庁跡の西に隣接した地域と考えられている．この蔵司地区は，大宰府政庁跡とともに**国の特別史跡**に指定されている．ここでは，蔵司地区南部の C 地

 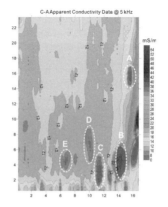

図 4.45 大宰府蔵司地区の調査地区とループ・ループ法探査による見掛導電率分布

区で実施した電磁探査 (使用周波数は 5 kHz) の結果を，図 4.45 に示す．探査対象は，大型の建物跡の可能性を示す**礎石**である．図 4.45 右によると，局所的な**低導電率 (高比抵抗) 異常**が数箇所 (図中の A～E) 検出されている．ただし，どの低導電率異常も周囲の導電率に比べて差が小さく，礎石の可能性を強く示唆する結果にはならなかった．発掘作業後の検証の結果，図中の C および D の異常域については礎石が発見された場所とほぼ一致しているが，その他の異常域については礎石と無関係な場所となっている．これらの異常域は，土壌の含水分布の違いや小石などの自然の異物によるものと解釈された．

〈コラム 4B〉真夏の方程式：湯川学の海洋電磁法

　『真夏の方程式』は，東野圭吾の推理小説です．この小説は，TV シリーズ「探偵ガリレオ」の劇場用映画として公開されていたので，見た人も多いかもしれません．この映画の中で天才的頭脳を持つ主人公の物理学者・湯川学 (帝都大学理工学部・准教授) は，海底資源の採掘のための電磁探査に関するアドバイザーを依頼されて，美しい海が広がる玻璃ヶ浦に行くことになります．彼は緑岩荘という旅館に滞在するのですが，この旅館のネーミングは何となくマントルを構成する緑色のカンラン岩を想像させます．小説は科学技術と環境保護の対立を横軸に，過去の殺人事件の謎解きが縦軸になるのですが，それ以上はネタバレになるので説明できません[C14]．

　この物語の中で，実在の海洋研究開発機構 (略称ジャムステック) を想起させるデスメックという架空の政府機関のことが書かれています．このデスメックのシンポジウムに招かれた湯川学は，次のような発言をします．「僕は**新方式**

の電磁探査法を提案したが，……」．小説でも映画でも，この新方式の電磁探査法のことは，ストーリーと余り関係がないので詳しく説明されませんが，偶然にも新方式の電磁探査法を開発中である著者は，この映画を見たときにかなり驚きました．天才的頭脳の持ち主である湯川学が，どのような新方式の電磁探査を考案したのかを是非知りたいと思いました．

図 4B　著者らが開発中の自立型海洋電磁探査システム (MaMTA) の完成予想図

第5章
重力探査

"神はすべてを数と重さと尺度から創造された"
アイザック・ニュートン

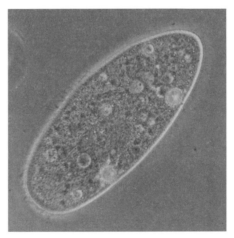

ゾウリムシの一種[5a]
(Paramecium, 学名：*Paramecium Aurelia*)

ゾウリムシは，草履のような形に見える繊毛虫の総称で，単細胞生物としては有名な微生物です．ゾウリムシは，顕微鏡で微生物の存在を初めて発見したオランダのレーウェンフック (Leeuwenhoek) によって，17世紀末に発見されました．水中微生物の多くは，重力に逆らって水面付近に集まる特性があり，これを負の走地性といいます．テントウムシやカブトムシなども，重力と反対方向に移動する負の走地性があります．ただし，サカサナマズのように重力を無視してお腹を上にして泳ぐ特殊な魚もいます．ところで，微生物や昆虫は，体のどの部分で重力を感じているのでしょうか．重力の感受機構が詳しく解明されれば，精度の高い小型の重力センサが開発できるかもしれません．単細胞の微生物と言っても侮れません．微生物仲間のミドリムシは，栄養補助食品としてクッキーになっているし，石油のような炭化水素も生成できるようです．地球環境の激変が予想される今世紀ですが，ひょっとすると微生物が世界を救うかもしれません．

5.1 重力探査の物理学

5.1.1 物質の質量と重さ

誤解を恐れずに言えば，**質量** (mass) とは物の動かしにくさのことである．静止している大きな質量の物を動かし始めるには，大きな力が必要となるし，逆に動きを止めるには大きな力が必要となる．**重さ** (weight) と質量は混同される場合が多いが，異なる概念である．物体の重さとは，その物体が受ける重力の大きさを表し，**重力** (gravity) が異なる場所では，同じ物体でもその重さは異なる．しかし，どちらの場合もその物体の質量は同じである．例えば，月の重力は地球の重力の約 1/6 なので，同じ物体なら質量は変わらないが重さは 1/6 となる (図 5.1)．

図 5.1　地球と月での重さの違い

物質の質量については解明されていないことも多いが，理論物理学では**ヒッグス粒子** (Higgs boson) が質量を与える役割を担っていると考えられている．宇宙の始まり当初は全ての素粒子の質量がゼロで，光速で自由に動き回っていた．ところが宇宙がある温度以下に冷えると，ヒッグス粒子が現れて宇宙を満たすようになった．それまで自由に飛び回っていた素粒子は，このヒッグス粒子と相互作用を起こすことで質量を獲得したと考えられている．例えは悪いが，粘性の高い蜂蜜のようなヒッグス粒子の海の中で物体が動こうとしたときに，物体の移動を妨げる抵抗力が質量の概念に近い．

5.1.2 万有引力

17 世紀後半，イギリスのニュートン (Newton) がプリンキピア第 3 巻で，後に**万有引力** (universal gravitation) の法則と呼ばれる引力に関する法則を発表し

図 5.2　2つの物体間に働く力 (万有引力)

た．リンゴのような物体が地表に向かって落下する現象自体は，もちろんニュートン以前から知られていたが，ニュートンの功績はその引力が2つの物体 (リンゴと地球) の間に働き，しかもその大きさを数式で示したことである．2つの物体間に働く力 F(図 5.2) は，物体の質量に比例し，物体間の距離の2乗に反比例する．この関係を数式で表すと次式となる．

$$F = |\boldsymbol{F}_1| = |\boldsymbol{F}_2| = G\frac{m_1 m_2}{r^2} \tag{5.1}$$

ここで，F は物体間に働く引力，m_1 と m_2 は2つの物体の質量，$\boldsymbol{F}_1$ と $\boldsymbol{F}_2$ は2つの物体に働く引力ベクトル，r は2つの物体間の距離，G は**万有引力定数** (6.67384×10^{-11} m^{3}kg^{-1}s^{-2}) である．

5.1.3　物質の密度

物質の**密度** (density) は，単位体積当りの質量である．密度の単位は SI 単位系では kg/m^3 であるが，通常は cgs 単位系である g/cm^3 がよく使われる．密度には3つの種類がある．**真密度** (true density) とは，固体自身が占める体積だけを用いて計算する密度のことである．この体積には，表面細孔や内部の空隙を含めない．**見掛密度** (apparent density) とは，固体自身と内部空隙を体積と

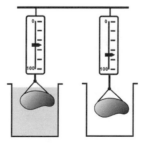

図 5.3　浮力を使った物質の密度の測定

した場合の密度のことであり，固体自身の体積と内部空隙の体積を含める．ただし，この体積には表面細孔を含めない．**かさ密度** (bulk density) とは，固体自身，細孔と内部空隙を体積とした場合の密度のことであり，この体積には，固体自身の体積，細孔の体積，内部空隙の体積の3種類の体積が含まれる．

水中で物体に働く**浮力** (buoyancy) は，物体が沈むことによって水を押しのけている領域における水の重量と同じ大きさで，力の向きが重力の向きと反対になる．これは**アルキメデスの原理**と呼ばれている．この原理を利用して，以下の手順で物質の密度を比較的簡単に測定することができる．

(1) バネ秤を使って試料の質量を空中で測定する (図 5.3 右)．
(2) 資料を水に沈めて重さの変化を測定する (図 5.3 左)．この場合，資料の質量の減少量は浮力の大きさに等しく，浮力の大きさ (岩石が押しのけた水の重さ) から岩石の体積が計算できる．
(3) このようにして求めた質量と体積の比から，岩石の密度を計算する．

5.1.4 重力加速度

地球上の平均的な重力加速度は約 $9.8\,\mathrm{m/s^2}$ で，**地球の自転**による**遠心力** (centrifugal force) の影響で赤道上と極では約 0.5 % の差がある (図 5.4)．例えば，**北極**で 50 kg だった人が**赤道**上で体重を測ると，50 kg の約 0.5 %，250 g 減ったように測定される．そのため，体重計などでは場所による重力加速度の違いを補正して，地球上のどこでも同じ質量が測れるようにしている．厳密に言えば，重力は高さによっても変化し，地球の重心から 1 m 離れると，約 $3\times10^{-6}\,\mathrm{m/s^2}$ だけ重力加速度が小さくなる．

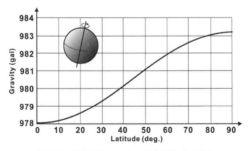

図 5.4　緯度の違いによる重力加速度の変化

5.2 重力探査の地球物理学

5.2.1 地球の形と大きさ

　人類が地球に関心を持って以来，地球の形と大きさは人類の探究心を揺さぶる主題の1つであろう．地球が丸い曲率を持っていることは，人類が船で遠くまで航海できるようになって知ることになった．紀元前220年頃には，ギリシャの学者である**エラトステネス** (Eratosthenes) が初めて地球の大円の長さを測定した．エラトステネスの業績は文献学・地理学を始め多岐にわたるが，特に数学と天文学の分野で大きな業績を残した．エラトステネスは地球の大きさを初めて測定した人物として，また素数の判定法を発明したことで知られている．エラトステネスは地球の経線に沿った**アレキサンドリアとシエネ**の2地点で太陽の南中時間での高度角を測り，この2地点の緯度差と距離から地球の円周を計算した(図5.5)．この最古の方法での計算結果は，現在の単位に換算して約 **46,000 km**(25,000 スタジア) となり，現在知られている **40,000 km** と大きく違わない結果だった．地球の形は，ほとんど球形と考えてもよい．しかし18世紀頃になると，実用に迫られて発展した測量学による精密な測量結果は，地球を単純な球とする仮定では説明できなくなった．そこで複雑な形の楕円体を想定し，立体的に偏平な回転楕円体を地球の形と考えるようになった．

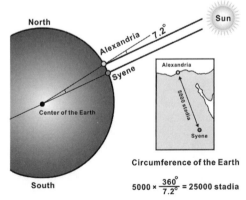

図 5.5　エラトステネスによる地球の大きさの計算法

5.2.2 引力と重力

引力 (gravitation) と**重力** (gravity) は混同されて使われる場合が多いが，明確な違いがある．引力は，ニュートンの万有引力の法則で示されるように，2つの物質の間に働くグローバルな力で，2つの物質の質量に比例し，逆2乗則と呼ばれるように2つの物質の間の距離の2乗に反比例する．一方の重力は地球上でのローカルな力であり，地球の質量による引力と地球の自転による遠心力の合力として表される．高校物理の教科書では便宜上，重力は地球上どこでも同じと習うが，実際はそうではない．

地球の自転による**遠心力** (centrifugal force) は，自転軸からの距離によって変わるので，緯度によってその値が変わる (図 5.6)．赤道では回転半径が赤道半径と等しいため遠心力が最も大きく，その大きさは引力の 1/300 程度となる．最も遠心力の小さい地点は自転軸と重なる北極点および南極点で，遠心力は 0 となる．つまり，重力は両極点で最大の値となり，遠心力が引力と逆向きに働く赤道で最小の値となる．

地球の引力自体も厳密に言えば一定ではない．地球は様々な物質で構成されていて，鉛直方向にも水平方向にも密度は変化している．地球は大きく分けて**地殻**，**マントル**，**核**の3つに分けられるが，それぞれ**密度**が大きく異なる (図 5.7)．地球の密度は地球の中心部の核で最も大きく，地表付近の地殻が最も小さくなっている．鉛直方向だけの密度変化なら，引力の大きさは場所によって変化しない．しかし，規模の大小はあるが水平方向にも密度が変わるため，場

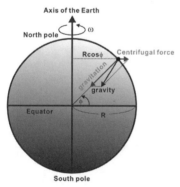

図 5.6 地球の自転と重力

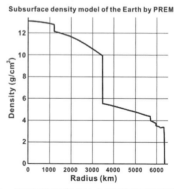

図 5.7 地球標準モデルによる地球内部の密度構造 [5b]

所によって引力そのものが変化する．例えば断層のように水平方向に大きな地層の段差があれば断層を挟んで引力が変化するし，鍾乳洞のような地下の空洞は周囲の岩石と比べて密度が小さいので，空洞上部では引力が小さくなる．

また，地球の重心位置も厳密に言えば一定ではない．地球の重心は，海洋，降雪，陸水などの地球上での水循環による質量再配分で，年に3cm程度の範囲で常に移動している．

5.2.3　重力の単位

地球上にある物体に働く地球の**万有引力**と，地球の自転による**遠心力**の合力を**重力**と呼び，単位質量当りの重力を**重力加速度**と呼ぶ．測地学では，空間や時間で重力加速度がどのように変化するかを取り扱うため，質量の違いによる重力そのものの違いは問題としない．そのため，重力加速度のことを単に重力と呼ぶのが通例になっている．そのため，重力の単位には加速度の単位であるm/s^2やcm/s^2を用いる．現在では一般に，MKS単位系であるm/s^2の使用が推奨されているが，測地学では今でもcgs単位系が用いられることが多い．特にcm/s^2は，物体の自由落下の速度がその質量に依存しないことを発見したガリレオ・ガリレイ(Galileo Galilei)に因み，**Gal**（ガル）または**gal**と呼ばれ，重力に関連した研究では広く用いられている．

地球表面での平均的な重力は，980 Galである．ただし少し詳しくみると，地球の形が**回転楕円体**(ellipsoid)に近いことと，自転による**遠心力**のため，赤道上で約978 Gal，極で約983 Galとなる．このように緯度の違いにより重力は最大で5 Gal変化する．しかし，このような緯度の違いによる重力の変化を補正しても，地球内部の**密度構造**の違いなどにより，重力は最大0.3 Gal程度変化する．また，同じ地点の重力も，**地球潮汐**（ちょうせき）などにより時間的に最大で3×10^{-4} Gal程度変化している．このような重力の空間的・時間的変化を表すには，Galでは値が大きすぎて不便なので，空間的な重力の変化を表すためには10^{-3} Galである**mGal**(ミリガル)を，また時間的な変化を表すためには，10^{-6} Galである**μGal**(マイクロガル)が使われる．

なお衛星による重力測定では，地球の重力の最小値は，ペルー最高峰の**ワスカラン**(Huascarán)山頂での$9.76\ m/s^2$である．重力の最高値は北極点近くの$9.83\ m/s^2$なので，その差は$0.07\ m/s^2$(7 Gal)となる．

5.2.4 ジオイド

地球は，自転による遠心力の影響を受けて，極方向に比べて赤道方向が少し膨らんだ**回転楕円体**(図 5.8) に近い形状をしている．地球の表面上にあるものには，地球の引力と遠心力の合力である重力が働いている．水などの流体は重力によって移動し，重力とバランスがとれた場所に落ち着いて，その水面はいわゆる水平となる．その水面がつくる地球の表面形状を，測地学や地球物理学では重力の**等ポテンシャル面**，測量分野では**水準面**と呼んでいる．この水準面は，すべての場所で重力の方向と直交する．

地球を取り巻く等重力ポテンシャル面のうち，重力ポテンシャルが一定値の面を**ジオイド** (geoid) と呼ぶ (図 5.9)．測地学上の地球の形としてはジオイドを考え，ジオイドからの高さを**標高**という．地球表面の 7 割は海洋で覆われており，測地学では世界の海面の平均位置にもっとも近い重力の等ポテンシャル面をジオイドと定め，これを地球の形状としている．日本では，離島を除いて**東京湾の平均海面**をジオイドと定め，標高の基準としている．

地球には，マリアナ海溝のような 10,000 m よりも深い海溝や，エベレストのような 8,000 m を超える山，といった大きな地形起伏がある．また，地球内部の質量分布は地球の形や構造により不均質なので，ジオイド自身が不規則な形をしていて，地球楕円体面に対して凹凸がある．地球楕円体を基準にしたジオイドの高さを，**ジオイド高**と呼ぶ．全地球規模でのジオイドは，およそ -105 m から $+85$ m の起伏を持つ．地球上で衛星などを利用して地球全体の重力を精密に測定すると，このジオイドの起伏を求めることができる．

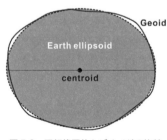

図 5.8　回転楕円体とジオイドの比較

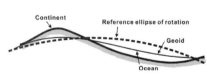

図 5.9　大陸と海洋でのジオイド

5.2.5 地球の平均密度

　ニュートンの**万有引力の法則**の発表から約100年後の18世紀末，イギリスの**キャベンディッシュ** (Cavendish: 図5.10左) が**地球の平均密度**の測定を目的とした実験を実施した．キャベンディッシュは，遺産によって受け継いだ資産を趣味の物理実験に費やしたことで有名で，重力の実験以外にも数多くの研究成果を残している．平均密度の測定実験には，**捩り秤**(ねじばかり)(図5.10右) という実験装置が使われ，5.448 g/cm^3 という現在の地球の平均密度である 5.515 g/cm^3 にかなり近い値を求めている．地球の地殻を構成する花崗岩の平均密度は 2.67 g/cm^3 なので，この値から地球の中心部が地殻よりもはるかに密度の大きな物質で構成されていることが間接的にわかる．余談であるが，キャベンディッシュの多くの発見は未発表だったため，後に再発見されることになる．具体的には，気体の圧力に関するボイルの法則，静電気力に関するクーロンの法則，電流と電圧に関するオームの法則などが，キャベンディッシュの死後に発見された実験ノートに記録されていた．

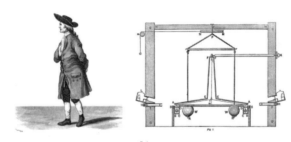

図 5.10　キャベンディッシュの肖像[5c]とキャベンディッシュが使った捩り秤[5d]

5.2.6 重力異常

　重力の大きさは，地球上の場所ごとで異なる．また重力は，時間的にも変化する．地球上の様々な場所での重力は，地震や火山活動によって一瞬のうちに変わることもあれば，数千年から100万年くらいの長い時間をかけて変わる場合もある．また月や太陽の引力(**潮汐力**)によって，半日や1日の周期でも変化する．地上の重力を精密に測定すると，地球の中心からの高さである**地心距離**や地下の質量分布などについての情報を得ることができ，地震や火山噴火の予知にも役立つと考えられている．

測地学と地球物理学では，重力の実測値とその緯度での**標準重力** (standard gravity) の差のことを**重力異常** (gravity anomaly) と呼ぶ．標準重力は地球楕円体上での理論的な重力の値である．重力異常を計算する際は，測定点に対して地形や高度による影響を考慮しなければならない．**フリーエア異常** (free air anomaly) は，測定点の高度の影響を補正した値から，標準重力を差し引いた値である．また**ブーゲー異常** (Bouguer anomaly) は，水準面から測定点までに平均的な岩石が存在すると仮定して，その岩石による引力の影響をフリーエア異常から取り除いた値である．

　このようにして求めた重力異常から，地下構造の起伏を知ることができる．例えば地下に**高密度**の岩石があると，重力値は標準重力値よりも大きくなり，**低密度**の岩石がある場合は逆に小さくなる．このように重力値を測定して，地下構造を推定することができる．厚い地層が堆積している場合，一般に下部の地層ほど年代が古く，上部の地層による圧密作用で密度が大きくなる．このような地層が褶曲すると，**背斜** (anticline) の部分では高密度の下部地層が地表に近づくためにブーゲー異常が大きくなり，逆に**向斜** (syncline) の部分ではブーゲー異常が小さくなる．石油や天然ガスは，地層の背斜部分に貯留するので，ブーゲー異常による**褶曲構造**の調査は，資源探査にも利用される (図 5.11 左)．第 2 次世界大戦後の重力測定や重力探査の著しい進歩は，このような石油探査を目的としたものであった．

　重力探査は，地下の**断層構造**の研究にも利用されている．基盤の表面で上下方向に大きな段差がある**縦ずれ断層**では，断層を境として地下の密度分布に差

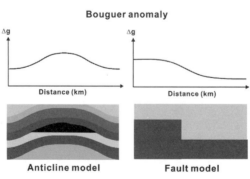

図 5.11　背斜構造と断層構造での重力異常の例

が生じるため，断層の真上でブーゲー異常に急激な変化が見られる (図 5.11 右)．この変化は，**正断層**では地表の断層露頭よりも下盤側で，また**逆断層**では上盤側で大きくなる．よって，この重力変化から断層の傾斜を推定することができる．さらに，ブーゲー異常の変化量から，断層のずれの量を見積もることもできる．また，重力探査は火山調査にも有効である．とくに地下の物質が大量に噴出し，上の山体が落ち込んで形成された**カルデラ**は，非常にきれいな同心円状の負の異常を示すことが知られている．これはカルデラ中心部で崩落した山体が粉々に破砕され，周囲の岩石よりも密度が小さくなるためである．

5.3 重力探査の地質学

5.3.1 岩石の密度

　重力探査では重力異常を測定して，その結果から地下の地質構造を推定するが，この重力異常を引き起こす原因は地下の**岩石の密度分布**である．岩石の密度分布と地質構造は密接な関係があるが，その関係は単純ではなく，地質構造が形成される過程での種々の現象が岩石密度に影響を与えている．そのため重力探査では，調査地域周辺の地質状況を把握し，岩石密度の測定も同時に実施することが望ましい．

　岩石の密度には，空隙に水が含まれない完全な乾燥状態である**容積密度** (bulk density)，自然の乾燥状態での**乾燥密度** (dry density)，岩石を構成する粒子だけによる**粒子密度** (grain density) などがある．表 5.1 に主な岩石の密度を示す．

表 5.1　主な岩石の密度 [5e]

Rocks	Density (g/cm³)	Rocks	Density (g/cm³)
andesite	2.5 - 2.8	limestone	2.3 - 2.7
basalt	2.8 - 3.0	marble	2.4 - 2.7
coal	1.1 - 1.4	mica schist	2.5 - 2.9
diabase	2.6 - 3.0	peridotite	3.1 - 3.4
diorite	2.8 - 3.0	quartzite	2.6 - 2.8
dolomite	2.8 - 2.9	rhyolite	2.4 - 2.6
gabrro	2.7 - 3.3	rock salt	2.5 - 2.6
gneiss	2.6 - 2.9	sandstone	2.2 - 2.8
granite	2.6 - 2.7	shale	2.4 - 2.8
gypsum	2.3 - 2.8	slate	2.7 - 2.8

この表から，石炭 (coal) や一部の岩石を除けば，岩石の密度は $2 \sim 3 \, \mathrm{g/cm^3}$ の値を持ち，さほど大きな違いがないことがわかる．ただし，砂岩 (sandstone) などの堆積岩は，花崗岩 (granite) のような火成岩に比べて密度が小さい傾向にあることがわかる．

5.3.2 重力が変化する地下構造

地球上の重力の値は，測定点によって変化する．その大きなものは緯度に伴う変化で，これは地球自転による遠心力が回転半径の違いによって異なることに起因する．その他にも測定点が高地である場合，海上の場合，あるいは近くに質量の大きな山のある場合などでも重力値は変化する．このほか，月や太陽の引力によっても重力は変化するが，これらの影響をすべて補正してもまだ重力値は一様にはならない．これは地下構造に原因がある．そのため，重力値を精密に測定することで地下構造の推定が可能となる．典型的な地下構造とそれに対応する重力変化を図 5.12 に示す．

重力の値は地下構造に対応しているが，その重力値には広範な地域に対応する **広域異常** (regional anomaly) と，比較的浅い小さな構造を反映する **局所異常** (local anomaly) とが混在する．石油貯留層などの **集油構造 (石油トラップ)** は主に後者に対応するので，重力の分布からデータ処理を行なって両者を分離する必要がある．これらの処理には，後述する **鉛直 2 次微分** や **残留重力** と呼ばれるものが使われる．

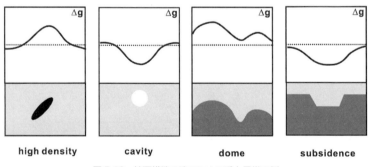

図 5.12　地下構造の違いによる重力異常の例

5.3.3 岩塩ドーム

岩塩ドーム (salt dome) は，岩塩がドーム状に大きな塊で形成されたものである (図 5.13 左)．これは，塩などのミネラルの蒸発物の厚い層が，それを取り囲んでいる地層に垂直方向に貫入することにより生じる．これらのドームを形成する塩は，大昔に閉鎖された海域に溜まったものである．海域に流れる水の流れが遮断されると，蒸発により塩の蓄積が生じて岩状となる．この岩状の塩 (岩塩) は，時間の経過により沈殿物に覆われて埋められていく．このようにして形成された岩塩層の密度は，周囲の岩石の密度より小さいため，岩塩は地表面に向かって上昇する傾向がある．その結果，岩塩が**塑性流動**して大きく膨らんだドーム状や背斜状の**ダイアピル** (diapir) などを形成する．このような岩塩のダイアピルが地表に到達すると，塩氷河として現れる．

キノコ状の形をした岩塩ドームは，時として 1 km 以上の厚さを持ち，その側面に膨大な量の石油や天然ガスがしばしば埋蔵されていることが知られている．岩塩ドームは必ずしも地表面には表れないので発見が難しいが，岩塩は大抵の岩石に比べれば密度が小さいので，負の重力異常として捉えることができる．つまり，低重力の異常域の分布が地下の岩塩ドームの分布域を示すことになる (図 5.13 右)．

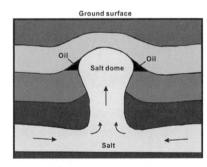 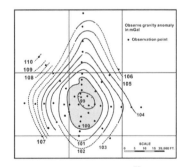

図 5.13 岩塩ドームの断面図 (左) と岩塩ドーム周辺の重力異常の例 (右)[5f)]

5.4 重力探査の計測工学

5.4.1 重力偏差計

重力偏差計 (gravity gradiometer) は，1890 年にハンガリーの物理学者エトベス (Eötvös) によって発明された．この重力偏差計は，キャベンディッシュの捻

り秤をヒントにして発明されたもので，エトベスは捻れの大きさを測定することによって重力の空間的変化を測定できると考えた．またエトベスは，**重力偏差** (gravity gradient: 重力勾配) を測定することで**資源探査**ができることも予想していた．この重力偏差計では，測定点の周りにある物質がもたらす微小な重力変化 (重力勾配あるいは重力偏差) を検出することができる．例えば，重力偏差計で前述の岩塩ドームを測定すると，岩塩ドームの中心に向かって重力が減少していく変化量が測定されることになる．

この**トーション・バランス** (Torsion balance) と称されたエトベスの装置が，重力勾配を実際に測定した最初の計測器である．エトベスの予想通り，重力偏差計は石油などの資源探査に利用されることになったが，測定に時間がかかることや可搬性に劣ることなどから，バネを利用した相対重力計が開発されると急速に利用が減少していった．

しかし，**加速度センサ**などの電子機器の発展により，空中での重力偏差測定が資源探査の分野で再び注目されている．重力偏差分布は，重力異常分布に比べて詳細な地質構造を捉えることができる特徴がある．またヘリコプターなどを利用すれば，低空を密な測線間隔で測定できるので，空中から高密度な探査を行なうことができる．空中重力偏差計では，2組計8個の加速度センサを水平な円盤に載せて航空機に搭載し，飛行中に円盤を回転させて重力加速度の水平微分を計測する．また重力偏差の全成分を測定する**フルテンソル重力偏差計**は，6対の電子制御タイプの加速度センサで構成されている．

5.4.2 可逆振り子

ケーターの振り子 (Kater's pendulum) は，重力加速度を測定するために用いられた実体振り子 (物理振り子) である．この振り子は，**ケーターの可逆振り子**ともいい，イギリスのケーター (Kater) によって設計された．振り子の周期 T と重心までの距離 L の関係は，振幅が小さければおもりの運動は単振動とみなすことができる．このとき振り子の周期 T は，

$$T = 2\pi \sqrt{\frac{L}{g}} \tag{5.2}$$

となり，周期と重心までの距離から重力加速度を求めることができる．ただし，実際に精密に重力加速度を測定しようとする場合，重心までの距離 L を正確に

測定するのは難しい．ケーターの振り子は，板に向かい合わせに2つのナイフエッジ(支点)を取り付けた振り子である．この振り子では，上下取付を変えた時の周期が同じになるように調整すれば，重心位置が支点間の中点となり重心までの距離 L を精度良く求めることができる．ケーターの振り子での重力加速度は以下の式で求められる。

$$g = \frac{4\pi^2 L^2}{T_0^{\ 2}} \tag{5.3}$$

ここで，T_0 は上下の周期を同じに調整したときの周期である．この場合，測定する必要がある物理量は棒の全長 L と振り子の周期 T_0 だけである．ケーターの振り子では，十分な時間をかければ，この2つのパラメータを十分な精度で測定することができる．ドイツのポツダムで行なわれた重力の基準値を決める実験では，このケーターの振り子を使って重力加速度が測定された．この重力加速度が当時の重力の世界基準となった．ケーターの振り子は重力探査に利用されることはないが，現在でも教育用として重力加速度の測定実験に使われている．

5.4.3 絶対重力計

地球の重力加速度そのものの大きさを測定することを**重力の絶対測定**といい，その測定装置を**絶対重力計** (absolute gravimeter) という．絶対重力計を使えば，その場で重力値が求められるので，基準重力点から遠く離れた島や南極大陸などで重力値を求める際には欠かせない．絶対重力計では，物体の**自由落下**から重力加速度を測定する．空気中で物を落とすと，空気抵抗があるために自由落下距離が正確に測れないので，真空中で測定する．こうして求めた長さと時間の標準量を基に，落下距離と落下時間の関係から重力加速度を求めるのが，絶対重力測定の基本原理である．長さの基準には**レーザ光**の波長を使う．また時間の基準には，**原子時計**の基準周波数を利用する．

現在，広く利用されている FG5 絶対重力計では，距離の測定にレーザ光を用いた**レーザ干渉計**が，時間の測定に原子時計が利用されている．図5.14右は，FG5 絶対重力計で用いられているレーザ干渉計の原理を示したものである．レーザ光は，**ビームスプリッタ**で2つの光に分割され，一方の参照光はそのまま検出器に導かれる．またもう一方の光は，上部の自由落下する**コーナー**

 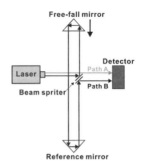

図 5.14　自由落下を使った絶対重力計 (左)[58] とその測定原理 (右)

キューブ (鏡) で反射され，さらに，下部に固定された参照用のコーナーキューブを経て，同じく検出器に導かれる．このとき，上部のコーナーキューブが自由落下することで，レーザ光の位相が連続的に変化する．つまり，検出器の出力が最大となる時間を原子時計で正確に測ることで，レーザ光の波長を長さの基準とした落体の落下距離と経過時間を測定することができる．

このように絶対重力計は，測定装置が複雑で高精度な測定が要求されるため，室内で使用される場合がほとんどである．ただし最近では，野外での測定が可能な可搬型の絶対重力計も開発されている．

5.4.4　相対重力計

相対重力計の原理は一種のバネ秤の応用である．重力の大きい場所ではバネの伸びが大きく，重力の小さい場所では伸びが小さい．重力計は原理的にはバネ秤と同じだが，バネ秤が質量の大小をバネの伸縮として測るのに対して，重力計では錘の質量は一定で重力の変化に伴う錘の位置変化を測定する．

例えば，決まった質量を吊り下げたバネ秤で，バネの長さを測れば，その長さは測った場所の重力値に比例する (図 5.15)．つまり，バネの長さから重力の大きさがわかる．ただし重力計では，この伸びを精度良く測定するために，10^{-8} 程度の分解能を持つように多くの工夫がこらされている．しかし，バネは時間が経つにつれて，その特性が変わるので，測定間隔が長くなると正確な重力値が求められなくなる．そのようなバネの特性変化を防ぐため，バネには温度によって性質が変わらないような**特殊合金**が使われている．さらに重力計内部は**恒温槽**になっており，重力計内部の温度がほとんど変化しない構造になっている．

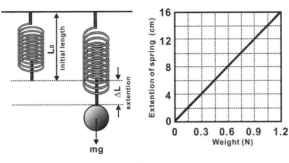

図 5.15　バネの伸び (左) とフックの法則 (右)

重力探査 (gravity exploration) では，重力が既知の地点で基準となる重力を測定して，移動した地点での未知の測定点での変化量から重力値を求める．このように，**重力基準点**を元に測定点の重力値を決める測定法を，**重力の相対測定**という．現在，重力探査ではこのような相対測定を利用することが一般的である．

5.4.5　重力補正

実際に測定した重力値には地下構造による影響に加えて，地形・標高・緯度などの影響や，機械固有の時間変動，さらには月の引力 (**潮汐力**) の影響も含まれている．そこで，測定点での重力値を別の測定点の重力値と比較する際には，各種のデータ補正が必要となる．最初に行なわれるのは，**ドリフト補正** (drift correction) である．ドリフトは温度などによるバネの時間変化を反映した見掛け上の重力変動で，機械固有の特性を持つ．一般的にはドリフトは時間的に一定の割合で増減することから，基準点での再測定を利用して比例配分して補正される．図 5.16 はドリフト補正の例を示したもので，相対重力計を使った重力探査では，このような往復測定が基本となる．**潮汐補正** (tide correction) は，月の重力に起因する潮汐力を差し引く補正である．潮汐力は測定の緯度・経度・標高・計測日時などから計算できるが，機械によっては自動で補正されるものもある．測定点での生データにドリフト補正と潮汐補正を施したものが，**測定重力値**となる．

異なる場所での重力測定値を，条件を同じにして比較するためには，重力測定値を補正してジオイド上での値に計算し直す必要がある．この計算を**重力補**

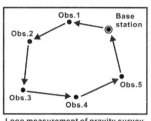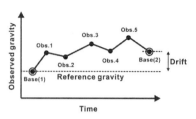

図 5.16 ドリフト補正のための往復測定 (左) とドリフトの例 (右)

正 (gravity correction) というが，測地学では**重力化成**とも呼ばれている．重力補正には (1) 地形の凹凸を仮想的に平坦にならす**地形補正** (terrain correction)，(2) 測定点のジオイド面上を空気だけとする**フリーエア補正** (free-air correction)，(3) ジオイド面と測定点の間にある物質 (標準的な岩石の密度による) の補正である**ブーゲー補正** (Bouguer correction)，などがある．フリーエア補正と地形補正，さらにブーゲー補正を施した実測重力と正規重力の差を**ブーゲー異常** (Bouguer anomaly) または単に**重力異常**という．

海上での重力測定は，測定する位置が海面 (ジオイド面) であることから陸上測定で必要とされる重力補正は不要になる．しかし，航行中の船舶で測定した場合には，地球の回転速度が増減したのと同様の効果がある．具体的には，東へ移動すれば遠心力は増加して重力は減り，西へ移動すればその逆になる．したがって，重力計が遠心力の影響を受けて鉛直成分に影響が出る．これを**エトベス効果**といい，**エトベス補正**と呼ばれる移動測定に対する補正をする必要がある．航空機による重力測定の場合は，船舶に比べて移動速度が高速なため，さらに複雑な補正が必要となる．

〈コラム 5A〉振り子の等時性

振り子の等時性とは，振り子の周期は振れ角に関係なく糸の長さだけに依存する，という性質のことです．ガリレオがこの法則を発見したのは弱冠 19 歳，ピサ大学医学部の学生のときでした．ある日，ガリレオはピサ大聖堂での礼拝中に，天井のランプを何気なく見上げていました．このときランプは風によって，あるときは大きく，あるときは小さく揺れていました．ところが，ランプが大きく揺れても小さく揺れても往復時間に差がないように思った彼は，自分の脈拍を時計代わりにして，その往復時間を測りました．思ったとおり，往復

時間がすべて同じであることに気づいた彼は，すぐに家に帰ってその結果を数式にし，さらに実験で確かめるなどして，振り子の等時性の原理を発表しました．

現在でもピサ大聖堂内にはランプが吊られていますが，そよ風程度ではビクともしない300 kg近くもある巨大なランプです．このランプはガリレオの発見後に作られたもので，ガリレオが見た本物のランプは大聖堂の隣にあるカンポ・サントのアウッラ礼拝堂に置かれています．また，フィレンツェのスペーコラ博物館の天井には，振り子の等時性を発見したエピソードの画が描かれていますが，この絵では，当時の小さなランプが正しく描かれています．

図 5A　ガリレオの肖像[C15]とピサ大聖堂でランプを観察する若きガリレオの姿[C16]

5.5 重力探査の数学

5.5.1 重力補正の計算法

重力探査で測定される重力値は，測定点によって異なり，測定点の緯度，高度，地形，潮汐の影響などを取り除いて，最終的には地下構造だけを反映させた重力異常値を算出するのが一般的である．このような各種の**重力補正**は，それぞれ独立しているため，どの順番で実施しようが最終結果は変わらない．ただし，重力補正の概念を理解するためには，正しい順番が重要である．図5.17は，参照面(reference plane: 通常はジオイド)における重力補正の正しい手順を示したものである．最初に実施すべき補正は**地形補正**である．この補正によって，複雑な形状をした地表面での重力値が平坦な面での重力値に補正される(図5.17 ①)．次に行なうのが，**ブーゲー補正**である．ブーゲー補正を行なうことで，重力の基準面(通常はジオイド)までの質量効果を取り除くことができる(図5.17 ②)．最後に行なうのが**フリーエア補正**であり，この補正によって測定

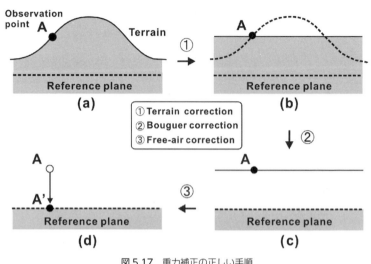

図 5.17 重力補正の正しい手順

点での重力値が，測定点直下のジオイド面上の値に補正される (図 5.17 ③)．次に，この補正の順番で，これらの各補正の計算方法を説明する．

測定点近傍に大きな山や深い谷などが存在する場合，測定される重力値はそれら地形の凹凸の影響を受けているため，この影響を取り除く必要がある．これを**地形補正**という．地形補正量は，急峻な山地などの測定点では 10 mGal 程度になることがあるが，一般的には 1 mGal 程度である．なお，地形変化の少ない平野部では，地形補正を省略できることもある．

地形補正では測定点周辺の地形を適当に分割し，各ブロック毎の影響を計算するのが一般的である (図 5.18)．2 つの同心円で囲まれた高さ H の中空円筒形を N 等分した領域による重力の補正量は，**ハンメルの式** (Hammer's formula) と呼ばれる次式で計算できる．

$$\Delta g_T = \frac{2\pi G \rho}{N}\left(R_2 - R_1 + \sqrt{R_1{}^2 + H^2} - \sqrt{R_2{}^2 + H^2}\right) \quad (5.4)$$

ここで，G は万有引力定数，ρ は密度，R_1 と R_2 はそれぞれ中空円筒形の内径と外径である．なお現在では，格子点に区切られた**数値標高モデル (DEM**: **D**igital **E**levation **M**odel) のデータが利用できるので，四角柱モデルによる地形補正が使われることが多い．

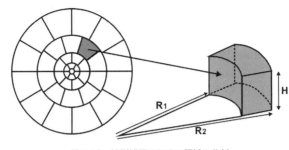

図 5.18　地形補正のための領域の分割

　測定点と回転楕円体との間に存在する，平板状の地殻物質の影響を補正するのが**ブーゲー補正**である (図 5.17b)．ブーゲー補正 δg_B は次式で表される．

$$\delta g_B = 0.04192 \rho h \quad (\text{mGal}) \tag{5.5}$$

ここで，ρ は地殻の密度(**仮定密度**または**補正密度**)，h は基準面と測定点との標高差である．仮定密度としては地表岩石の平均密度 (2.67 g/cm³) が使われることが多いが，重力異常分布をフーリエ変換して得られるスペクトル分布から推定する方法も使われる．

　地球の中心から遠ざかると重力値は減少するので，測定点の高度によって重力値の変化が生じる．**フリーエア補正** (高度補正)δg_F は，地球楕円体から測定点までの高さの違いによる影響を補正するもので，

$$\delta g_F = \beta h = 0.3086 h \quad (\text{mGal}) \tag{5.6}$$

と表せる．ここで，β は**フリーエア勾配**，$h[\text{m}]$ は測定点の高さである．

　狭い調査地域での重力測定には必要ないが，広域での重力測定には測定点の緯度を考慮した補正が必要である．地球の形は回転楕円体で近似でき，平均的な海水準に最も近いものを**地球楕円体**と呼ぶ．地球楕円体を仮定した標準的な重力である**正規重力** γ は，次式のように地球楕円体のポテンシャル勾配から求められる．

$$\gamma = \frac{a\gamma_E \cos^2 \phi + b\gamma_P \sin^2 \phi}{\sqrt{a^2 \cos^2 \phi + b^2 \sin^2 \phi}} \tag{5.7}$$

ここで，a は**赤道半径**，b は**極半径**，γ_E は赤道での正規重力，γ_P は極での正規重力，ϕ は緯度である．式 (5.7) を用いて正規重力を正確に計算できるが，重力探査ではこの式を正弦関数の多項式で近似した実用式が使われる．重力探査

で通常使われている測地基準系 1980 の実用式は，以下の通りである．

$$\gamma = 978032.67715(1 + 0.00527904 \sin^2 \phi + 0.0000232718 \sin^4 \phi$$
$$+ 0.0000000001262 \sin^6 \phi) \tag{5.8}$$

ただし，過去の重力探査の解析では，古い測地基準系 1967 による実用式を使っている場合があるので，過去の探査結果と比較する場合には注意が必要である．

測定重力 g から正規重力 γ を引き，フリーエア補正を加えたものを**フリーエア異常** (free-air anomaly) といい，次式で表される．

$$\Delta g_F = g - \gamma + 0.3086h \tag{5.9}$$

フリーエア異常では，重力値の緯度による影響の補正と，高さ (地球の中心からの距離) の影響の補正はされているが，地形や地球内部の密度の違いによる補正は一切されていない．従ってフリーエア異常には，地球楕円体からの差として，地形を含めた地球内部の質量分布の情報が反映されている．

フリーエア異常からブーゲー補正を差し引いて得られる重力異常を，**ブーゲー異常** (Bouguer anomaly) という．厳密には地形補正を加えたものがブーゲー異常であるが，地形補正をしていない場合でも単にブーゲー異常 (単純ブーゲー異常) ということが多い．ブーゲー補正 δg_B とブーゲー異常 Δg_B は次式で表される．

$$\Delta g_B = \Delta g_F - \delta g_B = g - \gamma + 0.3086h - 0.04192\rho h \tag{5.10}$$

ブーゲー異常は，地下に周囲の密度に比べて大きい密度のものがあると正になり，小さい密度のものがあると負になる．

その他の補正として**大気補正**がある．大気補正 δg_A は，測定点外部の大気の質量による重力の影響を補正するもので，次式で表わされる．

$$\delta g_A = 0.87 - 0.0965 \times 10^{-3}h \tag{5.11}$$

地形補正 δg_T まで加えた厳密なブーゲー異常は，次式で表現できる．

$$\Delta g_B = g - \gamma + \delta g_F - \delta g_B + \delta g_T - \delta g_A \tag{5.12}$$

5.5.2　重力異常のフィルタ処理

重力異常には，地下深部から表層までの様々な深度の情報が含まれている．このため，重力異常から地下構造を推定する際には，必要な深度における重力異常情報を**フィルタ処理**などで抽出する必要がある．一般に，表層付近の密度

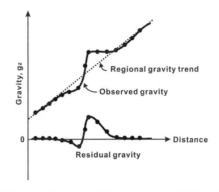

図5.19 測線上の重力異常のトレンドと局所異常の例

構造は**短波長成分**を持ち，深部の密度構造は**長波長成分**を持つと考え，適当なフィルタ処理を施すことにより，両者の分離を行なっている．

フィルタ処理は，重力異常や磁気異常から有為な情報を抽出し，定性的な解析や解釈を進めるのに有効な手法である．重力解析で構造抽出に利用されるものに，大規模な深部構造に対応する**長波長成分**を抽出する**ローパスフィルタ** (low-pass filter)，微細な浅部構造に対応する**短波長成分**を抽出する**ハイパスフィルタ** (high-pass filter) がある．微分フィルタはハイパスフィルタに含まれる．また，注目する範囲の規模や深度に対応した成分を抽出する**バンドパスフィルタ** (band-pass filter) がある．

図5.19は，ある測線上で測定された重力異常の例である．重力異常には，深部の密度分布による**広域トレンド** (regional trend) と，浅部の地下構造による**局所異常** (local anomaly) が含まれている．このような場合は，重力異常からその地域特有のトレンドを差し引く必要がある．図5.19の例では，距離と共に増加する重力異常と局所的な正負の重力異常が足し合わされている．これらの異常を分離する最も単純な方法は，**移動平均** (moving average) を利用する方法である．移動平均はローパスフィルタとして機能するので，移動平均された計算値はトレンドの近似値となる．また測定値からトレンドを除けば，局所的な浅部異常である**残差重力**または**残差異常** (residual anomaly) が求められる．

図5.20左のような重力異常の平面分布からトレンドを取り除く場合には，**傾向面解析**が使われる．傾向面とは重力異常分布を多項式で近似した曲面 (図

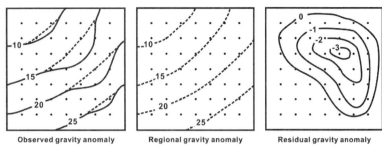

図 5.20 重力異常のトレンドと局所異常 (Robinson and Coruh, 1988 をもとに作成)

5.20 中央) で，この曲面を測定値から取り除くことで，局所異常だけを抽出できる (図 5.20 右)．

フィルタ操作が最も一般的に使用されるのは，断層などの構造境界の抽出である．この目的のために，**水平1次微分** (水平勾配 : horizontal first derivative)，**鉛直1次微分** (vertical first derivative)，**鉛直2次微分** (vertical second derivative) が利用される．落差が同じで深さが違う簡単な例を，図 5.21 に示す．段差構造からある程度離れると重力差は同じになるが，水平微分を見ると構造が浅いほどその値が大きくなることわかる．つまり，構造の深度決定の推定には，微分

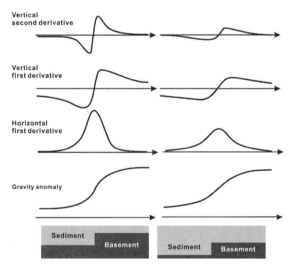

図 5.21 落差が同じで深さが違う断層モデルのフィルタ効果の違い [5h)]

値が有効であることを示している．ただし，意味のある水平微分を得るには測点間隔を十分細かく取る必要がある．

5.5.3 鉛直1次微分と鉛直2次微分

重力異常の**鉛直1次微分**と**鉛直2次微分**は，重力異常が鉛直方向にどのように変化しているかを表わす量である．なお鉛直1次微分は，重力の高度補正係数に相当する．格子点上に分布する重力値から1次微分や2次微分を求める式は数多く紹介されているが，ここでは加藤による計算式[5)]を紹介する．

鉛直1次微分は次式となる．

$$g_z(0) = \frac{1}{S}\{2.723g(0) - 2.885\overline{g(S)} + 0.922\overline{g(\sqrt{2}S)} - 0.760\overline{g(\sqrt{5}S)}\} \tag{5.13}$$

ここで $\overline{g(S)}$ は中心点から S だけ離れた4点での平均値，$\overline{g(\sqrt{2}S)}$ は中心点から $\sqrt{2}S$ だけ離れた4点での平均値，$\overline{g(\sqrt{5}S)}$ は中心点から $\sqrt{5}S$ だけ離れた8点での平均値である（図5.22）．さらに**鉛直2次微分**は，次式となる．

$$g_{zz}(0) = \frac{1}{S^2}\{8.693g(0) - 15.942\overline{g(S)} + 8.253\overline{g(\sqrt{2}S)} - 0.986\overline{g(\sqrt{5}S)}\} \tag{5.14}$$

また，隣接する8点だけを使った以下の公式もある[5j)]．

$$g_{zz}(0) = \frac{1}{S^2}\{6.185g(0) - 8.374\overline{g(S)} + 2.189\overline{g(\sqrt{2}S)}\} \tag{5.15}$$

これらの1次微分，2次微分は**空間フィルタ**として作用し，様々な広がりを持つ重力異常のうち，ある範囲の広がりを持つものだけを選択的に取り出す効果がある．

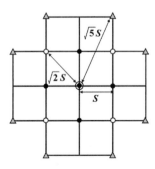

図5.22　鉛直勾配計算のための格子モデル

5.5.4 波数領域のフーリエ変換

フーリエ変換は時系列データの解析に必須のデータ処理法であるが，時系列データ以外の空間データの場合にも使用される．特に重力探査や磁気探査のデータ処理には欠かせない手法である．まずは，一般的な時間 (t) −角周波数 (ω) 領域での**フーリエ変換**と**フーリエ逆変換**を次式に示す．

$$F(\omega) = \int_{-\infty}^{\infty} f(t)e^{-i\omega t}dt \tag{5.16}$$

$$f(t) = \frac{1}{2\pi}\int_{-\infty}^{\infty} F(\omega)e^{i\omega t}d\omega \tag{5.17}$$

重力探査やその他の空間データの解析には，次に示す距離 (x) −波数 (k) 領域でのフーリエ変換とフーリエ逆変換が使われる．

$$G(k) = \int_{-\infty}^{\infty} g(x)e^{-ikx}dx \tag{5.18}$$

$$g(x) = \frac{1}{2\pi}\int_{-\infty}^{\infty} G(k)e^{ikx}dk \tag{5.19}$$

時間−角周波数領域と距離−波数領域の関係が理解しやすいように，表 5.2 にフーリエ変換の対比を示す．なお実際のデータ解析では，高速フーリエ変換などの離散フーリエ変換が使われる．

この空間領域でのフーリエ変換は，特定の波数成分だけを抽出する空間フィルタや重力異常を評価する指標に利用されたり，後述する**上方接続** (upward continuation) や**下方接続** (downward continuation) にも使われる．重力探査や磁気探査などのポテンシャル場を基礎とした物理探査で有効なのが，ある特定の波数成分だけを強調したり取り除くフィルタ処理である．次に，重力探査でよく利用される 3 つの指標 (index) について説明する。

水平勾配 (HG: Horizontal **G**radient) は，重力異常の水平勾配の変化に着目した指標の 1 つで，ハイパスフィルタとして働く．また水平勾配は，重力異常が水平方向に急変する箇所で大きく変化する．そのため，最も水平勾配が大きい

表 5.2　時間−角周波数領域と距離−波数領域でのフーリエ変換の対比

$f(t) \leftrightarrow F(\omega)$	t：時間	T：周期	$\omega = 2\pi/T$：角周波数
$g(x) \leftrightarrow G(k)$	x：座標（空間）	λ：波長	$k = 2\pi/\lambda$：波数

箇所から地下の密度境界を推定することができる．地表面のある点 (x, y) での水平勾配は，次式によって計算できる．

$$HG = \sqrt{\left(\frac{\partial g}{\partial x}\right)^2 + \left(\frac{\partial g}{\partial y}\right)^2}$$ (5.20)

ここで，$\partial g/\partial x$ は x 方向の重力勾配，$\partial g/\partial y$ は y 方向の重力勾配である．

傾斜角 (TA: Tilt Angle)[5k] は，重力異常の水平勾配と鉛直勾配の比に着目した指標である．傾斜角 TA は，次式によって求められる．

$$TA = \tan^{-1}\left(\frac{\frac{\partial g}{\partial z}}{\sqrt{\left(\frac{\partial g}{\partial x}\right)^2 + \left(\frac{\partial g}{\partial y}\right)^2}}\right)$$ (5.21)

ここで，$\partial g/\partial x$ は x 方向の重力勾配，$\partial g/\partial y$ は y 方向の重力勾配，$\partial g/\partial z$ は z 方向の重力勾配である．傾斜角も水平勾配と同じく密度境界を推定するための指標であるが，水平勾配とは異なり密度境界上でその値が 0 に近づく．傾斜角は深度による感度の変化が緩やかなため，浅部から深部までの密度境界の抽出に向いている．

重力などのポテンシャル場データでは，その水平勾配と鉛直勾配が**ヒルベルト変換** (全ての正周波成分を 90 度進ませ，全ての負周波成分を 90 度遅らせる線形変換) の関係で結ばれている．これらの勾配を複素数で表現したものを**複素勾配**と呼んでいる．また複素勾配の絶対値は，**解析信号 (AS: Analytic Signal)** と呼ばれている．ポテンシャル場データ $\boldsymbol{F}$ の複素勾配を $\boldsymbol{A}$ とすると，

$$\boldsymbol{A} = \frac{\partial \boldsymbol{F}}{\partial x}\boldsymbol{i} + \frac{\partial \boldsymbol{F}}{\partial y}\boldsymbol{j} + i\frac{\partial \boldsymbol{F}}{\partial z}\boldsymbol{k}$$ (5.22)

となる．ここで，$\boldsymbol{i}$, $\boldsymbol{j}$, $\boldsymbol{k}$ はそれぞれ x, y, z 方向の単位ベクトルである．重力探査の場合，解析信号 AS の大きさは次式となる．

$$AS = \sqrt{\left(\frac{\partial g}{\partial x}\right)^2 + \left(\frac{\partial g}{\partial y}\right)^2 + \left(\frac{\partial g}{\partial z}\right)^2}$$ (5.23)

重力異常の解析信号は，その式からわかるように重力勾配の 3 次元ノルムになっている．そのため，水平勾配と同様に地下の密度境界の直上付近に最も大

きな値が現れる.

なお,これらの指標に使われる各方向の微分値は,格子状に分布した重力異常分布から差分によって計算できるが,フーリエ変換を使って計算することもできる.フーリエ変換を使った微分値の計算法は,磁気探査の章 (6.5.4 参照) で示す.

5.5.5 重力分布の上方接続と下方接続

地上で測定される急峻な重力異常も,空中重力測定では地上から離れるにつれて,その振幅は小さくなり,逆にその波長は大きくなる (図 5.23).詳細は次に示すが,高さを Δz,重力異常の波長を λ とすると,振幅の減少割合は $\exp(-2\pi\Delta z/\lambda)$ となる.

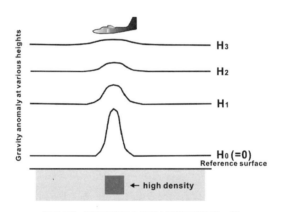

図 5.23　測定高度による重力異常の違いの一例

地表の重力分布を使って,空中での重力分布が計算できる.この方法は**上方接続** (upward continuation) と呼ばれ,次式で表せる.

$$f_U(x,y,z_0-\Delta z) = \frac{\Delta z}{2\pi}\int_{-\infty}^{\infty}\int_{-\infty}^{\infty}\frac{f(x',y',z_0)}{[(x-x')^2+(y-y')^2+\Delta z^2]^{3/2}}dx'dy' \quad (5.24)$$

ここで,$f(x', y', z_0)$ は図 5.24 に示す基準面 ($z = z_0$) での重力分布で,$\Delta z(>0)$ は基準面からの高さである.また,

$$\psi_U(x,y,\Delta z) = \frac{\Delta z}{2\pi}[(x-x')^2+(y-y')^2+\Delta z^2]^{-3/2} \quad (5.25)$$

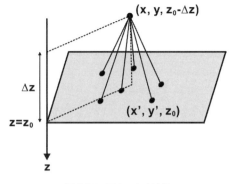

図 5.24 重力の上方接続

と置けば，式 (5.24) は次のように書き直せる．

$$f_U(x, y, z_0 - \Delta z) = \frac{\Delta z}{2\pi} \int_{-\infty}^{\infty} \int_{-\infty}^{\infty} f(x', y', z_0) \psi_U(x - x', y - y', \Delta z) dx' dy' \tag{5.26}$$

この式からわかるように，式 (5.26) は関数 f と ψ_U の**コンボリューション** (畳み込み積分) の形となる．ここで，2次元のフーリエ変換を $\mathcal{F}\{\}$、その逆変換を $\mathcal{F}^{-1}\{\}$ と表すと，

$$\mathcal{F}\{f_U\} = \mathcal{F}\{f\}\mathcal{F}\{\psi_U\} = \mathcal{F}\{f\}e^{-|k|\Delta z} \tag{5.27}$$

つまり，

$$f_U = \mathcal{F}F^{-1}\{F\{f\}e^{-|k|\Delta z}\} \tag{5.28}$$

となる．ここで，k は2次元の波数である．この式からわかるように，上方接続では波数 k が大きいと減衰が大きくなるので，上方接続は小さなアノマリを平滑化する**スムージングフィルタ**として働く．

また上方接続とは逆に，短波長成分を強調するフィルタである**下方接続** (downward continuation) も使われる．計算方法は上方接続と同様であるが，下方接続の場合は**負の高度** ($\Delta z<0$) を利用する．下方接続は，**空中重力探査**データの地表面でのデータ変換や，船舶を用いた**海洋重力探査**データを海面下でのデータに変換する場合などに用いる．

5.5.6 重力ポテンシャル

万有引力の式 (5.1) を使えば，質量 m を持つ質点が r だけ離れた点にある単位質量 ($m=1$) に及ぼす力は，r が増加する方向に，

$$F = -G\frac{m}{r^2} \tag{5.29}$$

となる．いま，

$$U = G\frac{m}{r} \tag{5.30}$$

となる関数 U を考えると，

$$F = \frac{\partial U}{\partial r} \tag{5.31}$$

となり，U の距離 r による微分が引力となる．この関数 U を**重力ポテンシャル** (gravity potential) という．厳密に言えば，重力ポテンシャルには遠心力による項も含まれるが，ここでは遠心力の項を取り除いた引力だけによるポテンシャルを重力ポテンシャルとして取り扱う．一般に，あるスカラー量の空間的な変化率は，**勾配** (gradient) と呼ばれる空間の偏微分係数を成分に持つベクトルで与えられ，重力 F は重力ポテンシャル U の勾配として次式で表される．

$$F = \mathrm{grad}\, U = \left(\frac{\partial}{\partial x}\boldsymbol{i} + \frac{\partial}{\partial y}\boldsymbol{j} + \frac{\partial}{\partial z}\boldsymbol{k}\right)U \tag{5.32}$$

ここで，$\boldsymbol{i},\ \boldsymbol{j},\ \boldsymbol{k}$ はそれぞれ $x,\ y,\ z$ 成分方向の**単位ベクトル**である．

重力ポテンシャルによる位置エネルギは，ある物体を重力 F の方向に沿って移動させた場合に変化する．このことは，重力ポテンシャルが一定の面 (等重力ポテンシャル面: equipotential line: 図5.25) 内では接線方向の重力の成分はゼロ，あるいは，重力の方向は等重力ポテンシャル面と直交していることを示している．重力が大きい時，それに逆らって僅かな距離を移動させるだけで重力ポテンシャル (位置エネルギ) は大きく変化する．すなわち，重力の大きさは重力ポテンシャルの空間的な変化率に比例する．

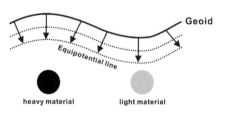

図 5.25　密度異常がある場合の等重力ポテンシャルの歪み

5.5.7 重力と重力偏差

ここでは，重力および重力偏差の計算に必要な基礎式を示す．図 5.26 のように，地下の密度分布が不均質で，密度が 3 次元の位置の関数 $\rho(x, y, z)$ として与えられている場合，測定点 P での重力や重力偏差の各成分は，次式で示す重力ポテンシャル U を用いることで統一的に表現できる．

$$U(x_p, y_p, z_p) = -G \iiint \frac{\rho(x, y, z)}{\sqrt{(x-x_p)^2 + (y-y_p)^2 + (z-z_p)^2}} dxdydz \quad (5.33)$$

ここで，(x_p, y_p, z_p) は測定点 P の 3 次元座標，G は万有引力定数である．

重力は，前述の重力ポテンシャルの z 方向の勾配なので次式となる．

$$g_z(x_p, y_p, z_p) = \frac{\partial U(x_p, y_p, z_p)}{\partial z_p}$$

$$= G \iiint \frac{(z-z_p)\rho(x, y, z)}{\left(\sqrt{(x-x_p)^2 + (y-y_p)^2 + (z-z_p)^2}\right)^3} dxdydz \quad (5.34)$$

地表で実施する重力探査の測定では，水準器などを使って z 方向を常に重力の等ポテンシャル面と直交する方向 (鉛直方向) に設定する．このような測定方法では，重力は鉛直成分だけとなり，水平成分である x 成分や y 成分は生じない．ただし，航空機やヘリコプタを用いた空中重力探査の測定では，GPS による測位が行なわれるので，測定機の z 方向が重力の等ポテンシャル面と必ずしも直交しない．そのため，空中重力探査では，次に示す x 方向と y 方向の水

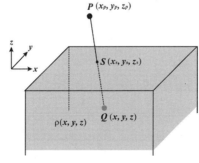

図 5.26 密度分布を持つ地下構造による重力ポテンシャル

平成分も考慮する必要がある.

$$g_x(x_p, y_p, z_p) = G \iiint \frac{(x - x_p)\rho(x, y, z)}{\left(\sqrt{(x - x_p)^2 + (y - y_p)^2 + (z - z_p)^2}\right)^3} dxdydz \tag{5.35}$$

$$g_y(x_p, y_p, z_p) = G \iiint \frac{(y - y_p)\rho(x, y, z)}{\left(\sqrt{(x - x_p)^2 + (y - y_p)^2 + (z - z_p)^2}\right)^3} dxdydz \tag{5.36}$$

また，重力偏差の各成分については，重力の各成分の勾配から次式のように求めることができる.

$$g_{xx}(x_p, y_p, z_p) = G \iiint \rho(x, y, z) \left\{ \frac{2(x - x_p)^2 - (y - y_p)^2 - (z - z_p)^2}{\left(\sqrt{(x - x_p)^2 + (y - y_p)^2 + (z - z_p)^2}\right)^5} \right\} dxdydz \tag{5.37}$$

$$g_{yy}(x_p, y_p, z_p) = G \iiint \rho(x, y, z) \left\{ \frac{-(x - x_p)^2 + 2(y - y_p)^2 - (z - z_p)^2}{\left(\sqrt{(x - x_p)^2 + (y - y_p)^2 + (z - z_p)^2}\right)^5} \right\} dxdydz \tag{5.38}$$

$$g_{zz}(x_p, y_p, z_p) = G \iiint \rho(x, y, z) \left\{ \frac{-(x - x_p)^2 - (y - y_p)^2 + 2(z - z_p)^2}{\left(\sqrt{(x - x_p)^2 + (y - y_p)^2 + (z - z_p)^2}\right)^5} \right\} dxdydz \tag{5.39}$$

$$g_{xy}(x_p, y_p, z_p) = G \iiint \frac{3(x - x_p)(y - y_p)\rho(x, y, z)}{\left(\sqrt{(x - x_p)^2 + (y - y_p)^2 + (z - z_p)^2}\right)^5} dxdydz \tag{5.40}$$

$$g_{xz}(x_p, y_p, z_p) = G \iiint \frac{3(x - x_p)(z - z_p)\rho(x, y, z)}{\left(\sqrt{(x - x_p)^2 + (y - y_p)^2 + (z - z_p)^2}\right)^5} dxdydz \tag{5.41}$$

$$g_{yz}(x_p, y_p, z_p) = G \iiint \frac{3(y - y_p)(z - z_p)\rho(x, y, z)}{\left(\sqrt{(x - x_p)^2 + (y - y_p)^2 + (z - z_p)^2}\right)^5} dxdydz \tag{5.42}$$

これらの式から，重力偏差の全成分 $\boldsymbol{G}_{\text{grad}}$ は，次のように3行3列の9成分を持つテンソル量として表現できる.

$$\boldsymbol{G}_{\text{grad}} = \begin{bmatrix} g_{xx} & g_{xy} & g_{xz} \\ g_{yx} & g_{yy} & g_{yz} \\ g_{zx} & g_{zy} & g_{zz} \end{bmatrix} = \begin{bmatrix} g_{xx} & g_{xy} & g_{xz} \\ g_{xy} & g_{yy} & g_{yz} \\ g_{xz} & g_{yz} & -(g_{xx} + g_{yy}) \end{bmatrix} \tag{5.43}$$

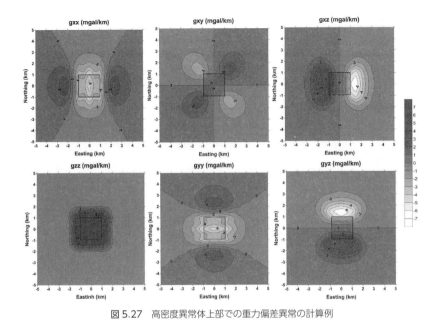

図 5.27 高密度異常体上部での重力偏差異常の計算例

ただし,このテンソルでは対角項を挟んで対称な成分は等しい.また,重力ポテンシャルはラプラス方程式を満たし,$g_{xx}+g_{yy}+g_{zz}=0$ の関係が成立するので,独立成分は5成分だけである.

重力偏差分布の特徴を理解するために,中央部に高密度異常体が存在する場合の計算例を図 5.27 に示す.これらの分布のうち,図 5.27 左下の g_{zz} は重力の鉛直1次微分に相当し,高密度異常体の境界を明瞭に反映した分布になっていることがわかる.

5.5.8 重力異常のシミュレーション

地下の密度分布が測線と直交方向に連続した2次元構造とみなせる場合,密度異常体の形状を,図 5.28 のように多角形で近似して計算することができる.このときの重力異常は,多角形の頂点座標などを用いて次式となる.

$$\Delta g(x,0) = 2G\Delta\rho \sum_{i=1}^{n} S_i \tag{5.44}$$

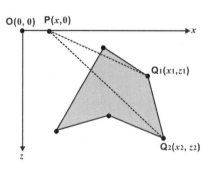
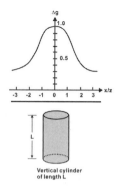

図 5.28　断面が多角形な 2 次元モデル　　図 5.29　円柱モデルの重力異常

$$S_i = \frac{(x_{i+1} - x_i)\{(x_i - x)z_{i+1} + (x_{i+1} - x)z_i\}}{(x_{i+1} - x_i)^2 + (z_{i+1} - z_i)^2}$$

$$\times \left\{ \tan^{-1}\frac{x_{i+1} - x}{z_{i+1}} - \tan^{-1}\frac{x_i - x}{z_i} + \frac{1}{2} \cdot \frac{z_{i+1} - z_i}{x_{i+1} - x_i} \ln\frac{(x_{i+1} - x)^2 + z_{i+1}^2}{(x_i - x)^2 + z_i^2} \right\}$$

$$+ z_{i+1} \tan^{-1}\frac{x_{i+1} - x}{z_{i+1}} - z_i \tan^{-1}\frac{x_i - x}{z_i} \tag{5.45}$$

ここで，G は万有引力定数，$\Delta\rho$ は周辺媒質との密度差，x_i, z_i はそれぞれ i 点での x 座標と z 座標である．この方法はタルワニ (Talwani) が考案したもので，**タルワニの方法**[51]と呼ばれている．この計算法は重力探査の 2 次元解析法として広く用いられているが，地形に沿った計算点を使うことで 2 次元地形の地形補正にも利用できる．

次に円柱モデル (図 5.29) での重力異常の計算式を示す．半径 a で，高さ L の円柱の中心線上で，その上面から高さ s にある点 P に及ぼす重力は，鉛直下向きに

$$g = 2\pi G \Delta\rho \left[h - \left\{ \sqrt{(s+L)^2 + a^2} - \sqrt{s^2 + a^2} \right\} \right] \tag{5.46}$$

となる．ここで $\Delta\rho$ は円柱の密度差である．いま円柱の半径 a を無限に大きくとると，括弧内の第 2 項が打ち消しあって 0 となり，重力異常は

$$g = 2\pi G \Delta\rho h \tag{5.47}$$

となる．これは水平無限平板による重力であり，ブーゲー補正の式と同じになる．

5.6 重力探査のケーススタディ

これまで説明してきたように，重力探査は地表下の密度の不均一性に着目した探査方法である．重力探査では重力あるいは重力偏差を地表面などで測定し，その値および重力異常から地質構造または鉱床の存在を推定する．最後に，様々な探査対象への重力探査の例を紹介する．

5.6.1 地殻構造の重力探査

ここでは，**隕石落下**による重力異常の例を紹介する．メキシコのユカタン半島に 6,500 万年前に落下したとされる隕石によってできた**チチュルブクレータ** (Chicxulub crater: 図 5.30 左) は，世界 3 大クレータの 1 つで，**恐竜絶滅**の引金となった隕石孔としても有名である．この落下した隕石の直径は 10 km から 15 km と推定され，形成されたクレータの直径はその 10 倍以上と考えられている．図 5.30 右は，石油探査を目的としてメキシコ湾で実施された重力探査の結果である．この重力異常図では，クレータの中心部を取り囲むように大きな**低重力異常**が**円弧状**に分布していることがわかる．これは火山噴火で形成されるカルデラなどに見られる円弧状の重力異常と類似している．

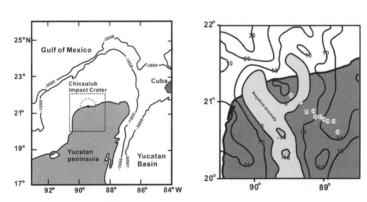

図 5.30　チチュルブクレータの位置図 (左) と重力異常図 (右)[5m]

5.6.2 地下空洞の重力探査

道路・住宅地・農地などにおける突発的な地表陥没事故を防ぐためには，その原因となる**地下空洞**を陥没発生前に検出して，適切な対策を講じる必要があ

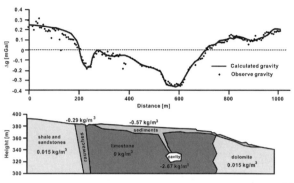

図 5.31 地下空洞探査における低重力異常 (上) とその解析結果 (下)[5n]

る．地下空洞には，石灰岩地域の鍾乳洞，シラス台地のドリーネなどの**自然空洞**と，亜炭・石炭採掘跡や防空壕などの**人工空洞**がある．どちらの空洞も，その分布は面的な広がりを持つため，効率的で効果的な探査技術の活用が求められる．重力探査は比較的簡便で迅速な探査手法なので，地下空洞探査にも有効である．

　地表における重力の値は，地下に分布する岩石・岩盤の密度，分布深度，形状に大きく起因する．地下に空洞が存在する場合には低密度となり，重力値は小さくなるため，負の重力異常が測定される．図 5.31 に石灰岩中の空洞 (鍾乳洞) の重力探査の例を示す．図 5.31 上は，測定された重力異常のプロファイルで，黒丸が測定値で実線が解析結果に基づいた理論的な重力異常分布である．図 5.31 下は，データ解析で求めた測線直下の 2 次元密度分布図である．この場合，最も大きな負の重力異常が現れている測定点の直下に空洞を仮定することで，測定された重力異常分布を再現できている．

5.6.3　石油の重力探査

　重力探査の**石油探査**への適用は，重力異常そのものを測定する方法からではなく，重力偏差の測定から始まった．1924 年に重力偏差計で地下に埋没した岩塩ドームが発見されて以来，1930 年代の石油探査では重力偏差測定がルーチン化するようになった．重力偏差計はその後に開発されたスプリング式の重力計に置き換えられたが，現在でも広域的な石油探査には重力探査が使われている．

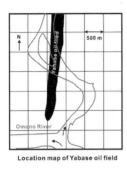
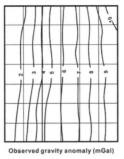
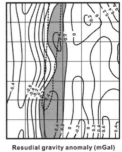

図 5.32　秋田市の八橋油田南部での重力探査の結果 [50]

秋田市の八橋(やばせ)油田は，現在も採油が続けられている数少ない国内油田の一つである．八橋油田は南北に延びた**背斜構造**中に石油貯留層が存在していることが知られている．図 5.32 は，八橋油田の南部で実施された重力探査の結果である．図 5.32 中が，測定されたデータ処理前の重力異常図である．ただしこの地域では，東西方向に傾斜した広域的な地質構造が存在するため，データ処理を行なう前の重力異常分布からは，背斜構造を見いだすことできない．図 5.32 右は，この重力異常から広域的な東西方向のトレンドを取り除いた**残差重力異常図**である．この残差重力異常図からは，調査地域中央部に 0.2 mGal 以上の正の重力異常が検出された．その分布は，既存データから推定されていた八橋油田の分布とほぼ重なっていることがわかる．

5.6.4　鉱物資源の重力探査

密度の大きな金属を多量に含む金属鉱床は，周辺の岩石に比べて密度が高くなる．そのため，金属鉱床探査には高重力異常に着目した重力探査が実施される．図 5.33 は硫化物鉱床の探査の例である．実線は測定された重力異常で，測線の中央部で 2 つのピークを持つような正の重力異常分布となっている．破線は，最終的に求めた下図の 2 次元モデルの計算結果である．この解析例では，周辺岩石の密度 (2.9 g/cm^3) に比べて，大きな密度 (4.4 g/cm^3) を持つ硫化物鉱床と，硫化物鉱床に比べるとやや密度が小さい鉄鉱床 (4.1 g/cm^3) を想定することで，実測値に合う計算値が求められている．

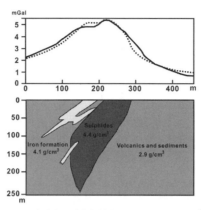

図 5.33　高密度な硫化物鉱床による正の重力異常 [5p)]

5.6.5　地熱の重力探査

　地熱発電に利用する地下からの蒸気や熱水は，**地熱貯留層** (geothermal reservoir) と呼ばれる地下の岩盤の断裂中に貯まっている．このような地熱貯留層が存在する地熱地域は，火山の周辺に存在することが多い．しかし，火山周辺の火山噴出物からなる地層は連続性が悪いため，地表での地質調査だけから地下の地質構造を推定することは難しい．重力探査では，地熱貯留層そのものを探査することはできないが，広域の地下構造を推定するための手法として地熱探査に用いられている．

　アフリカの中央部に位置する**ルワンダ**は，マウンテンゴリラで有名な比較的小さな山国である (図 5.34)．ルワンダでも国産の**再生可能エネルギ**である**地熱**

図 5.34　ルワンダの Kinigi 地熱地帯の位置図

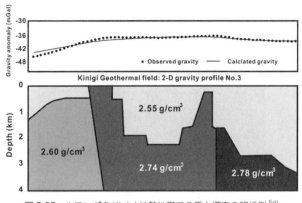

図 5.35　ルワンダの Kinigi 地熱地帯での重力探査の解析例 [5q]

に着目し，その研究開発を始めている．図 5.35 は，Kinigi 地熱地帯での重力探査の結果の一部である．この解析結果では，地下深部に密度の異なる 3 つの岩体を想定している．この解析結果では，これらの岩体はほぼ垂直に隣接していて，断層構造を形成している．また中央の岩体では，カルデラのような**陥没構造**が推定されている．

〈コラム 5B〉衛星による重力測定

　地球規模の広い領域で重力異常分布を調べるには，地上での測定は適しません．このような場合には，人工衛星を使って重力異常を調べます．これを**衛星重力ミッション**(satelite gravity mission) と呼びます．地球温暖化の影響が心配されるなか，極地方の氷の量を衛星重力ミッションによって監視する試みも始まっています．重力異常の測定は，地球の健康状態を調べることにもつながります．

　衛星重力ミッションには，**GRACE**(Gravity Recovery And Climate Experiment) と呼ばれるものがあります．このミッションのための 2 つの人工衛星は，**アメリカ航空宇宙局**(NASA) と**ドイツ地球研究センター** (DLR) の共同で 2002 年に打ち上げられました．約 220 km 間隔で飛ぶ 2 個の衛星 "トムとジェリー" は，北極と南極を通過する高度 300 〜 500 km の**地球周回軌道**を周りながら，地球全面に渡って重力異常を測定します．この 2 個の衛星は，お互いの距離を電磁波を使って常に計測しながら同じ軌道を飛行します．この双子の衛星が重力の大きい地域の上空を通過すると，前を飛ぶ衛星は重力によって引き戻され，後続の衛星は前方に引かれます．このため，重力の大きい地域の上空では衛星間の距離が短くなります．その逆に，重力の小さい領域の上空では衛星間の距離が

201

伸びます．こうした**精密な距離の測定**によって，重力異常の分布のデータが得られます．重力は地球の密度分布に依存するので，重力を測定することで地球の質量分布と，その時間変化を知ることができます．

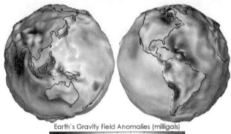

図 5B　GRACE の双子の衛星 (上)[C17] と測定された重力異常マップ (下)[C18]

第6章
磁気探査

"天才とは,99％の努力を無にする,1％のひらめきのことである"
ニコラ・テスラ

リョコウバト [6a]
(Passenger pigeon, 学名：*Ectopistes migratorius*)

　鳩には地磁気を感じる感覚器官があるらしい．鳩はその器官を使って，本来の巣ではない場所で放されても元の巣に戻ってきます．この能力が利用され，かつては新聞社などで伝書鳩として情報の伝達に利用されていました．今でも巣に戻るまでの時間を競う伝書鳩レースが時々開催されています．しかし，様々な電波で溢れた現在の電磁場環境のためか，伝書鳩レースの鳩の帰還率が昔と比べて著しく低くなっているそうです．人間にとっては便利な電波でも，鳩にとっては迷惑な話です．この絵は全米で50億羽以上いたと言われるリョコウバトの絵です．こんなにたくさんいたリョコウバトですが，残念ながら人間による乱獲のため20世紀初頭に絶滅してしまいました．鳩とは関係ありませんが，日本の朱鷺も人間による乱獲や環境変化で20世紀末に絶滅してしまいました．地球環境に優しくないのは，どうやら人間のようです．

6.1 磁気探査の物理学

6.1.1 磁石

　一般的に，磁気と聞いてまず思い浮かべるのは**磁石** (magnet) だろう．天然の磁石は**磁鉄鉱** (magnetite) からできていて，西洋では**ロードストーン** (lodestone) とも呼ばれている．マグネットの語源となったのは，古代ギリシャの**マグネシア地方**で採れた天然磁石 (マグネシアの石) であるとか，**羊飼いマグネス**が拾った不思議な石であるなどと諸説ある．鉄などを引きつける磁石の不思議な力は古くから知られていて，古代中国でも天然磁石で作られた**指南魚**と呼ばれた磁気コンパスなどが利用されていた．この指南魚は木製で，その中には棒状の磁石が仕込まれているため，水に浮かべると常に頭が南を向く(図6.1)．現在でも，**指南**は"正しい方向に教え導く"意味で使われている．

　永久磁石 (permanent magnet) とは，外部から磁場や電流の供給を受けることなく，磁石としての性質を比較的長期にわたって保持し続ける物体のことである．永久磁石は，後述する強磁性を示す物体を磁化して作ることができる．例えば，理科実験に使われる**フェライト磁石**や最強の磁力を持つ**ネオジム磁石**などが永久磁石である．これに対して，外部磁場による磁化を受けた時にしか磁石としての性質を持たない軟鉄や電磁石などは，**一時磁石**と呼ばれる．

　永久磁石の能力を磁力と呼ぶ場合が多いが，磁石が反応する性質を**磁気**，磁気の強さを**磁力**，磁気が作用する場所を**磁場**という．これらは，磁石から発せられている2つの**磁極** (N極とS極) の性質によるものである．磁石では便宜上，N極を正 (+)，S極を負 (−) として取り扱う．異極同士であるN極とS極は互いに引き合うが，同極同士は反発して遠ざかろうとする．この磁力は通常の状態では見ることができないが，平面上に分散させた砂鉄中に棒磁石などを置くと，磁極の流れである**磁力線**が可視化できる．

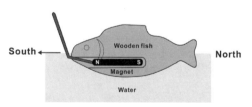

図 6.1　指南魚とその内部構造

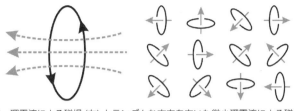

図 6.2　環電流による磁場 (左) とランダムな方向を向いた微小環電流による磁場 (右)

次に，電気的な一時磁石である電磁石について考える．まっすぐな電線に電流を流すと，右ネジが進む方向に回転する環状の磁場が発生する．この磁力線の束を**磁束**と呼び，磁力の強さは単位面積当りの磁束の本数 (**磁束密度**) で表す．次に図 6.2 左のように電線を環にした**コイル**を考える．このとき，環になった電線に電流を流すと，右ネジの法則に従って環状の磁束が現れ，コイル全体としては破線のような磁束が発生する．

6.1.2　磁性と磁性体

磁石の**磁性**の正体は，前述した**環電流**である．電磁石はコイルそのものなので，コイルに電流を流した場合，コイルの中心を通る磁場が発生する．永久磁石では，磁石を構成する物質が持っている**電子のスピン** (electron spin) が環電流の源である．普通の物質では，電子のスピンの向きはランダムなので，外部からは磁性は見えない (図 6.2 右)．しかし，何かの原因でスピンの向きが揃うと磁性が現れる．このように電子のスピンの向きが外部磁場の方向に関係なく常に揃っているのが，自ら磁性を発する**永久磁石**である．また，普段はスピンの向きがバラバラなのに，外部磁界の影響で向きが強引に揃えられて磁性を現すようになるのが鉄などの物質である．このように，物質中の電子のスピンの方向が揃うことが**磁化** (magnetization) である．

磁性体とは，一般的には磁性を帯びることが可能な物質を指す．磁性体は異なる磁化の状態から，**反磁性体**，**常磁性体**，**強磁性体**の 3 つに分類できる (図 6.3)．このため，全ての物質が磁性体であるといえるが，通常は強磁性体だけを磁性体と呼ぶ場合が多い．

強磁性 (ferromagnetism) とは，物質内の隣り合うスピンが同一の方向を向いて整列し，全体として大きな磁気モーメントを持つ物質の磁性を指す．そのた

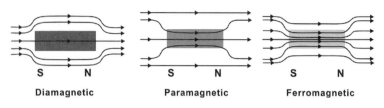

図 6.3 反磁性体，常磁性体，強磁性体を通過する磁力線

め，この種の物質は外部磁場がなくても**自発磁化** (spontaneous magnetization) を持つことができる．室温で強磁性を示す単体の物質は少なく，鉄族の金属である鉄，コバルト，ニッケルなどがある．**常磁性** (paramagnetism) とは，外部磁場がないときには磁化を持たず，磁場を印加されるとその方向に弱く磁化する磁性を指す．鉄族以外の金属では，常磁性のものが多い．

反磁性 (diamagnetism) とは，磁場をかけたとき，物質が磁場の逆向きに磁化される磁性のことである．反磁性体は自発磁化を持たず，磁場をかけた場合にだけ反磁性の性質が表れる．反磁性は 1778 年にブルグマンス (Brugmans) によって発見され，その後，ファラデー (Faraday) によって**反磁性**と名付けられた．反磁性体は 1 よりも小さい比透磁率と，0 よりも小さい負の磁化率を持つ．そのため，誘導された磁場は外部の磁場に反発するが，反磁性は非常に弱い性質のため，日々の生活では認識することはできない．ただし，極端に大きな外部磁場を加えれば，カエルなどの小さな生物なら反磁性を利用して浮上させることもできる．

6.1.3 磁化と磁化率

磁化 (magnetization) とは，磁性体に外部磁場を加えたときに，その磁性体が磁気的に分極して一時的に磁石となる現象のことである．そのため，**磁気分極** (magnetic polarization) とも呼ばれる．また，磁性体の磁化の程度を表す物理量も磁化と呼ぶ．**磁化率** (magnetic susceptibility) とは，磁気分極の起こりやすさを示す物性値であり，**帯磁率**や**磁気感受率**などとも呼ばれる．外部から磁場 H を加えると磁性体には磁気分極 P_m が生じるが，この H と P_m は比例する．その関係を

$$P_m = \chi_m \mu_0 H \tag{6.1}$$

のように書き表した時の比例定数 χ_m が磁化率である．なお μ_0 は真空の透磁率である．$\mu_0 H$ と P_m は共に磁束密度の次元を持つので，磁化率は無次元量であり単位系によらない．

岩石の磁化率 (帯磁率) は，含まれる磁鉄鉱などの強磁性鉱物の量と相関し，火成岩の多くは $5 \sim 50 \times 10^{-3}$ SI 程度の値を示すが，堆積岩や磁鉄鉱に乏しい還元型の花崗岩では 1×10^{-3} SI 以下の極めて低い値を持つ．なお，磁化率は前述のように無次元であるが，cgs 電磁単位系と区別するため，数値の後に SI を付記する場合が多い．

6.1.4 キュリー温度

強磁性を示す物質でも，ある温度以上になると，電子のスピンが熱エネルギのためにランダムな方向を向くようになり常磁性を示すようになる．さらに温度を上げると磁化の減少が急激に進行し，ある温度以上ではスピンが完全にランダムになり，**自発磁化が消滅**する (図 6.4 右)．この温度は，発見者のピエール・キュリーに因んで**キュリー温度** (Curie temperature) または**キュリー点** (Curie point) という．キュリー温度は，強磁性体が常磁性体に変化する転移温度，また強誘電体が常誘電体に変化する転移温度である．例えば，鉄とニッケルのキュリー温度はそれぞれ，770℃ (1,043 K) と 354℃ (627 K) である．

 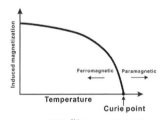

図 6.4　ピエール・キュリーの肖像 [6b] とキュリー温度

6.1.5 誘導磁化と残留磁化

強磁性体である鉄製の物体 2 つを近くに置いても，互いに引き寄せ合うことはない．しかし，鉄の近くに磁石を置くと互いに引き寄せられる．これは，鉄が磁石の磁気で磁性を帯びるためである．このように物質が外部磁場によって磁気を帯びることを**誘導磁化** (induced magnetization) といい，電気力学での誘

電分極と似た現象である.

　磁場の大きさ H を変化させるとき，それに応じて現れる強磁性物体の磁化の強さ，つまり磁場方向に測定した**磁気モーメント M** は，その直前の磁化状態に依存して非可逆的な変化を示す．これを**磁気ヒステリシス** (magnetic hysteresis: **磁気履歴**) と呼び，その関係は**ヒステリシス曲線**で表される．強磁性体の磁化 M が 0 の消磁状態から磁場を増していくと，磁化は増大して飽和磁化に達する．ここまでの部分は**初磁化曲線**と呼ばれる．次に外部磁場を徐々に減らすと，磁化は初磁化曲線を辿らずに，外部磁場 H が 0 となっても磁化が残る．これを**残留磁化** (remanent magnetization) という．次に，逆方向に外部磁場を加えると，ある点で残留磁化は 0 となる．このときの磁場の大きさを**保磁力** (coercive force) と呼ぶ．さらに逆方向に磁場を増すと，マイナス方向の飽和磁化に達する．再び外部磁場の向きを反転させて磁化を測定すると，磁化が同様な変化をしながら，一回りの図が描ける．これが**磁気ヒステリシス曲線**である (図 6.5).

　強磁性体の中は，外部磁場を加えて磁化させた後にその磁場を除いても，自発分極が残って永久磁石となる現象がある．自然界でもマグマの上昇などによる高温のため，強磁性鉱物がキュリー温度以上の温度になって磁化が一旦消えた後に，地球磁場の中でゆっくりと冷却される過程で地球磁場の方向に磁化する場合がある (図 6.6)．この磁化獲得過程を**熱残留磁化** (**TRM**: **T**hermal **R**emanent **M**agnetization) といい，獲得した磁気を**熱残留磁気**と呼ぶ．熱残留磁気は，火山岩の残留磁気の主要因となっている．

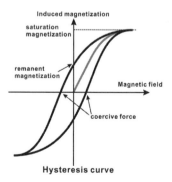

図 6.5　誘導磁化と磁気ヒステリシス曲線

 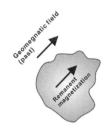 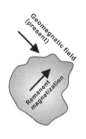

1) High temperature (T > Curie point)   2) Medium temperature (T < Curie point)   3) Normal temperature

図6.6　熱残留磁気の獲得過程

　また，水中に積もった堆積物も弱い残留磁気を獲得する場合がある．これを**堆積残留磁化 (DRM: D**epositional **R**emanent **M**agnetization**)** と呼ぶ．これは，強磁性鉱物粒子の磁気が水中で沈降途中に，そのときの地球磁場の方向に揃うためと考えられる (図 6.7)．粒子の大きさが大きい場合には，粒子が着底する際に回転して磁場の方向が揃わないが，深海底堆積物のように粒子が十分に小さい場合には，緩やかな速度で沈降するので磁場の方向が同じに揃う．

　赤鉄鉱 (hematite) を 350℃で還元して磁鉄鉱 (magnetite) にすると，強い残留磁気が生じることが知られている．この磁化過程を**化学残留磁化 (CRM: C**hemical **R**emanent **M**agnetization**)** と呼ぶ．これは，結晶成長に伴って，磁気が固定されるためと考えられている．また，水酸化鉄から赤鉄鉱が生成するときは，$2FeOOH \rightarrow Fe_2O_2 + H_2O$ の反応で，結晶が 0.1 μm 程度になったときに磁気が固定されるようになる．この反応は赤色砂岩中の赤鉄鉱の生成の原因と考えられている．

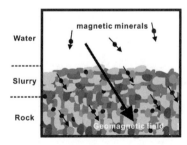

図6.7　堆積残留磁気の獲得機構

6.2 磁気探査の地球物理学

6.2.1 地磁気の歴史

27億年前に，地球は自ら磁気を持つようになったと考えられている．地球の磁気すなわち**地磁気**は，大雑把に言えば地球の北極と南極に合わせて**巨大な棒磁石**を置いたような磁気である．このように地球自体が1つの巨大な磁石であることを指摘したのは，イギリスの**ギルバート** (Gilbert) である．ギルバートは，小さな地球の模型テレラを用いた実験を通して，地磁気の伏角の変化を確かめた．現在の**地球磁場**では，北極の近くにS極があり，南極の近くにN極がある．この巨大な磁石による磁場の発生は，液体の鉄やニッケルで構成されている地球の**外核の対流**が原因だと考えられている．

地球が磁気を持つことにより，地球の外側に**磁気圏**が形成された．この磁気圏が太陽からのプラズマ流である太陽風を防ぐバリアとして働いている．水素の核融合反応で巨大なエネルギを常に生み出している太陽からは，絶え間なく**太陽風** (solar wind) という**プラズマ流**が噴き出してくる．太陽風はそのほとんどが水素であるが，高温のために電子と陽子に電離したプラズマ状態になっている．しかし，プラズマのような荷電粒子は磁場を横切ることができないので，地球磁場の勢力圏に入ることができずに，磁場を押し潰すようにしてその縁を移動することになる (図 4.11 参照)．

地球の磁場は，主に**電離層**などを含む地球に流れる電流に起因する．地磁気の発生原因は，今でも完全には解明されていない．しかし，地磁気の成因の99%は地球内部にあり，残りの1%は地球外の太陽風などにあると考えられている．**ガウス** (Gauss) は，地磁気のデータから，地球磁場の成因の99%は地球内部にあることを証明し，80%は**双極子磁場**で説明できることを明らかにした．そのため，ガウスは地球電磁気学の父と呼ばれている．

6.2.2 地磁気の基礎事項

地球の双極子磁場は，自転軸に対して約11度傾いているため，地理上の極と磁極の位置にはずれがある．地磁気の極には，**磁極**と**地磁気極**という2つの極があり，地磁気極は地球の中心に対して対称な位置にある．地球のS極は，北緯90度の北極点にあるのではなく，現在は北極点からずれたグリーンラン

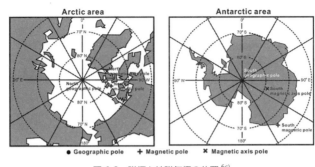

図 6.8 磁極と地磁気極の位置 [6c]

ドにある．このため，**方位磁針(磁気コンパス)** は，真北である北極点を向かない．また，北極側の地磁気極(**地磁気の S 極**)を**地磁気北極**，南極側の地磁気極(**地磁気の N 極**)を**地磁気南極**という．つまり，方位磁針の N 極は，真北ではなく地磁気北極であるグリーンランドの方向を指している．北極点と地磁気北極の方向の違いを**偏角** (declination) という．偏角は緯度によって異なり，日本周辺を例にすると沖縄で約 4 度，関東で約 7 度，北海道で約 9 度ほど西に傾いている．一般的に北に行くほど，偏角は大きくなる．

　静止した方位磁針の針は水平を保っているので，地磁気は水平に作用しているように見える．しかし，実際には地磁気は水平ではなく，地磁気は傾いた方向から方位磁針に作用している．この地磁気の傾きを**伏角** (inclination) という．棒磁石の重心を糸で結んで吊すと，N 極が傾いた状態で北を指す．この傾きが伏角となる．伏角も偏角と同様に緯度によって異なる．伏角は沖縄で約 38 度，関東で約 49 度，北海道で約 57 度である．このように，北に行くほど伏角も大きくなる．実は方位磁針は，伏角を考慮して S 極側を重くしている．この S 極側の重みは，日本付近の伏角を前提にしているので，日本で販売されている方位磁針は南半球では使えない．

　地磁気北極の真上では，伏角は 90 度になるはずだが，実際には伏角は 90 度にならない．実際に伏角が 90 度になる場所が，**地磁気北極**とは別な場所にある．この場所を**磁北極**という．このようなずれは，地球内部の構造の影響を受けているためで，地磁気北極と磁北極，**地磁気南極と磁南極**は一致していない．

　地磁気は場所によって異なり，その大きさは**全磁力** (total intensity/total magnetic force) と呼ばれている．地磁気のベクトル量は，**伏角と偏角と全磁力**

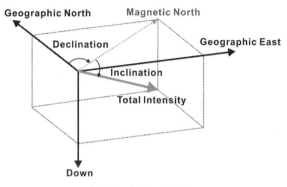

図 6.9 地磁気の 3 要素

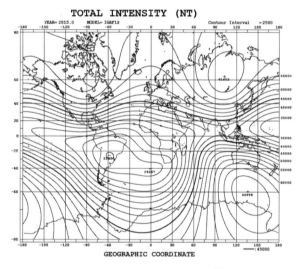

図 6.10 地磁気の全磁力の分布 [6d]

の 3 つのパラメータで決定できる．このことから伏角と偏角と全磁力を**地磁気の 3 要素**という (図 6.9)．日本で測定される全磁力は 46,000 から 50,000 nT 程度であり，北に向かうほど大きな全磁力となる．地磁気の全磁力分布を図 6.10 に，偏角分布を図 6.11 に，伏角分布を図 6.12 に示す．なお，最新の地磁気の分布は国土地理院のウェブサイトで公表されている．

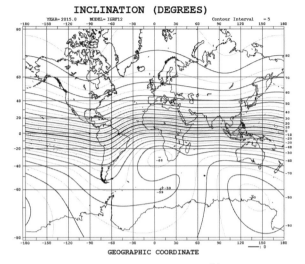

図 6.11 地磁気の偏角の分布 [6e)]

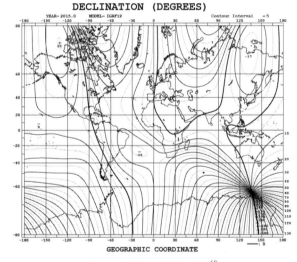

図 6.12 地磁気の伏角の分布 [6f)]

6.2.3 地磁気の日変化

　地磁気の大きさの単位は，SI 単位系の磁束密度の単位である T(テスラ) である．通常，地球の磁場はとても弱いので，T の 10^{-9} の単位である nT(ナノテスラ) が使われる．ただし地球物理学では，地磁気の磁束密度を表すのに，cgs

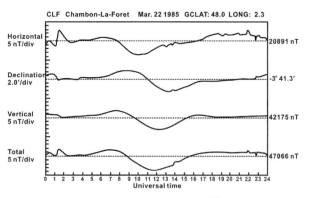

図 6.13 地磁気の日変化の例 [6g]

単位系の G(ガウス) が使われていた．また 1 G の 10^{-5} である単位として，γ (ガンマ) が使われていた．γ は 10^{-9} T であり，1 nT に等しい．つまり，1 nT = 10^{-9} T = 10^{-5} G = 1 γ である．

磁気探査 (magnetic exploration) で注意しなければならないのは，短い期間での地磁気の変動である．既に 1722 年には，グラハム (Graham) が方位磁針の方向，つまり偏角が 1 日のうちで変化することに気付いていた．**地磁気の日変化** (geomagnetic daily variation) は 1 日を周期として 25 nT 程度である．この変化は昼間で大きく，夜間では小さい (図 6.13)．また緯度が等しい地点での日変化はほぼ等しく，同じ時間に同じ変化をする．このように，日変化とその地点の緯度とは密接な関係がある．また，季節によっても日変化の大きさは変化し，夏の方が冬に比べて大きい．さらに，**太陽黒点** (sunspot) の活動が多いときには，日変化の振幅も大きい．日変化のような規則正しい変化の他に，突然大きな不規則変化が現れることがある．これを**磁気嵐**という．この磁気嵐は，**太陽フレア**からの**コロナ質量放出**が原因と考えられている．大きな磁気嵐では，1,000 nT の磁気変化が生じることもあり，人工衛星の故障や地上の機械の故障を引き起こす場合もある．

6.2.4 地磁気の永年変化

地磁気ベクトルは，赤道付近を除けば，地面に対して平行ではなく，地面と斜交している．この水平面と地磁気ベクトルとがなす角を**伏角**といい，地磁気が地面に向かって突き刺さる方向の場合を正 (+)，地面から出て行く向きの場

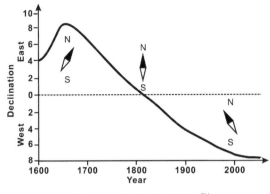

図 6.14　東京の偏角の永年変化 [6h)]

合を負 (−) となるように定義している．伏角は，南半球のほとんどで負で，南の磁極に近づくにしたがって−90 度に近づく．また，北半球ではその逆に，伏角はほとんどで正となり，北の磁極に近づくにしたがって +90 度に近づく．

現在，伏角が−90 度あるいは +90 度になる磁極は，前述のように地球双極子磁場の極である地磁気極とは一致していない．また**磁北極**，**磁南極**と**地磁気北極**，**地磁気南極**の位置は常に移動している．2005 年の地磁気北極は 79.7° N − 71.8° W，地磁気南極は 79.7° S − 108.2° E，2010 年の地磁気北極は 80.0° N − 72.2° W，地磁気南極は 80.0° S − 107.8° E であった．

偏角変化の最も大きい要因は，地球の**双極子磁場** (dipole magnetic field) の自転軸に対する傾斜である．東京での**偏角**は，現在は北から 7 度西だが，伊能忠敬が日本地図を作製した 200 年前は，ほぼ北を向いていた．また 350 年ほど前に来日したオランダ船の記録では，約 8 度東だったことがわかっている (図 6.14)．このことから日本付近の偏角は，この 350 年で東から西へ 15 度ほどずれたことがわかる．このように地磁気が数十年から数百年という長い間に変化することはよく知られており，これを**地磁気の永年変化** (geomagnetic secular variation) と呼んでいる．この永年変化の様子は場所により異なる．

液体金属である地球の外核起源による磁場の分布形状は，地球の中心に南北方向の棒磁石を置いた場合と似ているが，その磁力の強さ，つまり地球の**磁気モーメント** (magnetic moment) の強さは，少なくとも過去 200 年間は減少を続けている (図 6.15)．ただし，この変化は何万年以上にもわたって繰り返されて

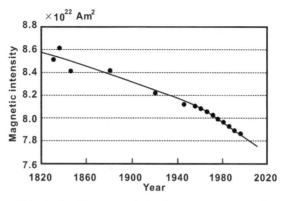

図 6.15 年々弱まっている地球の磁気モーメントの大きさ [6i)]

いる増減の一部なので,このまま地磁気がなくなってしまうわけではないと考えられている.地磁気は場所によって異なり,また時間とともに変化している.このような地磁気の地理的分布と時間変化を明らかにするため,国土地理院や気象庁をはじめ,国の機関や大学で継続的な地磁気観測が行なわれている.

6.2.5 地磁気の逆転とエクスカーション

地磁気逆転 (geomagnetic reversal) とは,地球の地磁気の向きが現在の向きと南北逆になることである (図 6.16 左).驚くべきことに,地磁気は過去 360 万年の間に 11 回は逆転し,現在までに少なくとも 2 つの永い**逆磁極期**があったことが判明している.約 500 万年前から約 400 万年前の逆転期は**ギルバート期** (Gilbert epoch) と名付けられ,258 万年前から 78 万年前の逆転期は松山基範に因んで**松山期** (Matsuyama epoch) と名付けられている (図 6.16 右).松山は,兵庫県**玄武洞**の玄武岩の残留磁気が現在の地磁気と反対方向を向いていることを発見し,地磁気の反転の可能性を最初に指摘した.なお,国立極地研究所による精密な年代決定によると,最後の**地磁気逆転**の時期は約 77 万年前とされている.

この 77 万年間には逆転には至らなかったものの,逆転の途中で元に戻る**地磁気エクスカーション** (geomagnetic excursion) と呼ばれる類似した現象が何回も起こっていたことがわかってきた (図 6.16 左).その存在がほぼ確定的だとされるものだけでも,77 万年間に 7 回もエクスカーションが起きている.この

216

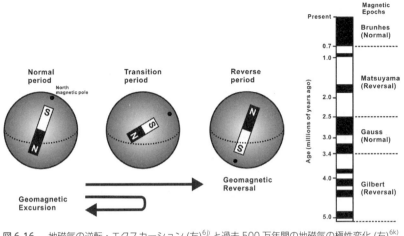

図 6.16 地磁気の逆転・エクスカーション (左)[6j] と過去 500 万年間の地磁気の極性変化 (右)[6k]

図 6.17 力武の地球ダイナモモデル (左)[6l] と地磁気逆転の計算例 (右)[6m]

ような逆転・エクスカーションの期間中には，地球磁場の強さが現在の 1/10 にまで減少していたことも最近の研究によって明らかになってきた．

このような地磁気の逆転やエクスカーションの詳しいメカニズムは完全には解明されていないが，**カオス理論**に出てくる**ローレンツアトラクタ** (Lorenz attractor) に類似したモデルが，逆転現象を説明するモデルとして力武によって提案されている．これは，**地球ダイナモ** (earth dynamo) **モデル**と呼ばれ，2 つの自励式発電機 (ダイナモ) を組み合わせたモデルである (図 6.17 左)．このダイナモモデルを使った計算例が図 6.17 右で，エクスカーションを繰り返しながら，地磁気が不規則に何度も逆転する様子が再現されている．

6.2.6　古地磁気学

古地磁気学 (paleomagnetism) とは，岩石などに**残留磁気**として記録されてい

る過去の地磁気を解析する地質学の1分野である．**火山岩**や**堆積岩**には，それができた時と場所の**磁場**が**記録**されており，そのデータを解析することで地磁気の逆転や大陸移動の様子などを調べることができる．この方法は，当初は残留磁気の大きな火成岩に対してしか使えなかったが，1950年代に磁力計の感度が大きく向上して，堆積岩にも使えるようになった．また，洋上から深海底の玄武岩の残留磁気も測定できるようになった．

　磁化獲得時の水平面が推定できる場合，残留磁化の方向から磁化獲得時の伏角と偏角が得られる．例えば，864年に噴出した富士山青木ヶ原の溶岩の偏角は13°W(西に13度)，1778年に噴出した伊豆大島の安永溶岩の偏角は1°E(東に1度)なので，この900年間に偏角が14度も東に傾いたことがわかる．また考古学の分野では，祖先が使用した炉跡の焼土に生じている磁性の研究も行なわれている．**焼土**中には僅かではあるが**強磁性鉱物**が含まれ，当時の地磁気を記録している．したがって地磁気の時間変化がわかれば，地磁気から遺跡の年代を推定することができる．この年代は**古地磁気年代**と呼ばれている．日本では，紀元前300年頃から現在までの偏角や伏角が調べられている．その結果，現在までに偏角で約20度，伏角で約10度変化したことがわかっている．

　狭い地域の磁気変化だけではなく，グローバルな磁気変化も研究されている．図6.18は，ロンドンで測定された偏角と伏角の変化を示したものである．磁気獲得時の偏角からは極の方角，磁気獲得時の伏角からは緯度と地磁気の極性がわかる．さらにこれらから，極に対する相対運動の量が推定できる．残留

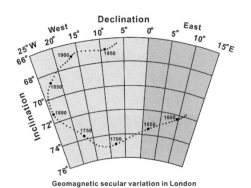

図 6.18　ロンドンの偏角と伏角の経年変化 [6)]

磁化の強度は基本的には磁気獲得時の磁場強度に比例するので，適当な条件が整えば，残留磁気を獲得した時代・場所の地球磁場強度やその変化が推定できる．また地球磁場が地軸に平行な地心双極子の作る磁場に近似できるという仮定のもとで，残留磁気獲得時の伏角とあわせることで当時の磁気双極子モーメントの強度を推定できる．

6.2.7 大陸移動とプレートテクトニクス

大陸移動説 (theory of continental drift) は，大陸が地球表面上を移動してその位置や形状を変えるという学説で，大陸漂移説ともいう．この説の発想自体は古く，様々な人物が述べているが，一般にはドイツの気象学者**ウェゲナー** (Wegener: 図 6.19 左) が 1912 年に提唱した説を指す．1912 年にフランクフルトで行なわれた地質学会の席上で，太古の時代に大西洋両岸の大陸が別々に漂流したとする大陸移動説をウェゲナーが発表した．

ウェゲナーの大陸移動説は，測地学，地質学，古生物学，古気候学，地球物理学など様々な当時最新の資料を元にして構築されたもので，ウェゲナー以前の説とは明確に異なるものだった．また，明確に"大陸移動"という言葉を使ったのもウェゲナーが最初であった．さらにウェゲナーの著書『大陸と海洋の起源』の中で，石炭紀後期に存在していた巨大な陸塊 (**超大陸**) が分裂して別々に漂流し，現在の位置・形状に至ったと発表した．ウェゲナーは，この分裂前の超大陸を"すべての陸地"を意味する**パンゲア** (Pangea) と名付けた．パンゲア大陸は，ペルム紀から三畳紀にかけて存在した超大陸で，赤道を挟んで三日月型に広がっていたと考えられている (図 6.19 右)．

ウェゲナーの大陸移動説では大陸を動かす原動力が何なのかが説明されてお

図 6.19 ウェゲナーの肖像[60] と超大陸パンゲア

らず，大陸移動説の発表当時，このような大陸移動は物理的にありえないと考えられた．しかし，ウェゲナーの死後，1950年以降から次々に新事実が見つかり，**プレートテクトニクス** (plate tectonics) として再評価されている．前節で説明した古地磁気の研究も，大陸移動を裏付ける証拠の1つとなっている．

〈コラム6A〉二条城の謎

　二条城は，京都の街の中心にあり，多くの観光客が訪れる観光スポットです．二条城は，1602年に**徳川家康**が各地の諸大名を総動員して築城させた名城です (図6A 左)．京都の町並みは，二条城が建てられる700年以上前に桓武天皇によって造営されました．当時の都である平安京は，北極星を基準にして方位を決めて，碁盤の目の路を造営したと考えられています．しかし，二条城は**南北に走る路に対して軸が約3度東に傾いて**います．その傾きは，地図で確認するとよくわかります (図6A 右)．

　徳川家康が二条城造営に**方位磁針**という当時の最新技術を導入した，という説があります．方位磁針が示す北は時代と共に変化し，現在は真北から西に7度傾いていますが，二条城造営当時の京都では真北から東に3度傾いていました．これが二条城の3度の傾きの原因だとする説がありますが，確かな証拠は無いようです．徳川家康は，西洋から伝わった最新技術を使って測定しているのだから，大昔に造営された南北に走る路の方が傾いていると思ったのかもしれません．もちろん，証拠はありませんが．

　蛇足ですが，京都から遠く離れた仙台の**伊達政宗**のお墓から，方位磁針が発見されて話題になったことがあります．おそらく，正宗がヨーロッパに送った遣欧使節団が持ち帰ったものでしょう．仙台城築城にも，方位磁石が使われたとする説があります．

図6A　二条城 (左)[C19] とその周辺地図 (右)

6.3 磁気探査の地質学

6.3.1 岩石の磁気

岩石中の主要造岩鉱物であるケイ酸塩鉱物は，一般的には**常磁性**である．**強磁性**を示すのは，鉄・チタンの酸化物，鉄の硫化物や水酸化物などである．このなかで鉄・チタンの酸化物が普通の岩石中に最も多く存在する．さらにこのなかで岩石の磁化に寄与するのは，**マグネタイト系**と**ヘマタイト系**の造岩鉱物である．

磁気異常は，地下の岩石の分布状況 (地質構造) によって引き起こされる．岩石の磁性は，それに含まれる**強磁性鉱物**の種類と量によって異なり，磁性鉱物の形状や磁区構造にも関係する．岩石の磁性には，永久磁石の性質を持つ**残留磁気**と，印加磁場の応答として生じる**誘導磁気**とがある．一般的には残留磁気も誘導磁気も，堆積岩よりも火成岩が，火成岩の中では珪長質岩よりも苦鉄質岩が高い傾向にある．前章の重力探査の基礎になる岩石の密度がたかだか 2 倍程度しか変化しないのとは対照的に，磁性の強さは 1,000 倍から 10,000 倍の変化を示す場合がある．このことは，磁性の強い岩石を対象とした調査が極めて効果的に行なえる半面，磁性の弱い岩石の調査は困難であることを意味する．

岩石の磁性はその環境や状態変化によって大きく変化する．一般に強い磁性を持つ火山岩地帯の中で，熱水変質などによって磁性鉱物の酸化や溶脱が進んだところでは，磁性が著しく低下する状況が見られる．また，地下 10 km 位を超えた深部や，火山活動で高温になった所では，磁性鉱物がキュリー温度を超えて強磁性を失い，周辺との磁性コントラストが生じる．また，火山活動が収束して冷却すると徐々に再帯磁がおこる．このように，磁気異常は様々な地質現象と結びついていて，そのデータから種々の地下構造やその変動を解析できる可能性を秘めている．

6.3.2 ケーニヒスベルガー比

磁化は外部磁場によって誘起される**誘導磁化**と，岩石自身が持つ**残留磁化**のベクトル和によって決まる．磁化強度は磁化の大きさとして定義され，**磁化率**は外部磁場の大きさと誘導磁化の大きさの比で定義されている．そのため，磁

化率が大きいほど誘導磁化は大きくなる．磁化率は，火成岩が最も大きく，続いて変成岩，堆積岩の順になる．また，堆積岩は，火成岩や変成岩に比べ数分の1以下である．火成岩の中でも，塩基性岩は酸性岩よりも磁化率が大きい．岩種別の残留磁化の大小もこれと同様な傾向がある．火成岩の磁化強度は他の岩種に比べ大きいため，磁気異常の原因の多くは火成岩であるといえる．日本列島の磁気異常の原因も，多くはその場所に存在する火成岩である．

　岩石の持つ磁性の違いを利用して行なう磁気探査は，残留磁化と誘導磁化の方向および大きさに関係するので，磁気異常の解析ではこれらを考慮する必要がある．岩石の**残留磁化 R** と現在の地球磁場による**誘導磁化 I** の比 $(=R/I)$ を，**ケーニヒスベルガー比** (Koenigsberger ratio) または Q **比**と呼ぶ．とくに残留磁化が自然残留磁化である場合，Qn **比**と呼んで区別する．Q 比の大小により，磁気異常の誘導磁化に対する残留磁化の影響が見積もれる．一般に，Q 比は火山岩では 1 以上なので，磁気異常の解析では，誘導磁化に加えて残留磁化の影響を考慮する必要がある．一方，花崗岩のような深成岩の Q 比は 1 以下なので，残留磁化の影響はほとんど無視できる．

6.3.3　岩石の帯磁率

　帯磁率は，磁化の強さと磁場の強さの比で**磁化率**と同じものである．一般的な物質では磁化率の方が多用される傾向にあるが，地質学では過去の研究の継続性から帯磁率を使う場合が多く，用語が統一されていない．ここでは，岩石を取り扱うので敢えて帯磁率を使うが，磁化率と同じなので注意して欲しい．

　岩石では，磁鉄鉱などの磁性鉱物を含んでいるかどうかで帯磁率の値が左右される．このことが岩石の識別や風化・変質の程度の指標として利用できる．つまり，火山岩などでは，新鮮なものほど帯磁率が大きく，風化あるいは変質により磁性鉱物である磁鉄鉱が磁性の弱い赤鉄鉱や褐鉄鉱に変化すると帯磁率は小さくなる．

　火山岩も帯磁率に変化が見られる．山陰地方では磁鉄鉱系列が多く，山陽地方ではチタン鉄鉱系列が大部分を占める．安山岩ではより鮮明で，山陰地方ではほとんどのものが磁鉄鉱系列に属している．山陰地方で昔からタタラ製鉄と呼ばれる製鉄業が栄えたのは，これらの火山岩，深成岩から洗い出された磁鉄鉱の砂鉄が産したからである．

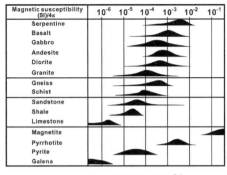

図 6.20　岩石の帯磁率の分布 [6p]

　堆積岩は，それが堆積した後背地の地質によって，その帯磁率が左右される．堆積岩の中では，チャートなどの遠洋性堆積岩や石灰岩などは，帯磁率がほとんど 0 となる．ただし陸から供給された土砂が堆積したタービダイトなどは，やや高い値を示す．また孔隙率が大きく，含水率の高いシルト岩では，負の値を示す場合がある．これは，水が反磁性体で，帯磁率が負となることを反映している．

　帯磁率は，堆積岩と火成岩との識別，風化区分への適用，岩体の識別などへの応用が可能である．肉眼鑑定をする場合，間違いやすいものとして黒色泥岩と玄武岩がある．ただし，この 2 つを帯磁率で比較すると，相対的に玄武岩の方が帯磁率は大きくなるので区別ができる．一般に，黒色泥岩は水深のある水底で形成されるので，磁鉄鉱のような比重の重い鉱物は運ばれ難い．これに対し，玄武岩では磁鉄鉱を含むことは普通であり，帯磁率は相対的に高くなる．その他にも，凝灰岩とシルト岩なども帯磁率により識別できる可能性がある．図 6.20 に主な岩石の帯磁率を示す．岩石の帯磁率はその生成過程に依存するので，図のように広範囲の値を持つ．

6.3.4　岩石の透磁率

　透磁率 (magnetic permeability) は，物質の磁気的性質を表す尺度で，磁束の通りやすさ，つまり磁化のしやすさを表す．物質を磁気の作用する空間すなわち磁場中に置くと，程度の差はあるが，磁気を帯びて磁石と同じような性質を現す．磁場の強さをさらに強めると物質中の磁束密度もそれに比例して大きく

なる．この時の変化率を透磁率という．透磁率が高いと同じ磁場の中でも磁束密度は大きく，すなわち物質中を通る磁束が増えて磁石としての強さが増す．この変化率を示す透磁率より，物質の透磁率と真空の透磁率との比である**比透磁率** (relative permeability) がよく用いられる．銅やアルミニウムのように磁性がないとされる物質の透磁率は 1 に近い値で，鉄のような強磁性体は大きな比透磁率を示す．比透磁率は磁化率と同様に単位を持たない無次元量である．

透磁率 μ は，磁束密度 B を磁場 H で除した値で，単位は SI 単位系で [H/m] である．また真空での透磁率は μ_0 で表し，SI 単位系では $\mu_0=4\pi\times10^{-7}$[H/m] である．帯磁率は磁気分極 J を磁場 H で除した値であり，$x_m(=J/H)$[H/m] と表記される．このとき，磁束密度 B は，$B=\mu_0H+J=(\mu_0+x_m)H$ となるので，透磁率は真空の透磁率と帯磁率から $\mu=\mu_0+x_m$ となる．また，透磁率 μ と真空の透磁率 μ_0 の比を**比透磁率** μ_r と呼ぶ．

比透磁率は，強磁性体の鉄では 500 ～ 5,000，常磁性体のアルミニウムでは 1.0002，反磁性体の銅では 0.9999 である．したがって，常磁性体や反磁性体では，比透磁率をほぼ 1 として扱ってよい．

6.3.5　地磁気の縞模様

海上で海底下の岩石の磁気を測定すると，計算で予想される磁気の強さと比べて，磁気の強い場所と弱い場所があることがわかった．しかも，磁気の弱い場所や強い場所は直線的に繋がっていることもわかってきた．この磁気分布を，計算による予想より強い場所を黒く塗り，弱い場所を白く塗ると，縞状の模様が現れた．この模様を海上地磁気異常の縞模様または単に**地磁気の縞模様**と呼ぶ (図 6.21)．アイスランド付近やカナダのバンクーバー沖の測定では，この縞模様は海嶺に平行で，海嶺の真上で一番強く，海嶺の左右にほぼ左右対称に広がっていることがわかった．

なぜこのような模様ができるかを説明したのは，アメリカ・スクリプス海洋研究所のヴァイン (Vine) とマシューズ (Matthews) の 2 人である．この 2 人は，縞模様の原因を次のように説明した．海嶺の中央の谷ではマントルから次々と新しい溶岩が上昇してきて新しい**海洋地殻**を作る．そして，新しくできた地殻は古い地殻を左右に押しやるので海底は広がる (**海洋底の拡大**)．また溶岩は冷える時，その時その場所の地球磁場方向の**残留磁気**を獲得する．地球磁場は地

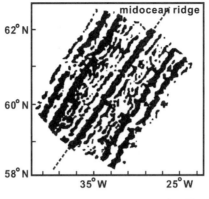

図 6.21 アイスランド沖レイキャネス海嶺周辺の海底磁場の縞模様 [6q]

質時代を通じて逆転を繰り返しているので，昔のある時期には今と逆方向の磁場を持った時代があった．その当時噴出した溶岩によって作られた**海洋地殻**は，今は海嶺の中央軸からは離れた場所にあり，現在の磁場方向とは逆の残留磁気を持っている．これが**ヴァイン・マシューズ仮説** (Vine-Matthews hypothesis) である．

6.4 磁気探査の計測工学

6.4.1 帯磁率計

帯磁率(磁化率) は，外部から磁場を加えた場合に，その物質の磁化されやすさを表す値として定義されている．野外で用いる**携帯帯磁率計**は，弱い磁場をかけて初期帯磁率を測定する測定機である．測定された帯磁率の値は，岩石の中に含まれる磁鉄鉱に代表される強磁性鉱物の量によって決まる．また岩石の帯磁率はその岩石に含まれる鉱物の種類や粒径によっても変わる．野外の露頭で測定する場合は，ほぼ強磁性鉱物の量の違いを見ていると考えてよい．

帯磁率計の実際の使い方は簡単で，露頭にセンサを当て弱い磁場をかけ，その磁場に対する岩石の応答を測定する．帯磁率計は測定時間がほんの数十秒と短いことと，非破壊で測定できることが大きな特徴である．そのため，岩石の帯磁率を測定するためだけでなく，ブロック塀に鉄筋が入っているかどうかを確認するためなどにも使われている．

225

6.4.2 コイルを使った磁力計

電線を巻いたソレノイド(コイル)に比透磁率の大きな鉄芯を挿入し，電線に電流を流すと磁場が大幅に増加する．これが電磁石の原理で，コイルに大電流を流せば永久磁石より強い磁場を人工的に作り出すことができる．このときコイルがつくる磁束密度 B は次式となる．

$$B = \mu_r \mu_0 n I \tag{6.2}$$

ここで，μ_r はコイルに挿入する物質の比透磁率，μ_0 は真空の透磁率，n は巻数，I は電流である．コイルに何も挿入してないときは $\mu_r \fallingdotseq 1$ なので $B = \mu_0 n I$ となるが，$\mu_r \fallingdotseq 5000$ の鉄芯を挿入したときは $B = 5000\mu_0 n I$ となり，磁束密度が大幅に増加する．この電磁石の原理を逆に応用したのが，コイルを使った各種の磁力計である．**インダクションコイル** (induction coil) は，その構造は電磁石そのものであるが，電磁石とは逆に磁気から電気への変換を行なう磁気センサである．

コイルを使った磁力計には，2つのコイルと鉄芯を組み合わせた**フラックスゲート磁力計** (flux-gate magnetometer: 飽和鉄芯型磁力計) がある．フラックスゲート磁力計の鉄芯には，**パーマロイ**のように透磁率が非常に高く，小さな磁場でも容易に磁束密度が飽和される磁性材料を使う．1次コイルに周波数 f の交流 (正弦波) を流すと，磁性体の飽和特性のため2次コイルには正弦波から位相がずれた交流が現れる．フラックスゲート磁力計では，この非対称性の度合を検出することで外部磁場が測定できる．

地球磁場によって誘導磁気を生じた鉄類は，その近傍でコイルを移動させると，コイルの軸方向の磁場の強さが変化して起電圧を生じる．この起電圧は，コイルの軸方向の磁場の強さの変化率に比例する．この起電圧を測定することで，鉄類の探査ができる．**両コイル型磁気傾度計** (図 6.22) では，感度が同一の2つのコイルを 1〜2 m 間隔に軸方向を一致させて固定する．このとき，2つのコイルの出力の極性が逆になるように結線される．こうすることで，極性が異なる2つのコイルがノイズを打ち消し合うため，この傾度計では測定データ

図 6.22　両コイル型磁気傾度計の内部構造

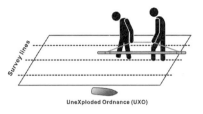

図6.23 両コイル型磁気傾度計を用いた不発弾探査

のS/N比を向上できる．ただし，両コイル型磁気傾度計は資源探査に使われることはほとんどなく，主に不発弾探査に使われている(図6.23).

6.4.3 プロトン磁力計

コマの軸を傾けて回転させると，コマの回転軸は鉛直線のまわりを回転する．このように，回転体の回転軸が変化する運動を**歳差運動**(precession)という．実は地球も，約25,800年という長い周期で自転軸が歳差運動をしている．**ラーモア歳差運動**(Larmor precession)は，電子・原子核・原子などの粒子の持つ磁気モーメントが，外部磁場によって歳差運動を起こす現象である．**プロトン磁力計**(proton magnetometer)は，この水素の原子核である**陽子**(proton)の歳差運動を利用した磁力計である．

磁束密度Bの磁場の中に，スピン磁気モーメントmを持つプロトンを置くと，mBに等しい力がプロトンに働く．このとき，プロトンの角運動量をLとすれば，釣り合いの条件から，歳差運動の角速度ω_pは$\omega_p = (m/L)B$で与えられる．この係数$\gamma_p(=m/L)$は，プロトンの**磁気回転比**(gyromagnetic ratio)と呼ばれる物理定数であり，現在使用されている数値は，$0.26751927\times10^9\,\mathrm{s^{-1}T^{-1}}$である．このときの磁束密度を歳差運動の周波数$f(=\omega_p/2\pi)$の値で書き直すと，$B=23.486851f[\mathrm{nT}]$となる．例えば，プロトン磁力計で計測したプロトン歳差運動の周波数fが2,000 Hzであれば，全磁力は約47,000 nTとなる．

プロトン磁力計は水素原子核の**核磁気共鳴**現象を利用したもので，磁場の方向にかかわりなく，磁場の強さを測定する．現在，その取り扱いの簡便さから，磁気探査ではこのプロトン磁力計が広く用いられる．地磁気の全磁力測定は，20世紀中頃にプロトン磁力計が実用化されたことで，飛躍的に簡単・迅速に実施できるようになった．

6.4.4 光ポンピング磁力計

ゼーマン効果 (Zeeman effect) とは，磁場中に置かれた原子や分子の発光または吸収スペクトル線が，磁場の作用によって分裂する現象である．この現象は，オランダの物理学者ゼーマン (Zeeman) が 1896 年に発見した．原子や分子に見られる磁場によるエネルギ準位の分裂は，液体や固体においても現れ，磁場による光学的性質の変化を**磁気光学効果**という．ある原子に**光照射**を続けると，全ての原子が高いエネルギ準位に揃う状態になり**光吸収**が起こらなくなる．このようにエネルギ準位を揃えることを**光ポンピング** (optical pumping) という．ゼーマン効果による光吸収は，弱い磁場強度という条件下では磁場強度に比例するので，照射する光の周波数を光吸収が再現されるように制御し，その周波数を測定することで磁場強度を測定できる．このような光ポンピング効果を利用する磁力計が，**光ポンピング磁力計** (optical pumping magnetometer) である．光ポンピング磁力計は，プロトン磁力計に比べて測定感度と連続測定の点で優れている．

光ポンピング磁力計は，センサ部にセシウムやルビジウムなどの気体セルが使用されるので，**セシウム磁力計**や**ルビジウム磁力計**とも呼ばれる．磁束密度 B[nT] の磁場中での周波数 f[Hz] は，ルビジウムの場合は $f = 4.67B$ となるので，地球磁場強度が 47,000 nT であれば周波数は約 220,000 Hz となる．一般に光ポンピング磁力計の感度が高い理由は，この周波数がプロトン磁力計の周波数に比べて約 100 倍と高いためである．その他の長所としては，プロトン磁力計に比べて低消費電力であることと，連続測定ができることなどが挙げられる．

6.4.5 超伝導磁力計

液体ヘリウムで冷却されたピックアップコイルをセットし，**ジョセフソン素子**で構成された超伝導リングに誘起される電流を測定すると，pT(=10^{-12} T: ピコテスラ) の高感度で磁束密度が計測できる．これが**超伝導磁力計** (SQUID magnetometer) の原理である．最近では高温超伝導体の薄膜技術が進歩してきたので，液体窒素で冷却できる計測装置も開発されている．SQUID の用途は，超伝導体の研究開発だけではなく，脳や心臓の磁気を測定して生体情報を得る最新医療にも拡大している．

6.5 磁気探査の数学

6.5.1 磁気双極子と磁気モーメント

磁気双極子 (magnetic dipole) とは，正負の磁極の対のことをいう．単独の磁極 (磁気単極子：monopole) は存在しないので，磁気についての基本的な要素は，この磁気双極子となる．磁気に関する**クーロンの法則**によれば，2 つの磁極に働く力は磁極の強さに比例し，磁極間の距離に反比例する．図 6.24 のように磁極間に働く力の大きさを F[N] とすると，この法則は次式で表せる．

$$F = |\boldsymbol{F}_1| = |\boldsymbol{F}_2| = \frac{1}{4\pi\mu_0} \cdot \frac{m_1 m_2}{r^2} \tag{6.3}$$

ここで，m_1, m_2 は各磁極の磁荷 [Wb]，r は磁極間の距離 [m]，μ_0 は真空の透磁率である．

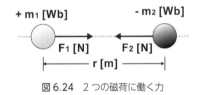

図 6.24 2 つの磁荷に働く力

このとき正負の磁荷の絶対値が等しいとして，その磁荷の大きさを q_m とし，正負の磁極の間の距離を $\boldsymbol{d}$ とすると，**磁気双極子モーメント** (magnetic dipole moment) は，

$$\boldsymbol{m} = q_m \boldsymbol{d} \tag{6.4}$$

となる．ここで，$\boldsymbol{m}$ は磁気双極子モーメント，$\boldsymbol{d}$ は距離 d のベクトル表示である．この磁気双極子モーメントを使って，磁気双極子から r だけ離れたところでの磁場 $\boldsymbol{H}$ は，

$$\boldsymbol{H} = \frac{\boldsymbol{m}}{4\pi\mu_0 r^2} = \frac{q_m \boldsymbol{d}}{4\pi\mu_0 r^2} \tag{6.5}$$

と表すことができる．

6.5.2 磁気異常

磁気異常 (magnetic anomaly) は，地下の磁性体の誘導磁化と残留磁化を反映

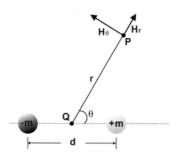

図 6.25　磁気ダイポールソースによる磁場

して現れる．比較的単純な埋設物または地下構造であれば，磁気異常は次に示す**磁気ダイポール**によってモデル化することが可能である．

図 6.25 のように，磁気ダイポールの中点 Q を挟んで正負の磁極が存在する場合の，測定点 P での磁気異常を考える．点 Q での磁気ダイポールモーメントを M とすると，測定点 P での磁場 B は，次式となる．

$$B = \frac{\mu_0 M}{4\pi r^3}[3(\widehat{M}\cdot\hat{r})\hat{r} - \widehat{M}] \tag{6.6}$$

$$r = r_P - r_Q = (x - x')\hat{x} + (y - y')\hat{y} + (z - z')\hat{z} \tag{6.7}$$

ここで，M は磁気ダイポールモーメントの強さ，$\widehat{M}$ は磁気ダイポールモーメントの単位方向ベクトル，$\hat{r}$ は PQ 間の方向ベクトルの単位ベクトルである．また，(x, y, z) は測定点 P の位置座標，(x', y', z') は点 Q の位置座標，$\hat{x}, \hat{y}, \hat{z}$ はそれぞれ x, y, z 方向の単位方向ベクトルである．

地球磁場 B_E は，地磁気の全磁力を T を用いて

$$B_E = T\widehat{B_E} \tag{6.8}$$

と表せる．ここで，$\widehat{B_E}$ は地球磁場方向の単位ベクトルである．このとき測定点 P での全磁気異常 B_A は，磁気異常体の磁気ダイポールモーメントの地球磁場方向への正射影となるので，測定点 P での磁場 B と地球磁場の方向ベクトルの内積から，

$$B_A = B \cdot \widehat{B_E} \tag{6.9}$$

となる．誘導磁化の方向は地磁気方向と同じであるが，残留磁化が含まれていると磁気異常体全体では地磁気方向と異なる磁化方向を示す．

北半球中緯度地方での地球磁場は，南から北に向けて水平面から約 45 度の

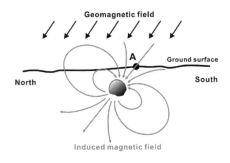

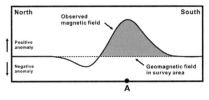

図 6.26 地球磁場によって誘導される磁気異常 (北半球中緯度)

傾きを持つので，誘導磁化による磁気異常は南部で正，北部で負の極性を持つ**ダイポール異常** (dipole anomaly) となる (図 6.26)．また磁気異常の現れ方は，測定点での地磁気の方向によって異なるので，磁気探査データを解釈する場合には，特に注意が必要である．

図 6.27 は，球状の**磁気異常体**が存在する場合のモデル計算例である．この図の左端が日本やアメリカなどの**北半球中緯度**での典型的な磁気異常の分布である．また右端は，オーストラリや南米などの**南半球中緯度**の典型的な磁気異常分布である．この図からわかるように，北から南に移動するにつれて，磁気異常体によって生じる正の磁気異常の大きさが減少し，その頂点の位置が南にずれていくことがわかる．

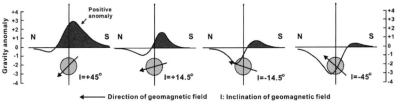

図 6.27 北半球中緯度から南半球中緯度までの磁気異常の変化 [6r)]

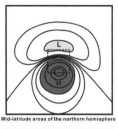
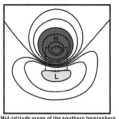
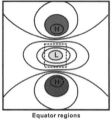

図6.28　緯度の違いによる磁気異常分布の比較 [6s)]

図6.28は緯度の違いによって異なる磁気異常の平面分布を示す．**北半球中緯度**地方では，磁気異常体を挟んで北部に小さな負の異常域，南部に大きな正の異常域が現れる．**南半球中緯度**地方では，北半球中緯度の場合とは逆に，北部に正，南部に負の磁気異常域が現れる．この分布は，北半球中緯度地方の磁気異常の南北を反転した対称な分布となる．また赤道付近では，磁気異常体の中央に負の異常が現れ，その異常を挟んで正の異常が南北に現れる．なお極地方では，磁気異常体の直上に正の異常だけが現れる．

6.5.3　磁気異常のスペクトル解析とキュリー等温面

四角柱モデルによる磁気異常のフーリエスペクトルを計算すると，その片対数表示のパワースペクトルの傾きが，モデルの頂部深度に依存する[6t)]．この性質は統計学的に拡張でき，ランダムに分布する多くの角柱に対しても同じ結果が得られる．このことを利用して，磁気異常のパワースペクトルの傾きから，磁気ソースとなる岩体の頂部深度を推定することができる．この解析法には，頂部深度が等しい多くの角柱がランダムに分布するという前提があるが，実測データに対しては，磁性岩体の平均的な頂部深度が求まると考えられている．

全磁力異常のパワースペクトル密度 $\Phi_{\Delta T}$ と，磁気異常体の上面深度 Z_t には，

以下の関係がある．

$$\ln[\Phi_{\Delta T}(|k|)^{1/2}] = \ln B - |k|Z_t \tag{6.10}$$

ここで，kはパワースペクトルの波数，Bは定数である．この式からわかるように，磁気異常体の上面深度Z_tは，横軸に波数k，縦軸に全磁力異常のパワースペクトル密度$\Phi_{\Delta T}$の平方根をとってプロットしたときの傾きになる．したがって，測定した**全磁力異常**をフーリエ変換してパワースペクトルを求めて，その傾きから磁気異常体の**上面深度**Z_tが計算できる．図6.29左は，東北地方の仙岩地域での推定例で，中央部のスペクトルの傾きから，磁気異常体の上面深度が4.2 kmと推定されている．

また磁気異常体の重心までの深さZ_0と**パワースペクトル密度**には以下の関係がある．

$$\ln[\Phi_{\Delta T}(|k|)^{1/2}/|k|] = \ln D - |k|Z_0 \tag{6.11}$$

ここで，Dは定数である．上面深度の場合と同様に，式(6.11)の右辺を横軸に，左辺を縦軸に取れば，その傾きから磁気異常体の**重心位置**が推定できる．図6.29右は同地域の推定例で，磁気異常体の重心までの深さは15.0 kmとなっている．

磁気異常体の**下面深度**Z_bは，磁気異常体の上面深度Z_tと重心までの深さZ_0を使って次式のように計算できる．

$$Z_b = 2Z_0 - Z_t \tag{6.12}$$

ソースモデルの底面深度の影響を考慮すると，その低周波数側にパワースペクトルのピークが現れる．そのピーク位置は，磁性岩体の中央深度を反映する．次に，頂部深度と中央深度がわかれば，**底面深度**も求められる．この底面深度が，地下の温度上昇で磁性岩体が熱消磁する深度に相当すると解釈すると

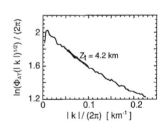
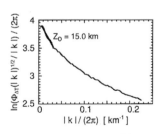

図6.29 パワースペクトルを使ったキュリー点深度の計算例[6U]

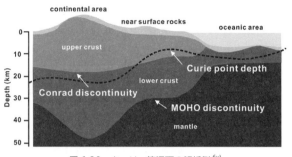

図 6.30 キュリー等温面の解析例 [6v)]

き，これを**キュリー点深度解析**と呼ぶ．図 6.30 に，この手法を使ったキュリー等温面解析の例を示す．

6.5.4 映像強調フィルタ

磁気異常には，様々なサイズや深度の**磁気異常体**による磁気異常が含まれる．そのため，この中から特定の異常だけを抽出したり，強調したりできる**空間フィルタ**が使われる．なお空間フィルタを計算するためには，次に説明する磁気異常の各方向に対する偏微分値が必要になる．

磁気異常の平面分布を $f(x, y)$ とする．その**二次元フーリエ変換**を $\mathcal{F}\{\ \}$ とし，その逆変換を $\mathcal{F}^{-1}\{\ \}$ とすると，フーリエ変換の性質から，磁気異常の水平方向の偏微分値は，

$$\frac{\partial f}{\partial x} = \mathcal{F}^{-1}\{ik_x \mathcal{F}\{f\}\} \tag{6.13}$$

$$\frac{\partial f}{\partial y} = \mathcal{F}^{-1}\{ik_y \mathcal{F}\{f\}\} \tag{6.14}$$

となる．ここで，k_x と k_y はそれぞれ x 方向，y 方向の波数であり，i は虚数単位である．また，深度方向 z についての偏微分は次式となる．

$$\frac{\partial f}{\partial z} = \mathcal{F}^{-1}\left\{i\sqrt{k_x^2 + k_y^2}\,\mathcal{F}\{f\}\right\} \tag{6.15}$$

これらの偏微分値を使って，地表面での**全水平微分** (THD: **T**otal **H**orizontal **D**erivative) や**解析信号** (AS: **A**nalytic **S**ignal) が，重力探査の場合と同様に次式で計算できる．

$$\text{THD}(x, y) = \sqrt{\left(\frac{\partial f}{\partial x}\right)^2 + \left(\frac{\partial f}{\partial y}\right)^2} \tag{6.16}$$

$$\text{AS}(x, y) = \sqrt{\left(\frac{\partial f}{\partial x}\right)^2 + \left(\frac{\partial f}{\partial y}\right)^2 + \left(\frac{\partial f}{\partial z}\right)^2} \tag{6.17}$$

これらのフィルタは，磁気異常のエッジ抽出に有効である．また，このような映像強調フィルタは磁気異常だけではなく，前章の重力異常のデータ処理にも使われている．

6.5.5 極磁気変換と擬重力

北半球中緯度地方では，磁性体の北側に負の異常が，南側に正の異常が分布する (図 6.31 中)．**磁気異常**の大きさや分布は，磁性体の形状・大きさ・深度によって変化し，また地磁気の伏角の違いによっても変化する．このような複雑に分布する磁気異常が，地質構造を推定する際の解釈を複雑にしている．

極磁気変換 (RTP: Reduction **T**o the **P**ole**)** は，測定磁気異常を極地方での磁気異常 (**極磁気**) に変換するデータ処理法である．これは，地磁気の磁化方向と磁性体の磁化方向を 90 度とした場合の磁気異常に相当する．極磁気変換後の全磁力異常を ΔT_r，変換前の全磁力異常を ΔT とすると，波数領域での**極磁気変換**は次式で与えられる[6w].

$$\mathcal{F}\{\Delta T_r\} = \mathcal{F}\{\psi_r\}\mathcal{F}\{\Delta T\} \tag{6.18}$$

ここで，$\mathcal{F}$ は波数領域でのフーリエ変換を表し，$\mathcal{F}\{\psi_r\}$ は次に示す波数領域での極磁気変換用のフィルタ係数である．

$$\mathcal{F}\{\psi_r\} = \frac{|k|^2}{a_1 k_x{}^2 + a_2 k_y{}^2 + a_3 k_x k_y + i|k|(b_1 k_x + b_2 k_y)} , \tag{6.19}$$

$$|k| = \sqrt{k_x{}^2 + k_y{}^2},$$

$$a_1 = m_z f_z - m_x f_x,$$
$$a_2 = m_z f_z - m_y f_y,$$
$$a_3 = -m_y f_x - m_x f_y,$$
$$b_1 = m_x f_z + m_x f_x,$$
$$b_2 = m_y f_z + m_z f_y,$$

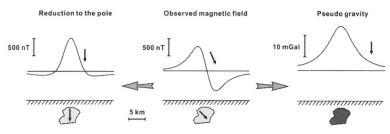

図 6.31　測定磁気異常 (中央) を変換した極磁気 (左) と擬重力 (右) の関係[6x]

ここで，k_x と k_y はそれぞれ x 方向と y 方向の波数，$m_k (k = x, y, z)$ は磁性体の磁化方向の単位ベクトルの各成分，$f_k (k = x, y, z)$ は地磁気の単位方向ベクトルの各成分，i は虚数単位である．

　実際の計算では，まず全磁力異常を波数領域にフーリエ変換し，次に波数領域での全磁力異常に式 (6.19) の係数を乗じる．最後にこれをフーリエ逆変換すれば，極磁気に変換できる．極磁気変換の計算例を，図 6.31 左に示す．この例では正負の磁気異常を持つ測定磁気異常は，磁気異常体の直上に正の磁気異常が現れる分布に変換される．

　擬重力 (pseudo gravity) は，磁化強度を密度に置き換えた時に期待される重力異常に相当する．擬重力を求めるためには，まず全磁力異常を外部磁場方向に積分し，さらにそれを磁化方向に積分する．最後に，これを鉛直方向に微分することで擬重力が得られる．なお，密度換算に必要な磁化強度と密度の関係は，$1\,\mathrm{A/m}$ を $100\,\mathrm{kg/m^3}(0.1\,\mathrm{g/cm^3})$ とするのが一般的である．

　擬重力 g_m は，極磁気変換と同じように波数領域でのフィルタ処理として，次式を用いて計算できる[6y]．

$$\mathcal{F}\{g_m\} = \mathcal{F}\{\psi_{psg}\}\mathcal{F}\{\Delta T\} \tag{6.20}$$

ここで，$\mathcal{F}\{\psi_{psg}\}$ は擬重力のためのフィルタ係数である．擬重力のフィルタ係数と，極磁気変換のフィルタ係数 $\mathcal{F}\{\psi_r\}$ の間には，以下の関係がある．

$$\mathcal{F}\{\psi_{psg}\} = \frac{A}{|k|}\mathcal{F}\{\psi_r\} \tag{6.21}$$

ここで，A は定数である．擬重力も極磁気変換と同様に，全磁力異常をフーリエ変換した後に，係数を掛けてフーリエ逆変換することで求めることができる．図 6.31 右は，擬重力の計算例を示したものである．このように，正負の

磁気異常を持つ測定磁気異常は，擬重力では正の単独符号を持つ重力異常に変換される．

6.5.6 磁気異常のオイラーデコンボリューション

オイラーデコンボリューション (Euler deconvolution) は，測定磁気異常から磁気異常体の形状を推定する方法である．地表で測定される**全磁力異常**を $T(x, y)$ とし，磁気ダイポールが (x', y', z') の位置にあるとき，全磁力異常は次の方程式を満たす．

$$(x - x') \frac{\partial T(x, y)}{\partial x} + (y - y') \frac{\partial T(x, y)}{\partial y} + (z - z') \frac{\partial T(x, y)}{\partial z} + NT(x, y) = 0 \qquad (6.22)$$

ここで，N は**構造インデックス (SI: Structural Index)** と呼ばれるパラメータである．この構造インデックス N は磁気ソースの形状によって決まる．表6.1 に，典型的な磁気ソースの構造インデックスを示す．

表6.1　磁気ソースの構造インデックスの例 [6z)]

Types of magnetic source	Structural Index, N
Sphere	3
Vertical Line end (pipe)	2
Horizontal line (cylinder)	2
Thin bed fault	2
Thin sheet edge	1

式 (6.22) から N を求めると，

$$N = \frac{1}{T(x, y)} \left\{ (x - x') \frac{\partial T(x, y)}{\partial x} + (y - y') \frac{\partial T(x, y)}{\partial y} + (z - z') \frac{\partial T(x, y)}{\partial z} \right\} \qquad (6.23)$$

となる．よって，**構造インデックスは測定値 T とその勾配 (各方向の微分値) を使って計算できる．オイラーデコンボリューション**では，測定磁気異常から式 (6.23) を使って N の分布を求めて磁気ソースの位置や形状を推定する．また，求めたい構造が決まっていれば，N を使って式 (6.22) の左辺を計算し，その形状をした磁気異常体だけを選択的に抽出することができる．なお，オイラーデコンボリューションは重力異常のデータにも使うことができるが，その場合は構造インデックスの値が磁気探査の場合とは異なる．

6.5.7 磁気異常のシミュレーション

図 6.32 のように，円柱軸に直交する断面内で，半径 R，中心部までの深さ h の 2 次元円柱を考える．この円柱による地表の測定点 $(x, 0)$ での磁気異常の鉛直成分 ΔZ と水平成分 ΔH は，それぞれ次式となる．

$$\Delta Z = \frac{2\pi R^2}{(x^2+h^2)^2} \frac{\kappa}{1+2\pi\kappa} \{2xhH_0 \cos D_0 - (x^2-h^2)Z_0\} \tag{6.24}$$

$$\Delta H = \frac{2\pi R^2}{(x^2+h^2)^2} \frac{\kappa}{1+2\pi\kappa} \{(x^2-h^2)H_0 \cos D_0 + 2xhZ_0\} \tag{6.25}$$

ここで，κ は帯磁率，H_0 と Z_0 は地磁気の水平分力と鉛直分力である．また D_0 は地磁気の偏角である．

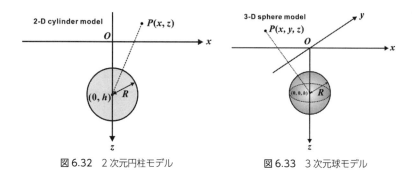

図 6.32　2 次元円柱モデル　　　図 6.33　3 次元球モデル

次に，地表から深さ h にある，半径 R の球モデルを考える (図 6.33)．このとき，地表の測定点 $(x, y, 0)$ での磁気異常の各成分 $\Delta X, \Delta Y, \Delta Z$ は，次式となる．

$$\Delta X = \frac{4}{3}\pi R^3 \frac{\kappa}{1+\frac{4}{3}\pi\kappa} \frac{\{(2x^2-y^2-h^2)H_0 \cos D_0 + 3xyH_0 \sin D_0 + 3xhZ_0\}}{(x^2+y^2+h^2)^{5/2}} \tag{6.26}$$

$$\Delta Y = \frac{4}{3}\pi R^3 \frac{\kappa}{1+\frac{4}{3}\pi\kappa} \frac{\{3xyH_0 \cos D_0 + (-x^2+2y^2-h^2)H_0 \sin D_0 + 3yhZ_0\}}{(x^2+y^2+h^2)^{5/2}} \tag{6.27}$$

$$\Delta Z = \frac{4}{3}\pi R^3 \frac{\kappa}{1+\frac{4}{3}\pi\kappa} \frac{\{3xhH_0 \cos D_0 + 3yhH_0 \sin D_0 + (-x^2-y^2+2h^2)Z_0\}}{(x^2+y^2+h^2)^{5/2}} \tag{6.28}$$

図 6.34 は，地磁気の鉛直成分 Z_0 を 45,000 nT，水平成分 H_0 を 20,000 nT，偏角 D_0 を 0 度としたときの球モデルによる磁気異常の計算例である．

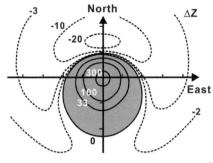

図 6.34 球モデルの磁気異常 (鉛直成分) の計算例 [6A]

6.6 磁気探査のケーススタディ

6.6.1 地下構造の磁気探査

地球固有の磁場である地磁気は，地下を構成する岩石の磁気的性質が場所によって異なることで局所的に乱される．この**磁気異常**の分布から，逆に地下構造を推定することができる．ロシア連邦の首都モスクワの約 400 km 南にある**クルスク** (Krusk) 地方は，世界で最も磁気異常が顕著な地域として知られている．この地域の鉛直磁力は常に正の磁気異常を示し，その最大値は同緯度地域の平均値の 5 倍となる 180,000 nT にもなる (図 6.35 右)．また，偏角もこの磁気

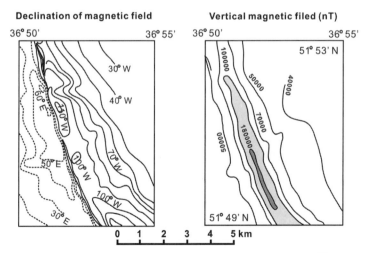

図 6.35 ロシアのクルスク地方の偏角 (左) と地磁気の鉛直成分 (右) [6B]

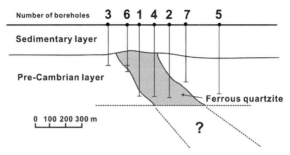

図 6.36 坑井データから推定されたクルスク地域の推定地質断面図 [6C)]

異常部を挟んで大きく変化する (図 6.35 左) ので，この地域では方位磁針は役に立たない．

この磁気異常の原因は，北西・南東方向に伸びた含鉄珪岩によるものと考えられている．図 6.36 は，この磁気異常を東西に横切る測線下の推定地質断面図である．坑井データからは，幅 300 m ほどある**含鉄珪岩** (ferrous quartzite) が先カンブリア層に**貫入**していることがわかった．クルスクの磁気異常は広範囲に及ぶので，人工衛星からの磁気測定でも確認することができ，**KMA** (**K**rusk **M**agnetic **A**nomaly) と略称されている．

6.6.2 不発弾の磁気探査

太平洋戦争中にアメリカ軍から投下された多くの爆弾や砲弾のうち，1 万トン程度が不発弾となり，現在でも数多くの不発弾が日本国内の様々な場所で発見され続けている．ここでは，不発弾と同じ材質を持つ模擬不発弾の探査実験の例を紹介する．

図 6.37 上は，この実験に使用した鉄製の模擬不発弾で，その全長は 0.8 m である．この模擬不発弾を九州大学伊都キャンパス内の実験フィールドに埋設して，**磁気探査**，**電磁探査**，**地中レーダ探査**の実験を実施した．図 6.37 下は，**両コイル型磁気傾度計**で測定した磁気異常の計測結果である．この実験では，模擬不発弾の埋設角度を水平・鉛直・45 度傾斜として 3 種類の不発弾を埋設しているが，埋設深度 0.5 m では，どのような角度の場合でも，ダイポール状の磁気異常パターンが明瞭に現れている．

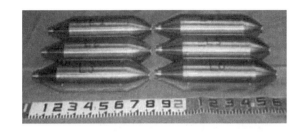

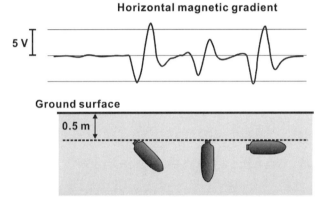

図 6.37 模擬不発弾 (上) と磁気傾度計による模擬不発弾の探査の例 (下)

6.6.3 遺跡の磁気探査

ヨーロッパなどの国々では,帯磁率の差を利用した**磁気探査**で,**住居跡や古代の溝**などの遺構を探査している.ただし,日本ではそのような利用例は少ない.それは,日本では水田土壌のように地表に帯磁率の大きな土層が存在するため,それより深い位置にある遺構が示す磁気異常が地表面まで反映されないためである.日本国内の探査では,次項で説明する熱残留磁気を帯びた対象,すなわち窯跡や炉跡などに使われる場合が多い.考古学で磁気探査に使われる装置には,全磁力を測定する**プロトン磁力計**と,鉛直磁場成分を測定する**フラックスゲート磁力計**の2種類があるが,どちらも対象地域内を移動しながら測定できる軽量な装置になっている.

ここでは,アメリカ・オハイオ州の Chillicothe 近郊の遺跡公園で実施された磁気探査の結果を示す.この地域では,約 1,800 から 2,000 年前のネイティ

241

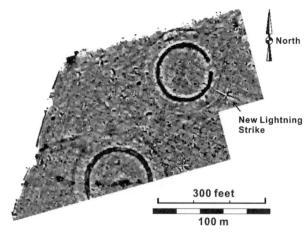

図6.38 磁気探査による遺構の調査(雷撃による痕跡も検出)[6D]

ブアメリカンのホープウェル文化の痕跡が遺跡として残されている．図6.38は，2014年に行なわれた磁気探査の結果を示したもので，住居の周りに円形に築かれた**土塁**の跡が明瞭に検出されていることがわかる．また，この現場では2005年にも同様な磁気探査が実施されていて，その結果と比較すると，2005年の結果にはなかった磁気異常が北部の土塁の近くに発見された．これは，2005年から2014年の間に発生した**落雷**(lightning strike)によるものと解釈されている．落雷の電撃による残留磁化は，**等温残留磁化**(IRM: Isothermal Remanent Magnetization)と呼ばれているが，これは遺跡探査の現場で発見された珍しい例である．

6.6.4　被熱遺構の磁気探査

　一般的に遺跡といえば，古墳・城郭・環濠集落などの大規模なものに注目しがちである．しかし，**生産遺跡**である窯跡は，先人達の日常生活を知る上で貴重な遺跡である．このような窯跡や焚火跡といった，高温にさらされた熱の痕跡が記録されている遺跡は**被熱遺構**と呼ばれている．このような被熱遺構の調査研究は，古代の人間の生活や住環境を知る上で重要である．

　窯跡は，その焼成後の冷却時に**熱残留磁気**を帯びるため，それ独自の磁気を有している．そこで，その局所的な磁気異常を磁気探査によって検出すること

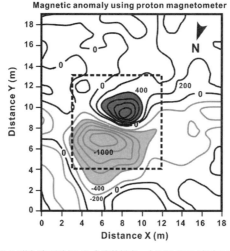

図 6.39 プロトン磁力計で測定した会津若松市・上雨屋 12 号窯跡の磁気探査結果 [6E]

で，窯跡の位置を推定できる．磁気探査は，非破壊で効率的に広範囲の探査が可能なため，発掘調査前の窯跡調査に利用されている．

ここでは，会津若松市大戸古窯跡群の上雨屋 12 号窯跡の探査例を紹介する．測定した地域には，従来から多数の須恵器の窯跡の存在が知られていた．測定領域にも，文献資料などから同様の窯跡があると推定されていた．全磁力探査は 0.1 nT の精度で測定できる**プロトン磁力計**を 2 台使用した．この結果を見ると，測定領域中央部に正負の極性を持った**双極子状**の**磁気異常**が現れている (図 6.39)．このように，**双極子磁場**の異常地点として判別するのが，磁気探査で窯跡を求める際の典型的な解釈例である．なお，実際の窯跡は，正負の磁気異常の中間地点に存在する．この磁気探査後の発掘調査では，長さ 6 m ほどの 8 〜 9 世紀に属する須恵器の窯が，1 m 程度の間隔で 2 基存在していることが確認された．

〈コラム 6B〉体内磁石と猪突猛進

　磁覚と呼ばれる地磁気を感じる能力は，**渡り鳥やミツバチ**などで確認されています．日本人の大好きなウナギにもその**磁気感知能力**があり，地磁気の1/10,000以下の小さな磁気変化も感知できるそうです．オーストラリア先住民であるアボリジナル・オーストラリアンは，延々と続く砂漠の道を辿って，地図や方位磁針がなくても迷うことなく目的地にたどり着くことができるそうです．まだ5・6歳の小さな子どもでも，丸1日かかるような知らない道を戻って，自分の村まで迷わずに帰れるらしい．このような驚異的な**方向定位能力**は，地磁気を鋭く感じる渡り鳥などと同じものかもしれません．このような生物以外にも，磁気を感じる意外な生物がいます．

　農作物を荒らすヨーロッパの**イノシシ**の生態を研究する過程で，チェコとドイツの研究者達によって面白い研究結果が報告されました．イノシシは立ち止まった瞬間や寝そべっている時に，地磁気の南北から20度ほど傾いた方向を向く傾向があることが，1,000頭以上のデータからわかりました．この傾向は，時間帯や季節，天気に左右されないこともわかりました．さらに，アフリカの**イボイノシシ**にも全く同じ傾向があることが確認されました．この研究では，イノシシには体内磁石がある可能性が高いと結論付けています．**猪突猛進**の方向には，決まった傾向がありそうです．イノシシに遭遇した際には，イノシシの視角に入る地磁気から20度の方向は避ける方が良いかもしれません．

図 6B　磁気感知能力があると考えられている渡り鳥[C20]とイノシシ[C21]

第7章
地中レーダ探査

"無知を恐れるな,偽りの知識を恐れよ"
ブレーズ・パスカル

タウンゼンドオオミミコウモリ [7a]
(Townsend's big-eared bat, 学名:*Corynorhinus townsendii*)

　大型のコウモリが主に視覚に頼っているのに対して,小型のコウモリの視覚はあまり発達していません.その代わりに超音波を使った特殊な能力を持っていて,暗い洞窟内でも障害物に衝突せずに飛ぶことができます.この能力を反響定位といいます.クジラやイルカなどの反響定位はよく知られていますが,訓練すれば人間でも反響定位が使えるそうです.コウモリは,この反響定位と超音波のドップラー効果を利用して,餌となる蛾などの位置と速度を知ることができます.しかし,蛾も黙って食べられている訳にはいきません.蛾の中には超音波が当たった瞬間に急降下して回避行動をとる蛾や,自ら超音波を出してコウモリを撹乱する蛾もいるそうです.食うか食われるかの生物の世界は,本当に奥が深いです.

7.1 地中レーダの物理学

7.1.1 電磁波の歴史

マクスウェル (Maxwell: 図7.1左) は，電磁場の振る舞いを記述する電磁気学の基礎方程式を発表した．これらの式は，ファラデーが実験的な考察から見出した電磁力に関する法則を，マクスウェルが数式として整理した，電磁気現象を端的に表現した最も基礎的な方程式である．マクスウェルは，それまでに発見された電気と磁気の法則などから，電気と磁気の性質を次のように整理した．

(1) 1種類の電荷の力は，放射状に直線的に広がる．
(2) 磁気の力は，ループ状につながっている．
(3) 電気が変化すると，磁気が発生する．
(4) 磁気が変化すると，電気が発生する．

これらの関係を数式で表したものが，**マクスウェル方程式** (Maxwell's equation) である．この方程式はよく知られた**オームの法則**だけではなく，**ファラデーの電磁誘導の法則**，**ビオ・サバールの法則**など，全ての電磁気現象を含んでいる．この方程式から電気と磁気が一体となって伝わる波 (**電磁波**) が存在することと，その波は光の一種であることを予言したのがマクスウェルである．

1887年，**ヘルツ** (Heltz: 図7.1中央) は，コイルとアンテナを組み合わせた送信装置を使って電磁波の実験を行なった．受信装置は隙間のある**円形コイル**であり，電磁波を受信すると**火花放電**が観測できる．ヘルツは数ヵ月間実験を繰

図 7.1　無線通信に貢献したマクスウェル (左)[7b]，ヘルツ (中)[7c]，マルコーニ (右)[7d] の肖像

り返し，その結果をまとめた．この実験を通して，マクスウェルが予想した通り，電磁波が空間を伝播することが証明され，これが後の**無線通信**の基礎となった．しかし，ヘルツはそれ以上この現象を研究することはなく，観察された現象についての解釈も提示しなかった．ヘルツに替わって，この電磁波の実験に目を付けたのが，イタリアの**マルコーニ** (Marcorni: 図7.1 右) である．

ヘルツの実験を知ったマルコーニは，自宅の屋根裏で装置を自作して**無線通信**の実験を開始した．マルコーニの目標は，メッセージを遠隔地に伝送できる電波を使った無線通信の実用システムを完成させることだった．この無線通信のアイデアは新しいものではなかったが，50 年以上にわたる多くの人々の努力にもかかわらず，無線通信技術を商業的に成功させた者は一人もいなかった．マルコーニは，無線通信システムの開発で革新的な発見や発明をしたわけではないが，改良した個々の部品を組み合わせて実用的な無線通信システムを完成させた．現在，スマートフォンなどで当たり前のように無線通信が利用できるのは，このような先人達の研究開発の成果である．

7.1.2　電磁波の基礎事項

電磁波 (electromagnetic wave) は，空間中の電場と磁場の振動によって形成される波である．光や電波は電磁波の一種で，**電磁放射** (electromagnetic radiation) とも呼ばれる．現代科学では電磁波は波と粒子の両方の性質を持つとされ，波長の違いにより様々な呼称や性質を持つ．電磁波は，微視的には**光子**と呼ばれる量子力学的な粒子であるが，巨視的には**波**なので，**散乱・屈折・反射**，また**回折・干渉**などの現象を起こし，波長の違いによって様々な性質を示す．このような性質を持つ電磁波は，特に計測技術で利用され，通信から医療に至るまで数多くの分野で用いられている．

電磁波は，その波長によって物体との相互作用が異なる．そのため波長帯ごとに電磁波は違う呼び方をされ，波長の長い方から，**電波**，**赤外線**，**可視光線**，**紫外線**，**電磁放射線**などと呼ばれる．電磁放射線のうち，およそ波長が 10 nm 以下のものを **X 線**，さらに波長が短い (10 pm 以下) ものを**ガンマ線**と呼ぶ．我々の目で見える電磁波は可視光線だけだが，その波長の範囲は 0.4 ～ 0.7 μm と電磁波の中でも極めて狭い．可視光線の中では単色光の場合，赤，黄，緑，青，紫の順に波長が短くなる．真空中では電磁波の速度は光速と同じであるた

め，波長の長い電磁波は振動数が小さく，波長の短い電磁波は振動数が大きい．

電磁波は**線型性**を持ち，重ね合わせの原理が成り立つ．この線型性によって，電磁波を特定の振動方向と進行方向を持つ**平面波**の重ね合わせとして表現することができる．平面波はまた，同じ方向へ進む正弦波を用いて分解することができる．分解された各々の正弦波は，波長，振幅，伝播方向，偏光，位相などによって特徴付けられる．ある電磁波を多くの正弦波の重ね合わせとみなしたとき，波長毎あるいは周波数毎の成分の大きさの分布を**スペクトル**という．例えば，理想的な**白色光**はすべての波長成分が一様に含まれている．逆にレーザのような**単色光**は1つの波長成分だけを持つ．

7.1.3 誘電率と透磁率

電気的な場としては，電荷に力を及ぼす場である**電場 E** と，電荷の存在によって生じる場である**電束密度 D** がある．電束密度 D は電場 E に比例し，**誘電率** (permittivity)ε は，その比例係数として $D = \varepsilon E$ のように導入される．

誘電率は，電場に対する誘電体の応答を表す物性値である．なお，ε_0 は**真空の誘電率**と呼ばれるため，真空が誘電体のような誤解を招くが，真空は誘電体ではない．誘電率は真空の誘電率と，誘電体の性質を反映する**比誘電率** (relative permittivity) の積として表される．比誘電率 ε_r とは，媒質の誘電率と真空の誘電率の比 ($\varepsilon/\varepsilon_0$) のことである．比誘電率は無次元量であり，用いる単位系によらず一定の値をとる．主な物質の比誘電率を，表7.1に示す．

透磁率とは，磁場の強さ H と磁束密度 B との間の関係を $B = \mu H$ で表した時の比例定数である．透磁率の単位は H/m である．また真空の透磁率 μ_0 (=$4\pi \times 10^{-7}$ H/m) との比 $\mu_r = \mu/\mu_0$ を**比透磁率**という．また，真空の誘電率 ε_0 と真空

表7.1　主な物質の比誘電率 [7e]

物質名	比誘電率	物質名	比誘電率
チタン酸バリウム	約 5,000	雲母	7.0
ロッシェル塩	約 4,000	石英 (SiO_2)	3.8
水 (20℃)	80.4	アルミナ (Al_2O_3)	8.5
アルコール	$16 \sim 31$	木材	$2.5 \sim 7.7$
ダイヤモンド	5.68	紙	$2.0 \sim 2.6$
空気	1.00059	アスファルト	2.7

中の光速 c との間には，次のような関係がある．

$$c = \frac{1}{\sqrt{\varepsilon_0 \mu_0}} \tag{7.1}$$

7.1.4 反響定位

反響定位 (echo location) とは，動物が自ら発した音が何かに反射して戻ってきた音を受信し，それによって対象物の方向や位置を知ることである．それぞれの方向からの反響を受信すれば，そこから周囲のものの位置関係，それに対する自分の距離を知ることができる．反響定位は音による感受法であるが，一般の聴覚とは異なり，むしろ視覚に近い役割を担っている．

水中では，一部のクジラ類が反響定位を行なうことが知られている (図 7.2)．ハクジラ類は頭部に**メロン**という**脂肪組織**の塊を持つが，これが鼻腔で発した音波を収束させるレンズとして機能し，指向性の高い音波を発信することができる．また，音波の受信は，眼の後方にある耳ではなく下顎の骨を用いて行ない，そこから骨伝導で内耳に伝えられる．クジラ類は**クリック音**と呼ばれる超音波を発し，これによって反響定位や仲間との交信を行なっている．一説によれば，ある種のクジラは水中の超音波を使って，1,000 km 離れた仲間ともやり取りができると言われている．

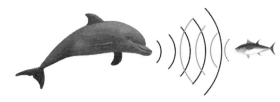

図 7.2　イルカの反響定位

7.2 地中レーダの計測工学

レーダ (radar: **RA**dio **D**etection **A**nd **R**anging) は，その名の通り電波を発射して遠方にある物体を探知し，そこまでの距離と方位を測る方法である．リモートセンシングで使われる空中のレーダでは，人間の目が見ている可視光線よりもはるかに長い波長の電波を使用するため，雲や霧を通して遠くの目標を探知することができる．

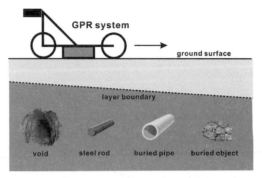

図 7.3 地中レーダによる埋設物の探査

地中レーダ (GPR: Ground Penetrating Radar) 探査とは，高周波の電磁波を地中に向けて放射し，ある地中の箇所から反射して戻ってくる反射波の走時を測定することによって地中の様子を探査する方法である (図 7.3)．基本的な地中レーダシステムは，電磁波パルスを使ったパルスレーダである．地中レーダの計測システムは，送受信の各アンテナと送信機・受信機などから構成される．地中の電磁波の伝播速度は，地表面の状態や地下媒体によって異なるが，反射波の**往復時間**が測定できれば，対象物までの深度がわかる．また，反射強度や波形によって，反射物が何であるかが予測できる．地中レーダは，埋設管や空洞，コンクリート構造物中の鉄筋調査などで使われる場合が多いが，最近では考古学的な調査 (遺跡探査) や，地雷探査などの様々な調査にも利用されている．

7.2.1 アンテナ

地中レーダでは，電磁波を**放射**または**受信**するために**アンテナ** (antenna) を使っている．アンテナとは，高周波エネルギを電磁波として空間に放射 (送信) したり，逆に空間の電磁波を高周波エネルギへ相互に変換 (受信) する装置のことである．日本語では**空中線**と呼ばれるが，英語本来のアンテナの意味は昆虫の触角のことである．アンテナは，その用途から送信用と受信用に分けられるが，可逆性を備えているアンテナなら送受信の兼用が可能である．アンテナには多くの種類があるが，ここでは単純な形状をした基本的なアンテナの概要を説明する．

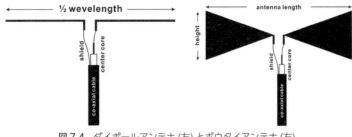

図 7.4 ダイポールアンテナ (左) とボウタイアンテナ (右)

ダイポールアンテナ (dipole antenna) は，ケーブルの先の給電点に 2 本の直線状の導線 (element) を左右対称につけたアンテナである (図 7.4 左)．このアンテナは線状アンテナの基本となるアンテナであり，最も構造が簡単なアンテナである．ダイポールアンテナは，アマチュア無線用の自作アンテナとして広く普及している．また蝶ネクタイ型をした**ボウタイアンテナ** (bow-tie antenna) は，広帯域アンテナとして用いられる (図 7.4 右)．**ホーンアンテナ** (開口面アンテナ) は，3 次元形状をした無線通信用アンテナの一種である．地中レーダシステムでは，アンテナ部分がブラックボックスになっていて外部からは見えないが，ダイポールアンテナやボウタイアンテナを基にしたアンテナが使われている．

7.2.2 地中レーダの測定方式

地表で行なう地中レーダ計測は，送受信アンテナ間隔を固定して行なう**プロファイル測定** (profile measurement) と，送受信アンテナ間隔を変えて測定する**ワイドアングル測定** (wide-angle measurement) の 2 通りに大別できる (図 7.5)．通常の地中レーダでは，測定の簡易さと高速性から，ほとんどの場合はプロファイル測定が行なわれる．ただし，地下構造を精密に測定する場合や，より

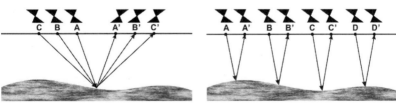

図 7.5 ワイドアングル測定 (左) とプロファイル測定 (右)

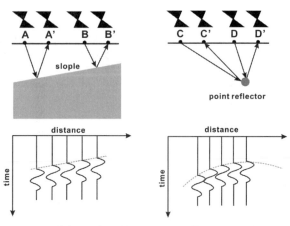

図 7.6 地中レーダの反射波形 (左) 平面反射体 (右) 点反射体

深い深度の測定が必要な場合には，ワイドアングル測定が行なわれる場合もある．

プロファイル測定では，送受信アンテナ直下の反射体深度を連続的に測定することで，対象物の水平的な位置検出とその深度を測定する．この測定法では，レーダ測線に沿った垂直断面図がリアルタイムで得られる．この際，対象物深度を正確に推定するためには，電磁波速度を予め知る必要があり，プロファイル測定だけでは正確な速度を知ることができない．

反射体までの正確な深度や，より深い位置の反射体検出などを必要とする場合は，**ワイドアングル測定**が行なわれる．このとき，送受信アンテナの中心位置を固定して間隔を変えながら数回の測定を行なう．同一反射点からの一連の測定データは，伝播距離の違いにより異なる時刻に受信される．これによってワイドアングル測定では，各受信点での受信時刻の変化から電磁波速度を正確に推定することができる．これは，弾性波探査・反射法の原理に類似している．

プロファイル測定では，送信・受信アンテナ間隔を固定して地表面を移動しながら計測することで，測定位置直下での反射体の深度が連続的にわかる．そのため，ほぼ水平な地層境界では，地中の**擬似断面図**を描くことができる(図7.6左)．しかし，図 7.6 右のようにパイプのような小さな物体の場合，電磁波はあらゆる方向に散乱するため，反射応答の分布が地下構造を正しく反映していない場合がある．従って，計測された反射断面図の解釈には注意が必要である．

7.2.3 地中レーダの送信波形

現在市販されている地中レーダシステムのほとんどが，パルス波を用いた**パルスレーダ**方式である．パルスレーダでは，時間幅が数 ns(10^{-9} 秒) 以下の送信パルスを，アンテナに印加して電磁波を放射する．なお送信電波の周波数スペクトルは，送信パルスの波形と送信アンテナの特性で決定される．特に送信アンテナは，アンテナの全長が半波長になる周波数で共振を起こすため，帯域通過フィルタの役割も果たす．従って，送信電磁波の周波数は，ほぼアンテナの長さで決定される．図 7.7 に，周波数の違いによるパルス波形の比較図を示す．この図からもわかるように，地中レーダの深度分解能はパルスの波長によって決まるので，高周波のほうが分解能が高い．ただし，**高周波パルス**は振幅の減衰が大きく探査深度が浅いため，深部の探査には**低周波パルス**を使った地中レーダが利用される．

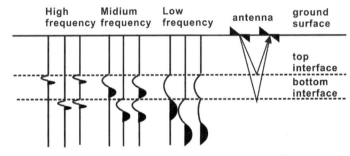

図 7.7 周波数の違いによるレーダ受信波形の比較 [7)]

パルスレーダでは，送信パルスの電圧を上げると周波数が低周波数化する．地中レーダで地層境界や埋設物などの**分解能**を上げるためには，短波長 (高周波数) の信号を使う必要があるが，**探査深度**を深くするためには信号の電圧を上げる必要がある．つまり，パルスレーダでは分解能の向上と探査深度の向上は二律背反の関係で両立は難しい．

チャープレーダは，パルスレーダの問題点である分解能力と可探深度の同時確保を目的としたレーダ方式である．チャープレーダでは，周波数の異なるパルスを圧縮した**チャープ波**と呼ばれる波を利用する (図 7.8)．一瞬で広帯域の電磁波を送るチャープ式では，帯域幅を確保しながら信号エネルギを格段に向上

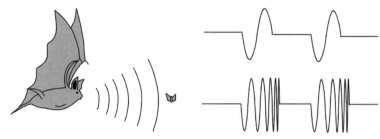

図 7.8 パルス波 (右上) とチャープ波 (右下) の違い

させることができる.コウモリもイルカと同じように反響定位を使っているが,コウモリの場合は,このようなチャープ波を利用した**パルス圧縮**技術を使って分解能を向上させ,餌となる虫などを捕らえている.

7.2.4 地中レーダのデータ処理

地中レーダでは,特別な信号処理を行なわなくても,その反射断面図から地下構造がある程度理解できるが,以下のような**信号処理**が標準的に利用されている.

レーダ波形は地中で減衰するため,地下深部からの反射信号は地下浅部の信号に比べて微弱になる.この微弱な反射波形を明瞭にするためには振幅を拡大すればよいが,全データを一律に拡大したのでは,比較的信号強度が高い地下浅部の信号が強調されてしまう.そこで,各時刻における受信信号の最大振幅が一様になるように,増幅率を時間とともに変化させる**振幅の自動調整** (AGC: Automatic Gain Control) や,時間に対して増幅率を変化させる STC(Sensitivity Time Control) などの手法が使用される (図 7.9 参照).ただし,AGC や STC は反射波の強調処理には有効であるが,元々の振幅情報は失われる.

地中レーダの反射応答では,受信機でのドリフトやオフセットが発生する場合がある.また,放送電波などの外来ノイズや計測機内部のシステムノイズが高周波帯域に含まれることがある.そこで**帯域通過フィルタ**により,地中レーダ信号の主要スペクトル成分だけを選択的に取りだすフィルタ処理が有効である.

電磁波の反射波を強調するためには,地中を伝わる**直達波** (直接波) と**地表反射波**を除去する必要がある.これらの波は固定された間隔のアンテナ間におい

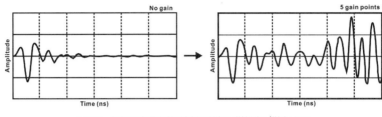

図7.9 振幅の自動調整の例 (区間毎に増幅率が増大する)

て空中を伝播するため，アンテナが移動してもほぼ同じ時刻に現れる．従って，アンテナが移動しても変化しない信号成分を原信号から除去することで行なえる．このために**平均信号除去**と *f-k* **フィルタリング**などが用いられている．

埋設管のような小さな物体からの反射応答は，反射断面図中で広がりをもって現れるため，実際の物体の形状とレーダ波形が全く異なって見える場合がある．このような反射波形を信号処理によって実際の物体の形状に戻すデータ処理が，**マイグレーション** (migration) である．ただし，電磁波の伝播速度の推定が正しくないとマイグレーションが適切に行なわれず，虚像が発生することもある．地中レーダのマイグレーションは，反射法のマイグレーションと原理はほとんど同じである (2.5.5 参照)．

一方，地中レーダ信号を解析したり，信号処理に必要な伝播速度を求めるために以下の解析が利用できる．深度が既知の反射体が存在すれば，電磁波伝播速度の推定は反射波到達時間から行なえる．また，既知の反射体がなくとも，金属パイプのような明確な反射体がある場合は，速度と埋設物深度を同時に推定することができる．送受信アンテナ間隔が a (>0) のプロファイル測定で，原点 O の真下の深度 d に点反射体があるとき (図7.10) の反射波の到来時間 τ は，送受信アンテナの中心位置を x_c，電磁波伝播速度を v とすると次式で与えられる．

$$\tau = \frac{\sqrt{(x_c - a/2)^2 + d^2} + \sqrt{(x_c + a/2)^2 + d^2}}{v} \tag{7.2}$$

このとき，埋設物の反射応答の頂点に原点を合わせ，深度 d と電磁波伝播速度 v を変えながら，測定波形に理論到達時刻がフィットするようにパラメータを変化させることで，反射体位置と電磁波伝播速度の同時推定が可能である (図7.11)．

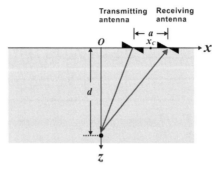

図 7.10　点反射体からの電磁波の反射経路

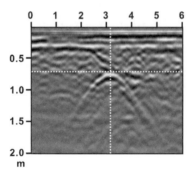

図 7.11　点異常体による典型的な反射応答

〈コラム 7A〉音で視る

　ダニエル・キッシュ (Daniel Kish) さんは先天的な目の病気のため，生後 13 カ月でその両眼の視力を失いました．しかし，彼は舌打ち音 (クリック音) を使って，まるで目が見えるように動き回れるようになりました．ダニエルさんは，コウモリのように**反響定位**が使えるので，子供の頃は"バットマン"と渾名(あだな)されていたそうです．彼によれば，周囲にある物体に当たって戻ってくる舌打ち音の反響を耳で捉えて，脳でイメージに変換するそうです．彼の頭の中では，舌打ち音を立てるたびに弱いフラッシュが発光した感じとなり，それを元に半径数十 m の **3 次元イメージ**を組み立てます．イメージする対象が近くなら直径 2 cm の細い柱も感知できるし，建物なら 50 m 先でもわかるそうです．驚くことに，ダニエルさんは自転車に乗ることもできます．自転車に乗るときには，周囲の音に対して常に高い集中を保ち続ける必要があるので，舌打ち音は普段よりかなり多めに，毎秒 2 回くらい鳴らすそうです．

　人間は本来，反響定位の能力を秘めていると考えている人もいます．照明の

ない真っ暗な大昔，人類はこの力を駆使していたのかもしれません．ヒトが反響定位によってどれだけ詳細にものを"見られる"かは，舌打ちの速度や周波数によっても違うようです．周波数が高くなるほど，より正確な詳細が"見える"そうです．反響定位のスキルの習得に向けて身に付けるべきことは，2つだけです．まずは，舌と口蓋を使った特別な舌打ちの仕方を覚えること．それから，その舌打ち音が，周囲にあるものの影響でわずかに変化するのを聞き分けられるようにすることです．舌打ちは一般的には行儀が悪い行為とされていますが，反響定位には"**正しい舌打ち**"が必須です．

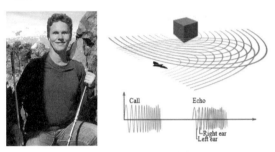

図 7A 反響定位の達人ダニエル・キッシュさん[C22]とコウモリの反響定位[C23]

7.3 地中レーダの数学

7.3.1 電磁波の波動方程式

マクスウェル方程式は，電磁気現象を表す最も基本的な偏微分方程式である．ここでは，真空中を伝わる電磁波の**波動方程式**を，マクスウェル方程式から導出する．

まず電荷も電流もない真空の空間に，時間的に変化する電場 e と磁場 b が存在する場合を考える．このときのマクスウェル方程式は，次のようになる．

$$\nabla \cdot \boldsymbol{e} = 0 \tag{7.3}$$

$$\nabla \cdot \boldsymbol{b} = 0 \tag{7.4}$$

$$\nabla \times \boldsymbol{e} = -\frac{\partial \boldsymbol{b}}{\partial t} \tag{7.5}$$

$$\nabla \times \boldsymbol{b} = \varepsilon_0 \mu_0 \frac{\partial \boldsymbol{e}}{\partial t} \tag{7.6}$$

次に，式 (7.5) のローテーション ($\nabla \times$) をとると，

$$\nabla \times \nabla \times \boldsymbol{e} = -\frac{\partial}{\partial t}(\nabla \times \boldsymbol{b}) \tag{7.7}$$

となる．ここで，式 (7.7) の左辺は，

$$\nabla \times \nabla \times \boldsymbol{e} = \mathrm{grad}(\nabla \cdot \boldsymbol{e}) - \nabla^2 \boldsymbol{e} = -\nabla^2 \boldsymbol{e} \tag{7.8}$$

となり，式 (7.7) の右辺は，

$$-\frac{\partial}{\partial t}(\nabla \times \boldsymbol{b}) = -\varepsilon_0 \mu_0 \frac{\partial^2 \boldsymbol{b}}{\partial t^2} \tag{7.9}$$

となる．よって電場 $\boldsymbol{e}$ に関する波動方程式，

$$\nabla^2 \boldsymbol{e} = \varepsilon_0 \mu_0 \frac{\partial^2 \boldsymbol{e}}{\partial t^2} = \frac{1}{c^2}\frac{\partial^2 \boldsymbol{e}}{\partial t^2} \tag{7.10}$$

が得られる．ここで $c\,(=\sqrt{1/\varepsilon_0\mu_0})$ は，この波動方程式の速度であり，真空中の光速と等しい．この式から，電磁波は光速 c で伝播することがわかる．

3 次元の直交座標系での波動方程式は，次式となる．

$$\left(\frac{\partial^2}{\partial x^2} + \frac{\partial^2}{\partial y^2} + \frac{\partial^2}{\partial z^2}\right)\boldsymbol{e} = \frac{1}{c^2}\frac{\partial^2 \boldsymbol{e}}{\partial t^2} \tag{7.11}$$

地中での電磁波の伝播速度 v は周波数に依存し，地下の比誘電率や比透磁率などによって次式のように決まる[7g]．

$$v(f) = \frac{c}{\sqrt{\varepsilon'(f)\mu_r \dfrac{1+\sqrt{1+\tan^2\delta}}{2}}} \tag{7.12}$$

ここで，f は電磁波の周波数，c は真空の光速，μ_r は**比透磁率**，ε' は**比誘電率の実部**，δ は**損失正接** (loss tangent) である．さらに損出正接は，次式によって表される．

$$\delta = \frac{\varepsilon'' + \dfrac{\sigma_{DC}}{2\pi f \varepsilon_0}}{\varepsilon'(f)} \tag{7.13}$$

ここで，ε'' は**比誘電率の虚部**，σ_{DC} は直流の**導電率**，ε_0 は真空の**誘電率**である．一般に損出正接は小さいので，地中の電磁波の伝播速度は次式で近似できる．

$$v = \frac{c}{\sqrt{\varepsilon_r \mu_r}} \tag{7.14}$$

ここで，ε_r は比誘電率である．なお，磁性鉱物を含まない一般的な土壌では，比透磁率がほぼ 1 と考えてよいので，**電磁波伝播速度**はさらに次式のように近

似できる.

$$v = \frac{c}{\sqrt{\varepsilon_r}} \tag{7.15}$$

7.3.2 電磁波の反射係数

地中レーダは，地表に置いた**送信アンテナ**から電磁波パルスを地中に放射し，**反射波を受信アンテナ**で捉えることで，地中の反射物体を検知する方法である．送信アンテナから放射された電磁波は，地層境界面などで反射される．この反射した電磁波が受信アンテナで捉えられ，反射波として記録される．また地中の伝播速度が既知の場合，反射波の往復走時時間 τ[s] を測定することで，反射体の深度 d[m] を次式で推定できる．

$$d = \frac{v\tau}{2} \tag{7.16}$$

電磁波が地中で反射するのは，地中に不均質な物質が存在することによる．電磁波を反射する不均質物体は，金属のような導体が最も顕著なので，金属製パイプやケーブルの検出は容易である．しかし，絶縁体も電磁波に対する反射体となりうる．電磁波の反射が発生するためには，2種類の異なる比誘電率を持った誘電体が存在する必要がある．

最も簡単な場合として上層と下層で比誘電率の異なる 2 層媒質構造を考える（図 7.12）．このとき，上層から入射する振幅 1 の電磁波は境界面で反射を受け，振幅 $\varGamma$ の反射波が発生する．この $\varGamma$ は電磁波の**反射係数**と呼ばれ，水平な 2 層構造の境界面では次式で与えられる．

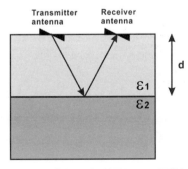

図 7.12　誘電率が異なる地層境界面からの電磁波の反射

259

$$\Gamma = \frac{\sqrt{\varepsilon_1} - \sqrt{\varepsilon_2}}{\sqrt{\varepsilon_1} + \sqrt{\varepsilon_2}} \tag{7.17}$$

ここで，ε_1 と ε_2 は2層の媒質の誘電率である．式(7.17)は，2層の異なる媒質の誘電率の比率が反射波の大きさを決めることを示しており，反射係数の範囲は $-1 \leq \Gamma \leq 1$ となる．下層媒質が導体である場合，導体表面で電磁波は全反射されるため，反射係数 Γ は -1 となり，誘電体境界層に比べて大きな値をとる．

7.4 地中レーダのケーススタディ

7.4.1 埋設管・地下空洞の地中レーダ探査

都市の建築構造物の新設工事では，地盤中に存在する**空洞**や**地下埋設物**が，設計・施工上の障害となるケースがある．なかでも，市街地域における埋設ガス管の破壊，空洞による地盤の沈下・陥没などは危険性が高く，その調査が重要となっている．

これらの埋設物，空洞調査には，その対象物や深度によって各種の探査法が適用されているが，道路の下の水道やガス管などのパイプの探査には，地中レーダ探査が使われることが多い．ここでは，九州大学の箱崎キャンパス内で実施された，地中レーダによる埋設管探査の一例を示す．測定で得られる反射断面図の縦軸は，送受信アンテナ間の電磁波の伝播時間であるが，地中の電磁波伝播速度がわかれば深度に変換できる．図7.13は，ある測線での深度変換した反射断面図である．この図から，距離程3m，深度0.25m付近に明瞭な凸状の反射応答が見られる．これは，パイプのような点反射体が存在する場合

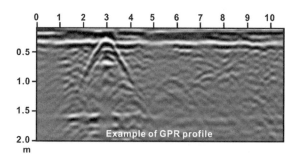

図7.13　地中レーダによる埋設管の探査例

の典型的な反射応答であり,この反射応答の頂点に埋設管が存在することがわかる.また距離程6m,深度1mの箇所にも,不明瞭ではあるが凸状の反射応答が見えるので,この箇所にも何らかの点反射体が存在することがわかる.

7.4.2 遺跡の地中レーダ探査

地中レーダ探査では,電磁波を送受信しながら地面に沿ってアンテナを移動させることで,擬似的な断面画像を得ることができる.アンテナから放射される電磁波は,土質の違いにより,反射・屈折・減衰などの度合いが異なるので,地層境界や遺物の存在が画像となって表示される.また,測定で得られた複数の断面から,等深度での平面図を作成することも可能である.

地中レーダが考古学に使われ始めたのは1970年代中頃からであるが,当初はX線写真のように地下を透視する装置だと誤解されていた.地中レーダが考古学に本格的に受け入れられるようになったのは,遺構や埋蔵物の水平分布がわかる**タイムスライス**または**深度スライス**が描かれるようになってからである.それまでの地中レーダでは,測線直下の断面図が主な対象であり,平面分布は重要視されていなかった.深度スライスやタイムスライスは,地下の埋設物の位置情報を含む重要な画像処理である.

ここでは,福岡県太宰府市で実施された**遺跡探査**の例を示す.学問の神様・菅原道真で有名な**大宰府**政庁は,古代の九州の中心都市であり,その周囲には大規模な建物が数多く存在していたと考えられている.ここで紹介するのは,その建物の柱の土台となった礎石の探査の結果である.大宰府政庁の西隣にある蔵司地区で地中レーダを実施した結果(図7.14左),深度0.5m付近で強い反

 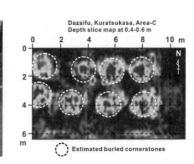

図7.14 地中レーダの測定風景(左)と深度0.4から0.6mまでの深度スライス(右)

射応答を示す異常域が，8箇所検出された(図7.14右)．この異常箇所は，その後の発掘調査で大型構造物の柱の下に置かれた礎石であることが確認された．

7.4.3 不発弾の地中レーダ探査

戦後70年以上経った現在でも，戦時中の不発弾が見つかる場合がある．特に，かつての激戦地であった沖縄では，今でも多くの不発弾が日常茶飯事のように発見されている．太平洋戦争の末期の沖縄戦では，約20万tもの爆弾や砲弾が投下され，そのうち約1万tが不発弾として残っているとも推計されている．沖縄ではこれまでに2,000 t以上の不発弾が処理されたが，まだ多くの不発弾が残存していて，残りの全てを処理するにはさらに数十年かかると考えられている．

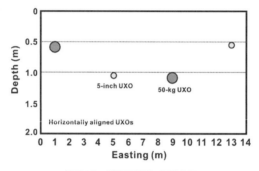

図7.15 模擬不発弾の埋設位置

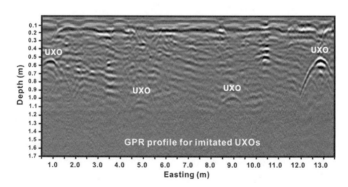

図7.16 模擬不発弾の地中レーダ探査の結果

ここでは，地中レーダによる**不発弾探査**の例を示す．九州大学伊都キャンパスの実験フィールドには，50 キロ爆弾 (直径 20.8 cm，長さ 80 cm) と 5 インチ砲弾 (直径 12.5 cm，長さ 50 cm) を模擬した**不発弾モデル**が，不発弾探査の効率化の実験のために埋設されている．図 7.15 は，模擬不発弾が埋設された測線での**不発弾** (UXO: Une**X**ploded **O**rdnance) の位置を示した図である．この測線では，深度 0.5 m と 1 m にそれぞれ 50 キロ爆弾と 5 インチ砲弾の模擬弾がそれぞれ 2 つずつ埋設されている．この測線上で計測した地中レーダの反射断面図を，図 7.16 に示す．この不発弾探査には，中心周波数が 250 MHz のアンテナを用いた．図 7.16 は深度断面図に変換後の反射断面図であるが，両側の浅部 (0.5 m) の模擬不発弾は，典型的な上に凸の反射応答の形状から，明瞭に識別できる．また，浅部の模擬不発弾ほど明瞭ではないが，中央部の 1 m 深度には，模擬不発弾によるものと考えられる反射応答が確認できる．

7.4.4　雪氷および凍土の地中レーダ探査

　雪氷は，比誘電率の異なる空気 (1)，水 (80)，氷 (2～3) の 3 つから構成されるので，**地中レーダ探査**を実施すれば，その境界で顕著な反射応答が期待できる．また，凍っていない土壌と凍土では，比誘電率の差が大きいので，地中レーダでその境界を検出可能である．これまでの氷河研究では，氷河を掘って調べる**雪断面観測**や，**雪氷コア**の採取による層構造の分析が行われてきた．この方法は，ある地点での雪の状態や層構造を細かく調べることには向いているが，広大な氷河全体の層構造を調べることには不向きである．そのため，地中レー

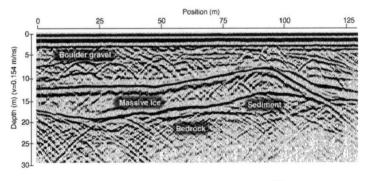

図 7.17　地中レーダによる凍土分布の探査例 [7h]

ダが氷河の広域情報を得るために利用されている.

ここでは，カナダの Carat Lake で実施された**永久凍土の探査**例を紹介する(図7.17). この反射断面図から，礫を含んだ表土層，その下部の塊状の氷 (**凍土**)，そして最下層の基盤岩の境界が明瞭にわかる．表土層や基盤岩中には，礫などによる点反射体による反射応答が数多く現れているが，凍土中にはそのような反射はほとんど見られない．これは，凍土が表土層や基盤層に比べて，均質な状態に近いためである．

7.4.5 科学捜査のための地中レーダ探査

特殊な用途として，地中レーダは遺骨や遺体の発見にも使われる．防衛省は**高性能地中探査レーダ**を独自に開発し，太平洋戦争の激戦地であった硫黄島での遺骨の調査に利用した．これまでの 2012・2013 年度に調査した結果では，地中レーダによる異常箇所は検出されたものの，遺骨の発見には至っていない．この結果の明確な理由はわからないが，遺骨とその周辺土壌の比誘電率が大きく違わないためかもしれない．

ここでは，犯罪捜査のための遺体発見を目的とした，地中レーダのシミュレーション例を示す．図 7.18 は，人体の胸部と両腕を横切る測線での反射断

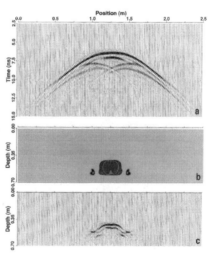

図 7.18　人体の胸部と両腕部分の計算モデルと反射断面図 (a: シミュレーション結果，b: 計算モデル，c: マイグレーション後の反射断面図)[71]

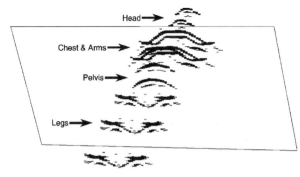

図 7.19 人体を想定した地中レーダのマイグレーション後の反射応答の 3 次元形状 [7j]

面図とそのデータ処理結果である．なお，人体内部の骨や内臓などには，それぞれ異なる導電率と比誘電率が与えられている．図 7.18a は，中心周波数 900 MHz のパルス波の場合の計算例で，胸部の中央部に明瞭な反射応答が見える．ただし，反射応答は実際の人体胸部の範囲以上に広く分布するので，マイグレーション処理を実施している．マイグレーション後の反射応答が図 7.18c であり，胸部による反射応答と両腕による反射応答が分離できている．頭部から足先までの，マイグレーション後の 9 断面の反射応答を並べたものが，図 7.19 である．このように反射応答を並べることで，仰向けの人体の 3 次元形状が推定できる．

〈コラム 7B〉 セルバンテスの遺骨と地中レーダ

　読んだことがなくても，風車に戦いを挑む，ちょっと風変わりな老人が主人公の小説「ドン・キホーテ (Don Quijote)」のことは，知っている人が多いと思います．この小説は，今から 400 年前にスペインの文豪ミゲル・デ・セルバンテス (Miguel de Cervantes) が書いたものです．このセルバンテスの遺骨は永い間行方不明でしたが，2015 年にマドリードにある三位一体女子修道院の地下で発見されました．

　セルバンテスの遺骨発見のために，法医学者や考古学者らで構成した調査チームが，2014 年 4 月から修道院内部の約 200 m^2 の床や壁を，**赤外線カメラ**や**地中レーダ**などを駆使して調査を行なったそうです．最初に，セルバンテスのイニシャル「M. C.」が記された棺の一部と骨片が，2015 年 1 月に発見されました．さらに調査を続けたところ，地下の壁の窪みから 10 人分以上の遺骨が発見されました．科学分析の結果，その遺骨の一部がセルバンテスのものと

断定されました．

　ドン・キホーテの名言の中にこんな言葉があります．「よく準備してから戦いに臨めば，半ば勝ったも同然だ」．調査チームの万全な準備によって，セルバンテスの遺骨が発見できました．もしセルバンテスが生きていたら，このようなハイテク技術を何と思うでしょうか．

図 7B　セルバンテスの肖像[C24] と修道院での地中レーダ探査の様子[C25]

第8章
放射能探査

"チャンスというものは，準備を終えた者にだけ微笑んでくれるのです"
マリ・キュリー

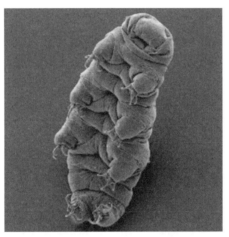

ドゥジャルダンヤマクマムシ[8a]
（Water bear，学名：*Hypsibius dujardini*）

　体長1ミリ足らずのこの小さな生物は，形がクマに似ている(?)ことからクマムシと呼ばれています．また，4対8脚の脚でゆっくり歩く姿から緩歩動物とも呼ばれています．クマムシは環境適応能力が極めて高く，熱帯から極地方，超深海底から高山，さらには温泉の中まで，海や陸のありとあらゆる環境に生息しています．このクマムシは，環境が厳しい状況では乾眠と呼ばれる無代謝の休眠状態に入ることで生命を維持します．温度なら絶対零度から151℃まで，圧力なら75,000気圧まで，放射能なら570,000レントゲンまで耐えられると言われています．人間は500レントゲンで死亡するので，クマムシの強靱さが群を抜いていることがよくわかります．クマムシ，恐るべし．現在，クマムシの遺伝子情報を解読するプロジェクトが進行中です．クマムシのゲノムから放射能耐性の理由が解明されれば，多くの人類が宇宙で活動する頃には，放射能にも耐えられる人類が誕生しているかもしれません．

8.1 放射能探査の物理学

8.1.1 人工放射能の発見

1895年，クルックス管を用いて陰極線の研究をしていた**レントゲン** (Röntgen：図8.1左) は，クルックス管が黒いボール紙で覆われているにもかかわらず，机上の蛍光紙を発光させていることに気付いた．この発光は，クルックス管から出ている見えない未知の光によるもので，レントゲンは，この未知なる光を **X線** (X-ray) と名付けた．X線は，クルックス管から発生する**人工放射線**である．レントゲンは実験により，X線は分厚い本やガラスを透過する高い透過力を持つが鉛には遮蔽されること，蛍光物質を発光させるが熱作用を示さない，などの性質を明らかにした．レントゲンは7週間の実験の末，『新種の放射線について』という論文を完成させた．X線の検出には，蛍光板より写真乾板の方が鮮明な撮影が可能になることを知り，翌年の1896年には指輪をはめた妻の手を撮影した (図8.1右)．これが世界初のX線写真である．レントゲンのX線発見は，20世紀に花開く新しい核物理学の幕開けとなった．これらの一連のX線の研究で，レントゲンは1901年の第1回目のノーベル物理学賞を受賞した．

 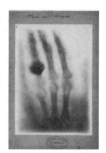

図8.1　レントゲンの肖像写真[8b)]と指輪をした彼の妻のレントゲン写真[8c)]

8.1.2 天然放射能の発見

人工放射線であるX線の発見に触発された**ベクレル** (Becquerel：図8.2左) は，自然に放射線を放つ物質の探索に取りかかった．1896年，ウラン塩と一緒にしまっておいた写真乾板が感光した事実から，ベクレルはウランの**天然放射能**

図 8.2 ベクレルの肖像 (左)[8d] とラザフォードの肖像 (右)[8e]

を発見した．ベクレルは天然の物質から自発的に放出される放射線をウラン線と名付けたが，この作用はX線よりも弱かったため，この発見の重大さは当時ほとんど認識されなかった．この放射線は，X線と同様に空気を電離することが明らかにされた．この電離作用はその後，キュリー夫妻によって**放射能** (radioactivity) と名付けられた．

　ラザフォード (Rutherford：図 8.2 右) は，電磁誘導の発見で有名なファラデーと並び称される実験物理学の大家である．ラザフォードは，1898年にウランから2種類の放射線 (**アルファ線**と**ベータ線**) が出ていることを発見した．さらに1899年には，放射線のアルミ箔の透過について調べ，アルファ線とベータ線の分離に成功した．また1900年には，ヴィラール (Villard) の発見した "透過性が高く電荷を持たない放射線" が，電磁波の**ガンマ線**であることを示した．因みに，放射能の強さが半分になるまでの時間を**半減期**とする概念は，ラザフォードが考案したものである．この半減期の概念は，のちに岩石や生物遺骸の年代測定に用いられるようになる．ラザフォードは，アルファ線とベータ線の発見の他に，ラザフォード散乱による**原子核の発見**，**原子核の人工変換**などの多くの業績により原子物理学の父と呼ばれている．

8.1.3　放射能と放射線

　放射能と**放射線** (radiation ray) はしばしば混同され，"放射能が出ている" などと誤用される．正しくは，放射能とは次に説明する放射線を出す能力のことである．正確な定義ではないが，放射線とは高エネルギを持った粒子または電磁波のことである．放射線には，その発生機構や物理的性質によって様々なも

のが存在する．放射線は，その物理的性質から**電磁放射線** (electromagnetic radiation) と**粒子放射線** (particle radiation) に分けることができる．電磁放射線は**ガンマ線**や **X 線**などの波長が非常に短い電磁波であり，その透過性は非常に高い．しばしば放射線による公衆被曝で問題となるのは，この高い透過性を持った電磁放射線である．粒子放射線の主なものには，**アルファ線**，**ベータ線**，**陽子線**，**中性子線**，**重粒子線**などがある．粒子放射線は，質量を持った粒子の運動によって生じる．この粒子放射線のうち，陽子線や重粒子線は癌治療などに利用されている．

放射性物質は，これらの放射線を出しながら崩壊していく．そのため放射能の強さは，時間経過と共に弱くなる．放射線の単位には，放射線を出す能力 (放射能) に注目した単位 **Bq**(ベクレル) と，放射線の強さ (放射線強度) に注目した単位 **Sv**(シーベルト) があり，目的に合わせて使い分けられる (8.1.5 参照).

8.1.4　放射性崩壊

原子核は，正の電荷を持つ**陽子** (proton) と電荷を持たない**中性子** (neutron) で構成されていて，これらの陽子と中性子を総称して**核子** (nucleon) と呼ぶ．原子核の核子同士は，ごく近い距離では引力が働いている．しかし，陽子同士の間には電磁気力による斥力が働いているため，陽子と中性子のバランスによっては原子核は不安定となる．原子は，その原子核の不安定性を解消するため，**放射性崩壊**という崩壊現象を起こして安定な核子構成の原子に変化する．この放射性崩壊の際に各種の放射線が放出される (図 8.3).

アルファ崩壊 (alpha decay) は，原子核が**アルファ粒子**を放出することをいう．アルファ粒子はヘリウム 4 の原子核であり，質量数や中性子数の減少はヘリウム原子核分と等しい．したがって，アルファ崩壊は 1 つの原子が 2 つの原子へと分かれる**核分裂反応**と捉えることもできる．アルファ崩壊は，アルファ粒子がトンネル効果によりエネルギの壁を通り抜け，原子核から飛び出すことで起きる．原子核とアルファ粒子の間には電磁気的な斥力が働くため，アルファ粒子は原子の外へ高速で飛び出すことになる．

ベータ崩壊 (beta decay) とは，中性子が放射線として**ベータ線** (電子) を放出して陽子に変わる放射性崩壊である．ベータ崩壊では，原子がベータ線だけを放出すると考えると，ベータ崩壊前後のエネルギ収支が説明できないことが知

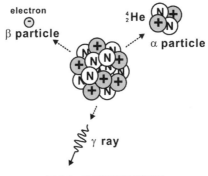

図 8.3 放射性崩壊の概念図

られている．実はベータ崩壊では，電子と同時に**ニュートリノ**(中性微子)と呼ばれる粒子も放出する．

　原子核の持つ余剰なエネルギを電磁波として放出することで，原子核のエネルギ状態を安定化させる変化を**ガンマ崩壊**と呼ぶことがある．このときに放出される非常に波長の短い電磁波を，**ガンマ線**と呼ぶ．ガンマ線の原因は電磁相互作用である．ガンマ崩壊はアルファ崩壊やベータ崩壊とは異なり，原子核中の陽子や中性子の数は変化しない．

8.1.5　放射能の単位

　放射能の強さは**1秒当りの崩壊数**で表し，単位として**Bq**(ベクレル)を用いる．もし1秒当りの崩壊数が10であると，放射能の強さは10 Bqになる．Bqという単位は日本では1978年から用いられているが，それ以前はラジウムの放射能を基準とした**Ci**(キュリー)が使用されていた．1 Ciは1 gのラジウムの毎秒の崩壊数で，その値は 3.7×10^{10} である．したがって，1 Ci = 3.7×10^{10} Bq となる．

　Gy(グレイ)は，**吸収線量**の単位を表している．この単位は，放射線の作用により物質がどれくらいのエネルギを吸収したかを表すもので，1 Gyとは物質1 kg当り1ジュールのエネルギ吸収があることを表している．また，Gy/hrは単位時間当りのエネルギ吸収量を表している．通常，測定に用いる物質としては空気が用いられる．なお，古い吸収線量の単位はrad(ラド)で，アメリカでは現在でも使用されている．なお，1 rad = 0.01 Gy，または1 Gy = 100 rad である．

表 8.1 放射線と放射能の量を表すのに使われる単位

	量	意　味	単位
放射能の単位	放射能	どれだけ放射線が出ているか	Bq
放射線に関する単位	照射線量	人体にどれだけあたっているか	C/kg
	吸収線量	人体にどれだけ吸収されたか	Gy
	(実効) 線量当量	人体への影響はどうか (4 Sv で 50％ 致死線量の被曝になる)	Sv

　Sv(シーベルト) は，放射線防護の目的に使われる放射線量の単位で，**線量当量**という．種々の放射線に被曝した際，線量の合計は各放射線の吸収線量 (Gy)に，それぞれの放射線毎の生物学的な影響を考慮した係数を掛けて合計する．ガンマ線に対する係数は 1 なので 1 Gy で 1 Sv となるが，原爆放射線などに多く含まれている中性子に対する係数は 10 なので，0.1 Gy で 1 Sv になる．放射線量の単位として，古くは rem(レム) が用いられた．なお，1 Sv は 100 rem である．表 8.1 に，放射線と放射能の量を表す単位を整理した.

　野外で放射能を測定する**サーベイメータ**では，**CPS(c.p.s：Count Per Second)**という計数率が単位の代わりに使われる．CPS とは 1 秒間に測定機が数えた放射線の数である．自然に発生する放射線の数は一定ではないので，サーベイメータでは一定時間の平均値が表示される．CPS ではなく **CPM(c.p.m: Count Per Minute)** とある場合は，1 分間の測定値を意味する.

8.1.6　放射線の相互作用

　ガンマ線のような電磁放射線はエネルギが高く，物質を電離・励起する能力を持つため，物質を構成する原子と相互作用を起こす．電磁放射線の相互作用としては，3 つのタイプがある．これらは，電磁放射線のエネルギがすべて電子に与えられる**光電効果** (photoelectric effect)，電磁放射線のエネルギの一部を電子に与えた後に電子をはじき飛ばして別の方向に飛んでいく**コンプトン散乱**(Compton scattering)，電磁放射線のエネルギのすべてを使って**電子** (electron) と**陽電子** (positron) の**対** (pair) を生み出す**電子対生成** (electron pair generation) である (図 8.4)．次に，これらの相互作用について説明する.

　電磁放射線が原子と衝突した時，原子核の周りの軌道電子が電磁放射線の運

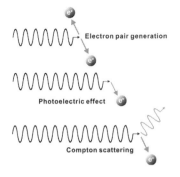

図 8.4 電磁放射線と原子の相互作用 (上から電子対生成, 光電効果, コンプトン散乱)

動エネルギを吸収し，原子の外に飛び出すことがある．このように，電磁放射線自身が軌道電子に全エネルギを与えて消滅する現象を**光電効果**という．この時に飛び出した電子を**光電子**(photoelectron) といい，この光電子がさらに他の原子を電離する．

電磁放射線は，原子の持つ自由電子や軌道電子と衝突し，電磁放射線の持つ運動エネルギの一部を電子に与えて原子の外に飛び出す．電磁放射線自身は，衝突によって失ったエネルギの分だけ低いエネルギとなって散乱する．この時に飛び出した電子を**コンプトン電子**または**反跳電子**といい，この電子がさらに他の原子を電離する．進路を変えられた散乱電磁放射線は，他の物質と衝突を繰り返すことで消滅していく．

エネルギの高い電磁放射線が，原子核の近くを通過するとき，原子核の近くの強い電場によって，電磁放射線が電子と陽電子の対を生成する．ただし，電磁放射線が電子と陽電子を生成するためには，両電子の合計の**質量エネルギ**に相当する 1.02 MeV 以上のエネルギを持っている必要がある．生成された陽電子は，即座に自由電子と結合し，ガンマ線を出して消滅する．このガンマ線が，さらにコンプトン散乱や光電効果を起こし，コンプトン電子や光電子を発生させる．また生成された電子も，他の原子と衝突しながら電離を起こす．

8.1.7 宇宙線

ヘス (Hess) は，気球を用いた放射線の計測実験を行ない，地球外から飛来する放射線である**宇宙線** (cosmic ray) を発見した．宇宙線は，宇宙空間を飛び交

う高エネルギの放射線のことである．その主な成分は，太陽から飛来する陽子であり，そのほかにはヘリウム，リチウム，ベリリウム，ホウ素，鉄などの原子核も含まれている．これらの宇宙線は，地球に常に飛来している．

地球大気内に高エネルギの宇宙線が入射した場合，空気シャワー現象が生じ，そのために多くの2次粒子が発生する．その際，寿命の短いものはすぐに崩壊するが，安定な粒子は地上で観測することができる．このとき，大気中に入射する宇宙線を**1次宇宙線**，そこから発生した粒子を**2次宇宙線**と呼ぶ(図8.5左)．近年，**ソフトエラー**と呼ばれる電子機器中のメモリチップなどが何らかの原因で誤動作する現象が注目されているが，この現象の原因は2次宇宙線と考えられている．

1次宇宙線の大部分は，陽子をはじめとする荷電粒子である．それに対して，地上で観測される2次宇宙線は，大半が**ミュー粒子**(ミューオン：muon)である．ミューオンは**透過性**が極めて高く，手のひらサイズの面積中に1秒間に1個の割合で上空からやってくる．近年では，このミュー粒子の高い透過性を利用した探査法(**ミューオンラジオグラフィ**)が火山の内部構造の調査などに使われるようになった．図8.5右には，ミューオンを含む，物質を構成している**素粒子**の分類表を示す．

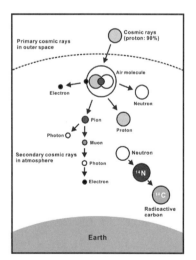
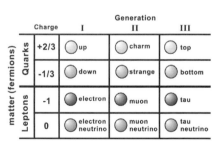

図 8.5　宇宙から降り注ぐ宇宙線(左)と物質を構成する素粒子の分類(右)

8.2 放射能探査の地質学

8.2.1 放射性鉱物

花崗岩や玄武岩などの岩石中には，カリウム (^{40}K) および微量のウラン (^{238}U) やトリウム (^{232}Th) などが含まれており，それらの原子が放射線を出す．そのような鉱物の中にはウランやトリウムを多く含み，放射線を顕著に出すものがある．このような鉱物を**放射性鉱物**という．主なものに，閃ウラン鉱，モナズ石，燐灰ウラン石，フェルグソン石，サマルスキー石，ユークセン石などがある．

ウランやトリウムの含有率が高い岩石は，一般的に放射能が強い．しかし，数十万〜約 100 万年前より古い時代にできた岩石の中には，ウランやトリウムの含有率が低くても，放射壊変してできたラジウム (Ra)，ラドン (Rn)，ポロニウム (Po) などの，**親核種** (parent nuclide) より強い放射能を持つ**娘核種** (daughter nuclide) ができているために，放射能が強いものもある．

ウランは土壌などにも存在する天然起源の**放射性核種**であり，半減期が非常に長い．そのため，例えばウラン 238 では約 45 億年間も放射能の減衰が期待できない．またウランが崩壊することで，より多くの**子孫核種**が生成して崩壊系列を成す．例えば天然のウラン核種のうち，その多くを占めるウラン 238 の場合，ウラン 238 の崩壊に伴ってトリウム 230(半減期 7.7×10^4 年)やラジウム 226(半減期 1.6×10^3 年) などが生成する (図 8.6)．ウラン 1 g 当りに含まれる放射能濃度は小さいものの，ウラン廃棄物にはウランの他に，このようなウランから生成した半減期の長い他の核種も存在することになる．

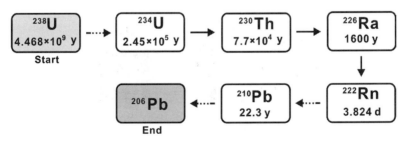

図 8.6　ウラン系列の一部 (主要な核種を抜粋)

8.2.2 放射線による被爆

世界の平均的な**自然放射線量**は，年間 2.4 mSv である．この内訳は，大地から 0.48 mSv，宇宙線から 0.39 mSv，呼吸から 1.26 mSv，食物から 0.29 mSv となっている．ただし上空では，宇宙線などの影響により放射線量は多くなる．成田・ニューヨーク間の往復の飛行では，0.2 mSv の放射線を受けると言われている．また，成田・ニューヨーク間を搭乗する航空機乗務員の被曝線量を実測したところ，年に 800 〜 900 時間搭乗すると被曝線量は年間約 3 mSv になるという報告がある．また高度 400 km 前後の上空で周回する国際宇宙ステーションでの宇宙飛行士の被曝線量は，1 日当り 1 mSv 程度となる．

我々は，体の外にある放射性物質すべてから，放射線による被爆を受けるわけではない．それは，途中で物質にさえぎられたり，届かなかったりするためである．しかし，一度体内へ放射性物質を入れてしまうと，すべての放射線を排出するまで被爆を受け続けることになる．このことからわかるように，同じ放射性物質ならば**内部被曝** (internal exposure) の方が**外部被曝** (external exposure) より人に及ぼす危険性は高くなる (図 8.7)．

人が飲食する水や食物にも極微量の放射性核種が含まれているために，我々は常に内部被曝しているといえる．この被曝量は前述のように年間 0.29 mSv 程度である．主な内部被曝源としては，カリウム 40 や炭素 14 のような天然に存在する放射性同位体がある．体重 60 kg の人体にも，**カリウム 40** で 4,000 Bq，**炭素 14** で 2,500 Bq の天然の放射性物質が含まれていると言われている．食品の種類によって放射性物質の量は異なり，バナナ・ジャガイモ・ナッツなどのカリウムを多く含む食物は，自然放射能をやや多く持っている．最も自然放射能が高いのはブラジルナッツで，単位重量当りの放射能が 244.2 Bq/kg もある

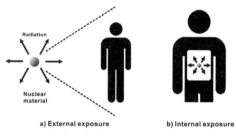

図 8.7　外部被曝 (a) と内部被曝 (b)

が，毎日食べても人体に影響のないレベルとされている．

　空気からの微弱な被曝は，地球内部から漏れて自然に存在する**ラドン**など
の気体が放射源である．空気中からのラドンなどの放射性物質の摂取は，呼吸
器系に影響を及ぼし，肺癌などのリスク要因になりうるとして，世界保健機関
では屋内ラドン濃度を $100\,\mathrm{Bq/m^3}$ 未満に低減するよう注意を呼びかけている．

8.2.3　自然放射線量の地域差

　日本の**自然放射線量**の年平均値は，世界平均の $2.4\,\mathrm{mSv}$ よりも低く，$2.1\,\mathrm{mSv}$
程度である．その内訳は，大地から $0.33\,\mathrm{mSv}$，宇宙線から $0.30\,\mathrm{mSv}$，呼吸に
より $0.48\,\mathrm{mSv}$，食物から $0.99\,\mathrm{mSv}$ である．ただし，自然放射線量は地域差が
あり，西日本は東日本に比べて高めである．これは西日本では花崗岩地域が多
いのに対して，東日本では関東ローム層のような火山灰が，岩石からの放射線
を遮蔽しているからである．地中の放射性物質は花崗岩に多く含まれており，
この岩石が多い地域では自然放射線が強くなる．このような大地からの放射線
の量が，地域によって放射線の強弱が異なる主な要因である．

　世界には自然放射線量が高い地域が幾つかある．ラジウム温泉地である**ラー
ムサル**はイランの都市で，カスピ海沿岸に位置する．ラームサル市中の数カ所
は世界で最も自然放射線が集中する箇所で，これは**ラジウム温泉**の発するもの
である．ラームサルにおける1人・1年間当りの被照射線量は，そのピークで
$100\,\mathrm{mSv}$ に達する．

　グァラパリはブラジルの都市であり，世界でも有数の自然放射線量の地域と
しても知られている．これは，グァラパリの周辺地域には放射性物質を含む**モ
ナザイト** (monazite) が多く埋蔵されており，このモナザイトが風化してできた
砂が海岸に堆積したためとされている．その線量は1年当り数 mSv から数十
mSv にも達する．

　ケーララ州はインドの州の1つであり，海岸付近はモナザイトを産出する岩
石帯が長さ $250\,\mathrm{km}$ にわたって存在している．この地域一帯はこのモナザイト
を含む黒い砂浜と共に，世界有数の自然放射線量の地域としても知られてい
る．ケーララ州の海岸線付近での1人・1年間当りの被照射線量は平均 $3.8\,\mathrm{mSv}$
であり，特に照射線量の高い地域では $20\,\mathrm{mSv}$ 以上に達する．

8.2.4 ウラン鉱床

ウラン鉱物の主な鉱床には，大規模鉱床が多いカナダやオーストラリアの**不整合型鉱床**や，溶媒を注入してウランを抽出しているウズベキスタンなどの**砂岩型鉱床**，銅鉱山の副産物としてウランを回収しているオーストラリアや南アフリカの**礫岩型鉱床**などがある．ウランの現在の主産国は，アメリカ，南アフリカ，オーストラリア，カナダ，ニジェール，カザフスタンなどである．日本には鳥取・岡山県境の**人形峠鉱山**や，岐阜県東濃地区の**東濃鉱山**などの砂岩型鉱床があるが，現在は採掘されていない．

ウラン鉱床探査の初期には，GM計数管(詳細は図8.9参照)による地上での探査が実施された．また，高感度のシンチレーション計数管が開発された1960年代以降は，空中からのガンマ線探査(図8.8)が実施された．このような**空中ガンマ線探査**では，ガンマ線の計測感度を上げるために，大容積のシンチレータが使われている．このような広域の調査ができる空中探査の利用で，**露頭鉱床**の大部分が発見されてしまったため，1980年代以降の露頭の発見は数件程度である．現在のウラン鉱床探査は，その対象が**潜頭鉱床**に移行している．潜頭ウラン鉱床の探査には，空中電磁探査や空中重力探査などの探査法が使われている．

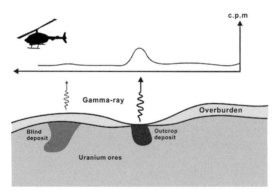

図8.8 空中ガンマ線探査の概要

8.2.5 断層破砕帯

断層活動に伴う断裂・圧砕などの作用によって，岩石が角礫状や粘土状に破砕された部分を**断層破砕帯** (fault fracture zone) という．断層破砕帯は，断層が

動いた面を中心にほぼ一定の幅をもって形成される．断層面に沿って周囲の岩石が破砕されている場合，その部分を断層破砕帯または単に**破砕帯**と呼ぶ．破砕帯が角ばった岩石の破片から構成されている場合，それを**断層角礫**(fault breccia) と呼び，粘土状物質から構成されている場合は**断層粘土** (断層ガウジ；fault gouge) と呼ぶ．また，断層面が両側の岩盤の摩擦により磨かれて光沢をもっている場合は，**鏡肌** (slickenside) と呼ばれる．

断層破砕帯の幅は数 cm から数百 m で，長さは数百 km に及ぶ場合があり，角礫状岩石や粘土などからなる．断層破砕帯は一般に軟弱で，浸食や崩壊が速く進む傾向にある．また，地下水が通って角礫岩の間を埋めた粘土が洗い流されると，破砕帯中の孔隙率が大きくなり，地下水が流れやすい通路となる．この破砕帯に沿って上昇する地下水には，放射能を持つラドンなどが含まれる場合がある．したがって，このラドンによるガンマ線を検出することで，断層および断層破砕帯の位置を探査することができる．

8.2.6 岩石の風化

地殻を構成する岩石には，微量ではあるがウラン・トリウム・カリウムなどの天然放射性元素が含まれている．火成岩に含まれるウランの含有量は 2 ～ 10 ppm で，トリウムはその 3 ～ 5 倍程度である．天然に存在する放射性元素については，放射平衡が成り立っているので，これらの元素の**娘核種**であるラドン (^{222}Rn)，ビスマス (^{214}Bi)，タリウム (^{208}Tl) から放射される放射線の測定によって**親核種**の存在量を定量できる．

放射性元素を含む岩石が風化すると，ウランは容易に酸化してウラニルイオンとなり，溶脱したあとに粘土や有機物に吸着される．しかし，トリウムは容易にはイオンにならないため，溶脱しにくく移動性が低い．そのため，ウランとトリウムの比 **(Th/U 比)** がわかれば，風化の程度を表す**指標**になる．新鮮な花崗岩では Th/U 比は 2 ～ 5 程度であるが，風化が進んだ花崗岩ではこの 10 倍以上の高い値を示すこともある．

〈コラム 8A〉オクロの天然原子炉

　ウラン 235 の半減期は約 7 億年と，ウラン 238 の 45 億年に比べて短い．しかし，現在のウラン中に 0.72 ％しかないウラン 235 も，逆算すると 5 億年前には 1.2 ％，20 億年前には 3.7 ％も存在していたことになります．つまり，20 億年前には天然の濃縮ウランがあったことになります．たまたま，このような**天然濃縮ウラン**が集積していた所に，地下水などが入り込んでくると，核分裂反応が発生する**天然原子炉**の条件が整います．

　このような**天然原子炉**(natural nuclear fission reactor) が形成される可能性は，1956 年にアーカンソー大学の黒田和夫が予想していましたが，その実例はフランスの Perrin が 1972 年に発見しました．天然原子炉の知られている唯一の場所は，アフリカのガボン共和国**オクロ** (Oklo) にある 3 つの鉱床で，自律的な核分裂反応のあった場所が 16 箇所見つかっています．ここでは 20 億年ほど前に，数十万年にわたって平均出力で 100 kW 相当の核分裂反応が起きていたと考えられています．オクロで発見された天然原子炉の条件は，黒田が予想していた条件に極めて近かったと言われています．

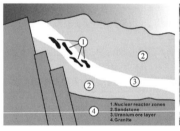 

図 8A　ガボン共和国・オクロの天然原子炉の地質断面図[C26] と坑内での写真[C27]

8.3　放射能探査の計測工学

　人の目には見えない放射線も，放射線検出器を使えば高い感度で捕らえることができる．ここでは，放射線と物質の相互作用を利用した測定機の概要と原理を説明する．

8.3.1　電離箱

　電離箱 (ionization chamber) は，ベークライトやプラスチック素材の円筒形容器で構成され，空気やアルゴンガスが封入されている．この電離箱内の中心電極と壁材の間には高電圧が加えられ，電離箱内は不安定な電場状態に保たれて

いる．この中にガンマ線が入射すると，空気中の分子が陽イオンと陰イオンに電離する．これらのイオンが正負の電極に集められると，電極間に微少な電位差が生じて電流が発生する．この微少電流を増幅して計測する測定器が**電離箱式サーベイメータ**である．電離箱式サーベイメータは，30 keV 以上の光子エネルギに対してエネルギ特性が良好で，精度の高い測定ができる．

電離箱には様々なタイプの放射線計数器および検知器がある．例えば，空気とは異なるガスを充填するもの，液体が充填されたもの，あるいは空気に開放されているものである．また，装置の入射窓の材質の違いを利用すれば，様々な測定が可能となる．アルファ粒子はガラスの窓を透過しないが雲母の窓は透過するので，窓の材質をガラスにすればベータ線のみの測定が，雲母にすればアルファ線とベータ線の合計が測定できる．

8.3.2 GM 計数管

GM 計数管 (Geiger-Müller counter) は，**ガイガー** (Geiger) と**ミューラー** (Müller)が発明した放射線検出器で，円筒形の内部にヘリウムやアルゴンなどの不活性ガスが充填されていて，中心電極と壁材の間には 700 〜 1,000 V の直流電圧が加えられている．ガンマ線は，壁材と反応して内部に電子を放出させ，電子は内部のガスに電離を引き起こす．この電離で生じたイオンによって管内に放電が起き，放電によるパルスを計測することでガンマ線の測定ができる (図 8.9)．このときに起きた放電を早く消滅させるために，内部のガスにはハロゲンガスまたはギ酸エチルなどの有機ガスが添加されている．

GM サーベイメータは，約 0.1 µSv/h の**線量当量率**から測定できる，感度の高い計測機である．しかし，一度放電が起きると，その放電が消滅して次の放

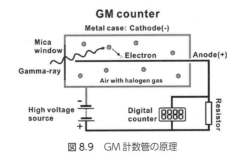

図 8.9　GM 計数管の原理

電が起こるまでに約 100 μsec の不感時間がある．また，放電の大きさが元の電場に回復するまでに更に時間がかかる．この 2 つの時間を合わせると数 100 μsec になる．このため，線量当量率が高くなると計数漏れが生じ，さらに高くなると GM 計数管の芯線近くの電場が回復せずに計数停止になる場合がある．

8.3.3　シンチレーション計数管

シンチレーション計数管 (scintillation counter) の測定原理は，以下の通りである．放射線が検出器に入射すると**シンチレータ** (scintillator) は微少な光を発する．この光を**光電子増倍管 (PMT：P**hoto **M**ultiplier **T**ube) で電流に変換して増幅し，得られるパルス電流を計数することで放射線を測定する．主としてガンマ線用ではタリウム (Tl) を添加した**ヨウ化ナトリウム** (NaI) などのシンチレータが用いられ，ベータ線用では，プラスチック，アルファ線では銀を添加した硫化亜鉛 (ZnS) のシンチレータが使用される．ガンマ線用のシンチレータの感度は，GM 管式や電離箱式より優れているので，微少な放射線測定に有効である．シンチレーション計数管のガンマ線に対する検出効率は，GM 計数管に比べて 10 〜 100 倍ほど高い．また，出力パルスの振幅から放射線のエネルギがわかるので，エネルギ強度毎のカウント数 (**ガンマ線スペクトル**) が測定できる (図 8.10)．このようなスペクトルのピーク位置は，放射性核種によって異なるので，シンチレーション計数管を使えば，放射性核種の特定などにも利用できる．

光電子増倍管は，光電効果を利用して光エネルギを電気エネルギに変換する

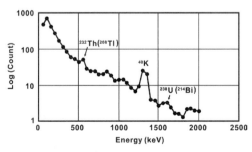

図 8.10　ガンマ線スペクトルの測定例

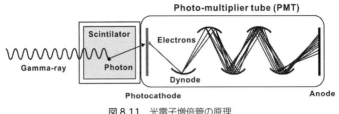

図 8.11　光電子増倍管の原理

光電管に，電流増幅機能を付加した高感度光検出器である (図 8.11)．光電子増倍管に入射したガンマ線は，光電陰極に衝突して 1 つの電子に変換される．この電子が最初の**ダイノード** (dynode) に衝突すると，多数の電子の放出が起こり，図のように複数のダイノードで次々と電子が大きく増幅される．この増幅された電子を電流パルスとして検出することで，ガンマ線が計測できる．ガンマ線の計測ではないが，スーパーカミオカンデでは，大量の水をシンチレータとして使い，多数の PMT で**ニュートリノ** (neutrino) を観測した．

8.4　放射能探査の数学

8.4.1　半減期と崩壊定数

　放射性物質 (**親核種**) は元々エネルギ的に不安定な物質で，不安定の元となる余分なエネルギを放射線として出しながら，別の物質 (**娘核種**) に変わっていく．それと同時に，放射線を出す能力である**放射能**が徐々に減っていく性質がある．放射能が半分になるまでの時間を**半減期** (half-life) といい，放射性物質の種類によってその時間が決まっている．また半減期は，放射性核種または不安定な素粒子が自然崩壊によって，その個数や存在確率が 1/2 になるまでの時間ともいえる．例えば，ラドン 222 の半減期は 3.8 日で，3.8 日経過すると放射能 (または原子数) は半分，7.6 日経過すると 1/4，11.4 日経過すると 1/8 というように減少していく (図 8.12)．

　放射性同位体の時間経過に伴う原子数の変化は，簡単な微分方程式として記述できる．放射性同位体は種類によって固有の崩壊速度を持つが，いま原子数の時間的変化を知りたい放射性同位体の**崩壊定数** (decay constant) を λ とする．また，崩壊定数の逆数 τ (=1/λ) を**崩壊寿命** (decay period) という．これは放射性核種の個数が 1/e (=1/2.71828...) になるまでの時間である．時刻 t における原

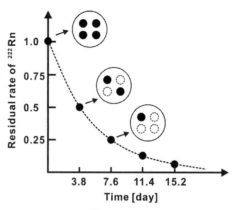

図 8.12　ラドン (^{222}Rn) の放射性崩壊の時間変化

子数を $N(t)$ とすると，崩壊定数の定義から $N(t)$ 個の原子の崩壊速度は，原子数に比例するので，

$$\frac{dN}{dt} = -\lambda N(t) \tag{8.1}$$

となる．この微分方程式を，初期条件 $N(0)=N_0$ として解くと，

$$N(t) = N_0 e^{-\lambda t} \tag{8.2}$$

となる．これが，崩壊定数 λ を持つ放射性同位体の時間経過にともなう原子数の変化を表す式である．

次に，崩壊定数 λ から半減期を求める計算式を導出する．いま，崩壊定数 λ を持つ放射性同位体の**半減期**を $t_{1/2}$ とすると，半減期 $t_{1/2}$ の定義から $N(t_{1/2}) = N_0/2$ となるので，式 (8.2) から半減期が次式のように求められる．

$$t_{1/2} = \frac{\ln(2)}{\lambda} \fallingdotseq \frac{0.693}{\lambda} \tag{8.3}$$

この式から，崩壊寿命 $\tau\,(=1/\lambda)$ は半減期の 1.443 倍であることがわかる．

放射性崩壊 (radioactive decay) において半減期と崩壊定数は核種に固有な値をとるので，半減期または崩壊定数の測定または推定値から核種を推定できる．また，物質の流出入が閉じた系の化石や火成岩などでは，放射能の減衰度合いと半減期から年代測定に利用できる．代表的な天然元素の半減期を表 8.2 に，人工元素の半減期を表 8.3 に示す．

表 8.2 天然元素の半減期

放射性核種	記号	半減期	放射性核種	記号	半減期
カリウム 40	^{40}K	12 億年	トリウム 232	^{232}Th	141 億年
ウラン 235	^{235}U	7 億年	炭素 14	^{14}C	5730 年
ウラン 238	^{238}U	45 億年	ラジウム 226	^{226}Ra	1600 年

表 8.3 人工元素の半減期

放射性核種	記号	半減期	放射性核種	記号	半減期
炭素 11	^{11}C	20 分	ニッケル 63	^{63}Ni	100 年
酸素 15	^{15}O	2 分	ストロンチウム 90	^{90}Sr	29 年
リン 32	^{32}P	14 日	ヨウ素 131	^{131}I	8 日
鉄 59	^{59}Fe	45 日	セシウム 134	^{134}Cs	2 年
コバルト 60	^{60}Co	5.3 年	プルトニウム 239	^{239}Pu	2 万 4 千年

8.4.2　放射性年代

　岩石の**放射年代測定法**には，ウラン・鉛法，ルビジウム・ストロンチウム法，カリウム・アルゴン法などがあり，火成岩や変成岩をつくる鉱物の放射年代が測定される．地球上で測定された最古の鉱物の年齢は，オーストラリアのジャックヒルズ産のジルコンの43億〜44億年である．岩体としては，カナダ北部のアカスタ片麻岩が最古で40億年強である．地球は元素の同位体比から隕石や月と同起源と考えられ，隕石の放射年代から地球の年齢が推定された．隕石と月の最古の年代が45.5億年なので，地球は他の惑星と同じく45.5億年前に誕生したと考えられている．岩石以外でも，放射性年代が測定できる．生物遺骸の年代測定には，生物に含まれている炭素14を用いた年代測定法が使われる．ここでは放射年代測定の例として，ウラン・鉛法と**炭素14法**の概要を示す．

　ウランは濃縮して鉱床を構成することもあるが，限られた種類の鉱物にしか含まれないので，**ウラン・鉛法**を一般的な岩石の年代測定に応用することは難しい．しかし，ウランの崩壊定数は精度よく定まっているので，ウランを含む鉱物であれば精度の高い年代測定が可能である．年代測定のための式は，

$$\frac{^{207}\mathrm{Pb}}{^{206}\mathrm{Pb}} = \frac{^{235}\mathrm{U}}{^{238}\mathrm{U}} \cdot \frac{e^{\lambda_{235}t} - 1}{e^{\lambda_{238}t} - 1} \tag{8.4}$$

となる．ウランの同位体比 (^{235}U/^{238}U) と各崩壊定数 (λ_{235} と λ_{238}) は既知なので，鉛の同位体比 (^{207}Pb/^{206}Pb) だけで年代 t が決定できる．この方法を特に**鉛同位体法**という．

炭素の放射性同位体である**炭素 14** は，宇宙線中の中性子が大気中の窒素と反応することで生じる．この反応でできた炭素 14 は，ベータ崩壊して再び窒素に戻る．宇宙線の量が一定であれば，空気中の炭素 14 濃度は一定に保たれる．生物は呼吸によって空気中の炭素を取り込むが，生きている間はその同位体比は常に一定に保たれる．しかし生物が死亡すると，炭素 14 の供給が止まるので，炭素 14 の量が時間と共に減少する．よって，**炭素の同位体比**から年代が決定できる．炭素 14 の半減期は 5,740 年で，100 年から 1 万年程度の短い年代に適用可能である．炭素 14 の同位対比を使った年代 t は，以下の式で計算できる．

$$t = \frac{5730}{0.693} \ln\left(\frac{C_0}{C_t}\right) \tag{8.5}$$

ここで，C_t は資料の炭素同位体比 (^{14}C/^{12}C)，C_0 は現在の大気中の炭素同位体比である．

8.4.3 放射能の遮蔽

放射線の透過能力は，アルファ線，ベータ線，ガンマ線，中性子線の順で高くなる．アルファ線は紙 1 枚程度で遮蔽でき，ベータ線は厚さ数 mm のアルミニウム板で防ぐことができる．ガンマ線は透過力が強く，コンクリートであれば 50 cm，鉛であっても 10 cm の厚みが必要になる．中性子線は挙動が他の放射線と著しく異なり，鉛などの金属によって遮蔽することはできず，水やコンクリートの厚い壁に含まれる水素原子によって遮蔽できる (図 8.13)．

物質中での放射線の進行方向の強度である**線束密度**は，原子核反応の寄与が大きくない場合には，近似的に次式で示す指数法則に従って減衰する．

$$I = I_0 \exp(-\mu x) \tag{8.6}$$

ここで，μ[m^{-1}] は**線吸収係数** (または線減衰係数)，x[m] は物質の厚さである．なお，物質の密度 ρ[kg/m^3] を考慮した μ/ρ[m^2/kg] を**質量吸収係数**という．また，遮蔽体となる物質の単位長さ当りの放射線エネルギの減弱を**阻止能**という．

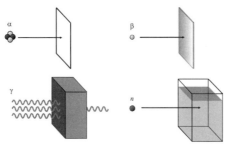

図 8.13　放射線別の透過力の比較[8f]

8.4.4　放射能探査の基礎理論

　空中および地表での理論的な放射線強度分布を求めるため，ここでは基礎的な理論式を整理する．最初に図 8.14 に示すように，地中の点 S に放射能 $N[\mathrm{Bq}]$ の点放射線源が存在する場合を考える．ここで，点 P は空中の測定点で，点 Q は直線 SP と地表面との交点である．点 P での単位面積当りの**放射線強度** $I_P[\mathrm{Bq/m^2}]$ は，次式となる．

$$I_P = \frac{Ne^{-(\mu_e r_e + \mu_a r_a)}}{4\pi(r_e + r_a)^2} \tag{8.7}$$

ここで，μ_e, μ_a は地中および空中の**線吸収係数** $[\mathrm{m^{-1}}]$ である．また r_e, r_a はそれぞれ地中および空中での距離 $[\mathrm{m}]$ である．

　次に，図 8.15 に示すような任意形状の放射線源による**放射線強度** $I[\mathrm{Bq/m^2}]$ を考える．地中の点 S に存在する微小体積 dV が，単位体積当り $N_v[\mathrm{Bq/m^3}]$ の放射能を持つとすると，微小体積 dV による放射線強度 dI は，次式となる．

$$dI = \frac{N_v e^{-(\mu_e r_e + \mu_a r_a)}}{4\pi(r_e + r_a)^2} dV \tag{8.8}$$

よって，放射線源の領域全体による放射線強度は，式 (8.8) を領域積分した次式となる．

$$I = \frac{N_v}{4\pi} \int_\tau \frac{e^{-(\mu_e r_e + \mu_a r_a)}}{(r_e + r_a)^2} dV \tag{8.9}$$

　実際に観測される放射線強度は，放射線の到達過程での**コンプトン散乱**や**電子対生成**などで，理論値より大きな値となることが知られており，この影響による放射線強度の増加は**ビルドアップ効果**と呼ばれている．ビルドアップ効果

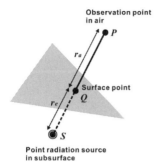
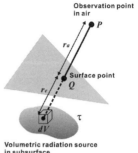

図 8.14 地中の点放射線源モデル　　図 8.15 地中の任意形状の放射線源モデル

を考慮した放射線強度 I_B は，式 (8.9) に，地中と空中のビルドアップ係数を乗じて次のように書ける．

$$I_B = \frac{N_v}{4\pi} \int_\tau \frac{B_e B_a e^{-(\mu_e r_e + \mu_a r_a)}}{(r_e + r_a)^2} dV \tag{8.10}$$

ここで，B_e, B_a は地中および空中のビルドアップ係数で，1 より大きな無次元量である．ビルドアップ係数は，通過距離に比例すると考えられるので，正の値を持つ**線ビルドアップ係数** $\lambda_e, \lambda_a [\mathrm{m}^{-1}]$ を用いて，次式のように近似できる．

$$B_e = 1 + \lambda_e r_e; \quad B_a = 1 + \lambda_a r_a \tag{8.11}$$

よって，最終的な理論強度は次式となる．

$$I_B = \frac{N_v}{4\pi} \int_\tau \frac{(1 + \lambda_e r_e)(1 + \lambda_a r_a) e^{-(\mu_e r_e + \mu_a r_a)}}{(r_e + r_a)^2} dV \tag{8.12}$$

なお，点 P で観測される放射線強度 I_{obs}[Bq] は，センサの有効面積 $A[\mathrm{m}^2]$ と無次元の**計数効率**(ピーク効率)ε_p を用いて，

$$I_{obs} = A\varepsilon_p (I_B + I_0) \tag{8.13}$$

と表せる．ここで I_0 は，宇宙線や地中の自然放射能などによる，地中の放射線源以外の放射能による放射線強度で，**ゼロ・バックグラウンド**と呼ばれる．

8.4.5 空間データの補間

データ測定は，放射能探査に限らず，限られた数の選択された位置で行なわれる．そのため，測定点がない場所での測定値を，既知の測定値から推定する必要がある．ここでは，一般的な空間データの補間法として，**逆距離加重法** (inverse distance weighted method) と**クリギング** (kriging) の概要を説明する．

288

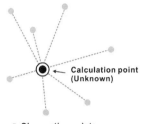

図 8.16 逆距離加重法の計算原理

まずは**逆距離加重法**から説明する．図 8.16 に示すように，求めたい未計測点周辺に N 個のデータ d_i がほぼ均一に分布しているとすると，この未計測点での推定値 d は，周辺データの加重平均として次式で計算できる．

$$d = \sum_{i=1}^{N} \frac{w_i d_i}{\sum_{j=1}^{N} w_j} \tag{8.14}$$

ここで，w_i は既知の計測点に乗じる重み係数である．この重み係数は，水平距離を使って次式で計算できる．

$$w_i = \frac{1}{h_i^S} \tag{8.15}$$

ここで，h_i は既知の測定点までの水平距離，S は**平滑化係数**である．平滑化係数には通常 2 が使われる．この方法では，距離 h_i が近いほど重み係数が急激に増大し，$h_i = 0$ となる点では重みが無限大の特異点になる．これを避けるために，次のような重み係数が使われる場合もある．

$$w_i = e^{Sh_i/h_m} \tag{8.16}$$

ここで，h_m は計算点から最も遠い測定点までの水平距離である．この式を使えば，距離 0 の時の重みは 1 となり，特異点にはならない．逆距離加重法では，比較的単純な計算で補間値が得られるが，測定点の分布が均一でない場合には，補間結果の品質が低下する可能性があるので注意が必要である．

クリギングは**空間内挿法**の 1 つで，鉱物埋蔵量の推算法として南アフリカ共和国の鉱山学者クリッグ (Krig) により開発された．クリギングでも逆距離加重法と同様に，未計測点での値を周辺の測定値の加重平均から計算する．ただしクリギングでは，データのばらつきを判断するために**半分散** (セミバリアンス: semivariance) と呼ばれる統計量を使用する．

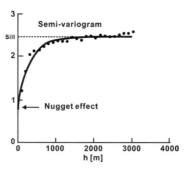

図 8.17　セミバリオグラムの例

ここで，i 点での空間座標を (x_i, y_i) とし，j 点での空間座標を (x_j, y_j) とする．また i, j 各点での測定値を z_i, z_j とする．このとき半分散 γ は，データ間の距離 h_{ij} の関数として，次式で表される．

$$\gamma(h_{ij}) = \frac{(z_i - z_j)^2}{2} \tag{8.17}$$

ここで，h_{ij} は測点間の距離なので，次式となる．

$$h_{ij} = \sqrt{(x_i - x_j)^2 + (y_i - y_j)^2} \tag{8.18}$$

全測点間について半分散を計算し，横軸を距離 h_{ij} としてプロットすると，図 8.17 のような分布となる．このグラフを**セミバリオグラム** (semivariogram) と呼ぶ．なおセミバリオグラムには，測定誤差やサンプリング距離よりも小さい微小スケールでの変動が**ナゲット効果** (nugget effect) として含まれる．クリギングでは，このセミバリオグラムの分布から重みを計算する．代表的なセミバリオグラムには，球，円，指数などの形状がある．ここでは，**指数関数**を例にして説明する．指数関数で近似したセミバリオグラムは，次式となる．

$$\gamma(h) = c_0 + c\left\{1 - e^{\frac{h}{\alpha}}\right\} \tag{8.19}$$

ここで，c_0, c, α は係数で，半分散の分布から最小 2 乗法などを使って求める．セミバリオグラムの形状が決まると，補間値を求めたい点での重みは，次の**線形方程式**を解くことで求められる．

$$Ax = y \tag{8.20}$$

ここで，式 (8.20) 中の行列及びベクトルは次式となる．

$$A = \begin{bmatrix} \gamma(\mathbf{0}) & \gamma(\mathbf{r}_1 - \mathbf{r}_2) & \cdots & \gamma(\mathbf{r}_1 - \mathbf{r}_n) \\ \gamma(\mathbf{r}_2 - \mathbf{r}_1) & \gamma(\mathbf{0}) & \cdots & \gamma(\mathbf{r}_2 - \mathbf{r}_n) \\ \vdots & \vdots & \ddots & \vdots \\ \gamma(\mathbf{r}_n - \mathbf{r}_1) & \gamma(\mathbf{r}_n - \mathbf{r}_2) & \cdots & \gamma(\mathbf{0}) \end{bmatrix} \tag{8.21}$$

$$\mathbf{x} = (w_1, w_2, \cdots, w_n)^T \tag{8.22}$$

$$\mathbf{y} = (\gamma(\mathbf{r}_1 - \mathbf{r}_0), \gamma(\mathbf{r}_2 - \mathbf{r}_0), \cdots, \gamma(\mathbf{r}_n - \mathbf{r}_0))^T \tag{8.23}$$

ここで，n は対象点周辺の測定値の個数，w_i $(i=1\sim n)$ は重み係数，$\mathbf{r}_i$ $(i=1\sim n)$ は対象点から測定点までの位置ベクトル，$\mathbf{0}$ は原点の位置ベクトルである．このようにして求めた重み係数を使うと，対象点での補間値は次式によって求められる．

$$z(\mathbf{0}) = \sum_{i=1}^{n} w_i z_i \tag{8.24}$$

8.5 放射能探査のケーススタディ

放射能探査は，岩石中に含まれる放射性同位元素から放出されるガンマ線を検出し，単位時間当りの放射線の数やエネルギを測定する．ガンマ線強度は，岩石の種類によって変化する．また，ガンマ線は岩石中に発達する亀裂を通じて移動するため，地質構造的な弱線部である断層破砕帯やその周辺では放射能強度が上昇することが知られている．このような放射能探査は，**ウラン鉱脈**や**温泉探査**，**水脈調査**，**断層調査**を中心に利用されている．また，最近の放射能探査では，ガンマ線のスペクトルを用いた方法が使われている．

空中ガンマ線探査は主として，ウラン探鉱，断層探査，温泉探査に用いられるが，雪がガンマ線強度を減衰させることを利用して，地表の積雪量を測定した探査例もある．また，地表岩石の**風化度判定**や，広域の**元素濃度マッピング**にも利用可能である．

8.5.1 断層の放射能探査

断層活動により岩石が破砕されると，ウランなどの**放射性崩壊**の過程で放出された**ラドンガス**が，**断層破砕帯**などの割れ目を通って上昇してくる．ラドンは水溶性なので，深部から水に溶けて移動した後に，断層などでラドンガスになっていると考えられている．放射能探査では，このラドンから放射されるガンマ線を検出することで，間接的に**断層位置**などを推定する．

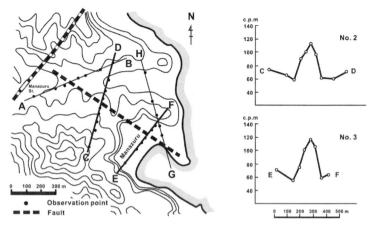

図 8.18　神奈川県真鶴町の地図 (左) と断層を横切る測線での放射能探査の結果 (右)[8g]

ここでは，既知の**伏在断層**を横切って測定された放射能探査の例を示す．神奈川県真鶴町では，海に向かって北西・南東方向に伸びる伏在断層が知られている (図 8.18 左)．この断層を横切る測線で，GM 計数管による放射能探査を実施した結果，断層の直上付近でカウント数が急激に上昇する結果が得られた．なお，この地域の平均的な自然計数は 60 c.p.m 程度なので，測定されたピーク値はその 2 倍となっている．

8.5.2　地下水・温泉の放射能探査

岩石中には，微量ながらウランやトリウムなどの放射性元素が含まれている．もし，この岩石層に亀裂が発達していれば，地下水やラドンなどのガスが通りやすくなる．一般的に地下深部になるほど，岩石内の圧力が表層付近より大きくなるので，地下水やガスが亀裂部に沿って上昇する．そして，上昇したラドンが地表部に達すると亀裂部の地表からガスとなって大気中に放出される．したがって，ガンマ線検出器などで地表を測定すると，**亀裂帯**のところで**自然放射能異常**が観測されるので，その亀裂の位置が検出できる．裂か地下水や温泉の位置は，このような原理によって検出できる．

図 8.19 は，北海道幌加温泉で実施された放射能探査の結果である．この調査では**シンチレーションサーベイメータ**を利用し，この温泉地を横切る方向に 18 点の測定を実施している．なお，図中の BP はバックグラウンドを測定す

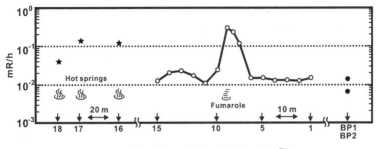

図 8.19 北海道幌加温泉の放射能探査の結果 [8h)]

るための基準点である．もっとも大きな放射能値を示した点は測点 9 で，この近くには弱い**噴気** (fumarole) が確認されている．また，測点 16 から 18 の温泉地付近でも，バックグラウンド値の 4 倍から 12 倍の値 (★) となっている．

8.5.3 海洋環境の放射能探査

放射能探査は主に地上や空中で行なわれるが，海洋底で実施される場合もあり，**海洋ガンマ線探査** (marine gamma-ray survey) と呼ばれている．海洋ガンマ線探査は，海底での岩石や堆積物の識別を目的とした**地質マッピング**，重金属を含む鉱物の**鉱床探査**，海洋底の**放射性汚染の把握**などに利用されている．

イギリスの**セラフィールド** (Sellafield) は，アイリッシュ海に面した町で，稼働を停止した核関連施設がある．セラフィールドは操業開始から，北欧にまで至る広域的な海洋汚染や，幾度もの事故を起こしている．ここでは，セラフィールド沖で実施された海洋ガンマ線探査の結果を紹介する．海洋ガンマ線探査では，通称 Eel(ウナギ) と呼ばれる**ガンマ線プローブを海底に沈め**，船で

 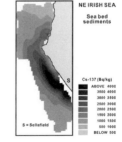

図 8.20 海洋ガンマ線探査の概念図 (左) とセラフィールド沖の海底堆積物中のセシウム濃度 (右)[8i)]

曳航しながら海底でのガンマ線分布を計測する (図 8.20 左)．図 8.20 右は，セラフィールド沖で観測した ^{137}Cs のガンマ線強度の分布である．この図から，セラフィールド (図中の S) を中心として，海洋底での**放射能汚染**が拡大していることがわかる．

〈コラム 8B〉炭素 14 とアイスマン

考古学の分野では，**炭素 14** を用いた**年代測定法**がよく利用されています．試料となる生物が生きている間は，試料中に含まれる炭素の同位体比は一定の割合に保たれます．しかし，その試料が死んでしまうと炭素 14 が壊変して減っていきます．そのため，炭素 14 と炭素 12 の比率を測定することで，資料の年代を決定することができます．この炭素同位体を使う方法は，アメリカのリビー (Libby) によって考案されました (図 8B 左)．

通称エッツィと呼ばれる**アイスマン**は，イタリアとオーストリアの国境付近にそびえるエッツタール・アルプスの山頂付近の氷河で発見された冷凍ミイラのことです．アイスマンは，登山をしていた夫婦により偶然に発見されました．初めは遭難者の遺体と考えられましたが，念のために行なわれた考古学者の検証で，この遺体は現代人のものではないことが判明しました．骨の一部を使った炭素 14 による年代測定の結果は，何と **5,300 年前の古代人**の遺体でした．身長 160 cm，体重 50 kg，推定年齢 46 歳前後の男性の遺体は，氷河の中で発見されたことからアイスマンと命名されました (図 8B 右)．

図 8B　リビーの肖像[C28] と復元されたアイスマン[C29]

第9章
地温探査

"測定することができなければ，改良することはできない"
ウィリアム・トムソン（ケルビン卿）

ニホンミツバチの蜂球[9a]
(Honey bee，学名：*Apis cerana japonica*)

　アジアだけに生息するオオスズメバチは，ニホンミツバチを含むトウヨウミツバチの天敵です．しかし，ミツバチも黙ってやられているだけではありません．トウヨウミツバチは進化の過程で，オオスズメバチへの対抗手段である必殺技を獲得しました．スズメバチが巣の中に不法侵入すると，直ちに大勢のミツバチがスズメバチを取り囲み，蜂球と呼ばれる塊をつくり，48℃前後の熱でスズメバチを熱死させるのです．写真には写っていませんが，この蜂球の中心にスズメバチがいます．取り囲まれたスズメバチの上限致死温度は45℃前後ですが，ニホンミツバチの上限致死温度は50℃程度なので，ミツバチが死ぬことはありません．弱者がいつまでも弱者ではないという好例です．しかし，激化する地球温暖化に適応して，耐熱性の体を持ったオオスズメバチが現れるかもしれません．少し怖い気もしますが，生物進化の今後が楽しみです．

9.1 地温探査の物理学

9.1.1 熱と温度

植物学者のブラウン (Brown) は，顕微鏡で水中の花粉を観察中に，花粉からでた微粒子がジグザグに激しく動き回る現象を偶然に発見した．この現象は，発見者に因んで**ブラウン運動** (Brownian motion) と呼ばれている．アインシュタイン (Einstein) は，このブラウン運動が，目に見えない水分子の乱雑な衝突，つまり分子運動であることを理論的に示した．物質を構成する原子や分子は，固体の場合には固定された位置を中心にいろいろな方向に振動するが，気体や液体では自由に乱雑に運動している．この無秩序な運動を**熱運動** (thermal motion) という．

熱 (heat) は物体に蓄えられたエネルギの一形態であり，**温度** (temperature) は熱がどのくらい蓄えられている状態かを表す尺度である．力学では，質量 m の物体が高さ h の位置にいる場合の位置エネルギ U_L を，重力加速度 g を用いて $U_L = mgh$ と表した．熱力学でも力学と同じように，質量 m の物体が絶対温度 T である場合，物体の持つエネルギの一種である熱エネルギ U_T を，比例定数 c を用いて $U_T = mcT$ と表す．この比例係数 c には物理的な意味があり，**比熱** (specific heat) という．また，この式からわかるように，温度が一定でも質量が大きければ大きな熱を持つことになる．このように，熱と温度は別物であることを正しく理解する必要がある．物体間でやりとりされるのは熱であり，物体に蓄えられた熱が変化することで温度が変化する．

摂氏温度 (degree Celsius) は，1 気圧での氷の融点を 0℃とし，水の沸点を 100℃として，100 等分の目盛りにしたものである．**絶対温度** (単位は K) は，原子や分子の熱運動がなくなる温度を**絶対零度**とし，目盛りの幅を摂氏温度と同じにしたものである．なお，絶対温度の単位である **K**(ケルビン) は，多くの科学的業績により貴族に列せられたケルビン卿 (Lord Kelvin) に因んで付けられた．

絶対零度は -273℃なので，絶対温度 T[K] と摂氏温度 t[℃] の関係は $T = 273 + t$ となる．日本では馴染みの薄い**華氏温度** (degree Fahrenheit) は，ドイツのファーレンハイト (Fahrenheit) が考案したもので，氷と塩化アンモニウムの混合物で人間が作ることのできる当時の最低温度 (約 -18℃) を 0，人間の

体温を96(12の倍数で100に近い数値)とした温度である．華氏温度は人間の体温を尺度にしたもので，100を超えると生命に危険が及ぶということを表している．

9.1.2 熱の移動

熱を運ぶ過程には，物質の移動を伴わずに高温側から低温側へ熱が伝わる**熱伝導** (heat conduction)，気体や液体などの運動で熱を運ぶ**熱対流** (heat convection)，熱赤外線という電磁波の伝播により熱が移動する**熱放射** (heat radiation) の3通りがある (図9.1参照)．

固体などの物質どうしが接触していれば，**伝導**により熱は伝わる．金属は一般的に熱伝導性が良い．固体中では，熱伝導は原子の振動が担う．特に金属では，結晶格子間を伝わる**格子振動**としてのエネルギ伝達と，**伝導電子**に基づくエネルギ伝達の2つの機構があると考えられている．熱伝導性は固体金属が最も良く，その他の固体，液体，気体の順に悪くなる．フライパンなどの加熱するための調理器具が金属製なのは，このためである．

熱を持った物体そのものが静止していても，隣にある気体や液体が運動すれば，その気体や液体が熱を運ぶ．これを**対流**という．気体や液体などでは，温度差があると，温度が高いほど密度が軽くなって浮力がかかるので，自然に対流が起こる．このような密度変化による対流の場合は，**循環運動**をする場合が多い．これは，暖められて密度が軽くなることで浮力が発生し，暖められた物体が上方に移動する際に，元から上部にあった冷たい物体を押しのけて下降させるためである．

熱伝導では物体が移動せず，直接触れ合うことにより熱が伝わる．また対流では，流体の流れを媒介させることにより間接的に熱が伝わる．どちらの場合

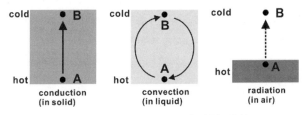

図9.1 熱の移動手段 (左から伝導，対流，放射)

も，熱は**熱振動**のまま伝わってゆく．それに対して**熱放射**では，輸送元の物体が電磁波を出し，輸送先の物体がそれを吸収することによって熱が運ばれる．この過程では，2つの物体のあいだに媒介する物質はなく，真空でも熱が伝わる．太陽から地球へ伝わる熱は，この熱放射によるものである．

9.1.3　熱の物性

物体の温度を 1[K] 上げるのに必要な**熱量** (heat quality) を，その物体の**熱容量** (heat capacity) といい，単位はジュール毎ケルビン [J/K] である．熱容量は，熱の含有可能量である．物体の質量が大きければ熱容量が大きく，温度を 1[K] 上げるのに大きな熱量が必要になる．また，温度を 1 K より上げるためには，さらに大きな熱量が必要になる．熱容量 C[J/K] の物体の温度を，ΔT[K] だけ上昇させるのに必要な熱量 Q[J] は，$Q = C \Delta T$ となる．

単位質量当りの熱容量を考え，物質の種類による熱容量の違いを表したものが**比熱**である．比熱は 1[g] の物質の温度を 1[K] 上げるのに必要な熱量である．比熱の単位はジュール毎グラム毎ケルビン [J/gK] である．水のように比熱が大きい物質は，熱の含有可能量が大きく，温まりにくくて冷めにくい．

比熱容量 (specific heat capacity) は，圧力または体積一定の条件で，単位質量の物質を単位温度上げるのに必要な熱量のことである．単位は J kg^{-1} K^{-1} または J g^{-1} K^{-1} が用いられる．18℃での水の比熱容量は，1 cal g^{-1} K^{-1} = 4.184 × 10^3 J kg^{-1} K^{-1} である．熱力学では 1 mol の物質の熱容量，**モル熱容量** [Jmol^{-1} K^{-1}] を用いることが多い．モル熱容量は分子熱とも呼ばれる．単位質量当りの熱容量 (比熱容量) に**モル質量** [kg mol^{-1}] を掛ければ，モル熱容量になる．

熱伝導率は熱の伝わりやすさを表し，その単位は W/mK である．物質に**温度勾配**が生じると，内部エネルギが熱として拡散する．熱の拡散は温度勾配によって起こるため，温度に与える影響は**熱拡散率** (温度伝導率) として表される．熱拡散率は，熱拡散の程度，つまり温度の伝わりやすさを表していて，単位は m^2/s である．

9.1.4　熱電効果

熱電効果 (thermoelectric effect) は，電気伝導体や半導体などの金属中において，熱流の熱エネルギと電流の電気エネルギが相互に及ぼし合う効果の総称で

ある. 熱電効果には, **ゼーベック効果** (Seebeck effect), **ペルティエ効果** (Peltier effect), **トムソン効果** (Tomson effect) の 3 つがある. ゼーベック効果は 1821 年にゼーベックが, ペルティエ効果は 1834 年にペルティエが, トムソン効果は 1854 年にトムソンがそれぞれ発見している. ゼーベック効果とペルティエ効果は, 次に説明するように互いに逆の物理現象である. また, トムソン効果もそれに関連する熱現象である.

ゼーベック効果とは, 2 種類の導体または半導体の両端を接合して閉回路をつくり, 両接合点を異なる温度に保つと, **熱起電力**を生じて回路に電流が流れる現象をいう. この効果を利用して, 半導体を接合して熱電発電を行なう方法も開発されているが, 熱効率はあまり高くない. また, 熱起電力から温度差を知ることができるので, 接合した導体を**温度計**としても使うことができ, **熱電対**と呼ばれている. この熱起電力 V は温度差に比例し, 温度差を ΔT(℃), ゼーベック係数を α とすると, $V = \alpha \Delta T$ の関係がある.

ペルティエ効果は, 異なる金属を接合して電圧をかけると, 接合点で熱の吸収・放出が起こる効果である. ペルティエ効果は, ペルチエ効果やペルチェ効果と表記することもある. この現象はゼーベック効果の逆反応で, 電圧から温度差を作り出す現象である. ペルティエ効果は次のような場合に起こる. 異なる 2 種類の金属または半導体 (p 型と n 型) を 2 つの点で接合したものに電流を流す. このとき電流は, 片方の接点からもう一方に流れ, 同時に熱も輸送する. そのため片方の接点は冷やされ, もう一方は温められる. ペルティエ効果を利用した薄型の**冷却素子**は, コンピュータの CPU や保冷庫の冷却装置などとしても利用されている.

トムソン効果は, 温度勾配のある導体を電流が流れるときの加熱・冷却に関係した熱効果である. トムソン (後のケルビン卿) は, 熱起電力が温度に正比例しないことから, ペルティエ効果の他にも熱源があると予想し, 各々の金属の内部に**温度勾配**があるとそれによっても起電力が生じることを結論づけた. 物質によって程度の差はあるものの, ほぼ全ての導体は, 2 つの点の間で温度差があれば, 熱を**吸収**または**放出**することがわかっている.

9.2 地温探査の地球物理学

9.2.1 地球の熱と温度

　地熱の発生源は，地球の内部にある．地球内部は外側から順に，固体岩石の**地殻** (crust)，**マントル** (mantle)，鉄やニッケルを主成分とする**溶融金属**でできた**外核** (outer core)，鉄やニッケルを主成分とする**固体金属**の**内核** (inner core) に分かれている (図 9.2)．地球内部で発生する熱の大半は，天然放射性元素が崩壊する時の熱に由来する．地熱の 45 〜 85 ％ は，地殻に含まれる元素の**放射性崩壊**から発生している．その他の地球内部の熱は，鉄やニッケルなどの過剰な重金属が核に沈降していくときに放出される**摩擦熱**や，地磁気が作る電磁気的効果によって生み出される**ジュール熱**などと考えられている．地球内部で発生している総地熱量は約 35 テラワット (35×10^{12} W) と推定され，地球が太陽から放射で受け取るエネルギの約 1/2,500 となっている．

　地球内部に原因のある現象は，地球内部で発生した熱エネルギの影響を受けている．そのため，地球内部の**熱構造**を理解することは，地球の内部構造を理解する上で極めて重要である．ただし残念ながら，現状では地下を掘削できる深さは 10 km 程度に過ぎず，深部の温度は間接的な方法で推定するほかない．

　地下の温度を推定する方法の 1 つとして，熱伝導によって運ばれる**地殻熱流量**を用いる方法がある．地下に温度の勾配があれば，熱は地下から地表に流れる．この流れる熱の量を地殻熱流量という．この地殻熱流量を Q で表すと $Q = KdT/dz$ となる．ここで，T は温度，z は深さ，K は熱伝導率である．なお式中の dT/dz は地中の深さ方向の**温度勾配**を表していて，地中に掘削したボーリング孔内の温度分布を用いたり，海底の場合は温度計を海底に突き挿して測定した温度を用いて，鉛直勾配が計算される．

9.2.2 地球内部の温度と圧力

　地球表面の温度は，赤道や極地などの場所や，四季などの季節によってかなり違う．この地表での温度の違いは，主に太陽のために起こる．太陽の熱は，季節によって変化するが，せいぜい地下 20 〜 30 m ぐらいまでしか影響を与えないので，それより深部の温度は 1 年中ほとんど変化しない．また，赤道と極地の極端な地表温度の違いも，深さ 300 m くらいまでにしか影響しない．

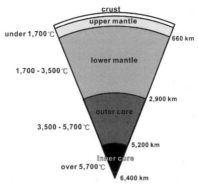

図 9.2 地球内部の温度分布

それより深い地下では，同じ深さでの温度は一定している．現在，実際に温度を測ることができるのは，特別な場合を除けば地下 5 km 程度までである．この深度までは，100 m 深くなる毎に 3 ℃ くらいの割合で温度が高くなる．もし，この割合で地球内部の温度が高くなると，半径が 6,378 km の地球の中心では 20 万 ℃ にも達することになる．しかし，地球の内部を構成する物質や，地球に落下してくる隕石などをもとに調べると，このような高い温度は考えられない．地球の構造や太陽系の星などをもとにした地球内部の推定温度は，図 9.2 に示すように地球の中心に近づくほど高くなる．地球中心部の外核 (outer core) の温度は 3,500 ～ 5,700 ℃，内核 (inner core) の温度は 5,700 ℃ 以上となり，太陽の表面温度 (6,000 ℃) と同程度と考えられている．

9.2.3 地温の時間変化

晴れた日の 1 日の地温の変化は，日の出直前が最低で，その後から少しずつ上昇して午後 1 時ごろに最高になる．なお，気温の方は午後 2 時に最高になる．この時間の遅れは，日光の放射によって最初に地面が温まり，温まった地面からの伝導で空気が温まることに起因する．地面の温度の変化は，入る熱と出る熱の差が関係している．

地温は 1 年および 1 日を周期として変動し，深くなるにつれてその変動幅 (振幅) は小さくなり，ピーク値を示す時間 (位相) も遅くなる．こうした特性は，地表面が太陽によって熱せられ，その熱の一部が熱伝導などによって地中に移

動するためである．地温は，日射量や表面の**被覆状態**や，土壌の熱伝導率などの**熱物性**によって決定される．このうち，土壌の熱物性は土壌の種類や水分量に大きく影響される．

9.3 地温探査の地質学

9.3.1 岩石の熱物性

　熱伝導率 (thermal conductivity) とは，媒質中に温度勾配がある場合に，その勾配に沿って運ばれる熱流束の大きさを規定する物理量であり，**熱伝導度**とも呼ばれる．また熱伝導率の逆数を**熱抵抗率**という．さらに，熱伝導率に似ているが異なる物理量として，温度勾配により運ばれる熱エネルギの拡散係数である**熱拡散率**，混合物に**温度勾配**がある場合に熱拡散により濃度勾配が生じる時の大きさを規定する物理量である**熱拡散係数**，物質間の熱の伝わりやすさを表す**熱伝達係数**などがある．

　熱伝導率 κ[W/mK] は，厚さ 1 m の板の両端に 1℃ の温度差がある時，その板の 1 m^2 を通して，1 秒間に流れる熱量をいう．この熱伝導率の値が大きければ大きいほど，移動する熱量は大きく，熱が伝わりやすいことになる．熱伝導率は金属，ガラス，プラスチック，セメント，木質材など，材料の種類と密度によって異なる．一般的に熱伝導率は，気体，液体，固体の順に大きくなる．特に金属の熱伝導率が大きいのは，金属原子同士の衝突だけではなく，金属中の自由電子同士の衝突があるからである．

　一般的に，地温は深度の増加と共に増加する．この温度増加の割合は**地下増**

表 9.1　堆積物・岩石の熱伝導率の例 [9b)]

堆積物 / 岩石	熱伝導率 (W/mK)
乾燥土壌 (水分 4 %)	0.15
湿潤土壌 (水分 67 %)	0.51
水 (0℃)	0.56
乾燥砂 (水分 0.2 %)	0.27
湿潤砂 (水分 30 %)	1.65
石灰岩	2.57
花崗岩	3.25
珪岩	6.72

温率(地温勾配)と呼ばれ，100 m 当りに 2.5 〜 3.5 ℃程度である．この地下増温率は，岩石の熱伝導率と，その場所での地下からの熱流量の違いによって変わる．ここで**熱伝導率**を $K[\mathrm{cal/cm \cdot s ℃}]$，熱流量を $Q[\mathrm{cal/cm^2 s}]$ とすると，深度方向 z に対する地温 T の変化は次式となる．

$$\frac{\partial T}{\partial z} = \frac{Q}{K} \tag{9.1}$$

この式からわかるように，地温勾配は熱伝導率に反比例し，熱流量に比例する．表 9.1 に土壌や岩石の熱伝導率の例を示す．

9.3.2 地下構造の違いによる地温変化

岩石の熱的性質(熱伝導率)の差異に着目すれば，地温分布から**断層**や**背斜構造**などの地質構造の探査にも利用できる．図 9.3 は**石灰岩**と**花崗岩**の境界を横断するように測定した地温の測定例である．この図から，石灰岩と花崗岩の接触部で温度が急激に変化していることがわかる．この原因の一つは，表 9.1 にあるように，石灰岩より花崗岩の方が熱伝導率が大きいためである．また，図 9.4 に示すように，花崗岩が**背斜構造** (anticline) によって盛り上がっている場合には，背斜の中央部で地温が高くなる傾向がある．

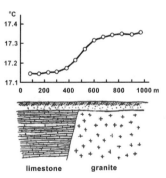

図 9.3 異種岩石の接触部における地温変化の例 [9c)]

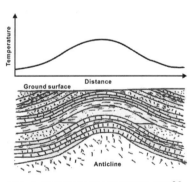

図 9.4 背斜構造における温度変化の例 [9d)]

9.4 地温探査の計測工学

9.4.1 液体温度計

理科実験などで使われる温度計に**アルコール温度計**や**水銀温度計**などあるが，これらは温度が上がることによる液体の**熱膨張**を，温度の測定に利用したセンサである．アルコール温度計は，**熱膨張率** (coefficient of thermal expansion) が大きいエチルアルコールを赤く着色して利用している．ただし，現在はアルコールの代わりに着色した灯油などが使われている．アルコール温度計は，主に低温用として使われ，$-80 \sim 70\,℃$の温度範囲が測定できる．常温で金属である水銀も，その熱膨張率の大きさを利用して，温度計に使われている．水銀温度計では$-38 \sim 360\,℃$まで測定できるが，日常用途として，**体温計**によく使われていた．ただし，環境問題のために水銀の使用を制限する条約や，次に説明する様々な温度センサの普及により，現在ではほとんど使われなくなった．

9.4.2 熱電対

異なる材料の2本の金属線を接続して1つの回路を作り，2つの接点に温度差を与えると回路に電流が流れる．これは，前述した**ゼーベック効果**である．ゼーベック回路を開放すると，この回路に流れる電流を電位差として検出できる (図 9.5)．このゼーベック効果を利用した温度センサが**熱電対** (thermocouple) である．2種類の**金属**の組み合わせとしては，銅・コンスタンタン，鉄・コンスタンタン，クロメル・アルメルなどがある．なお，コンスタンタンは銅55％・ニッケル45％の合金，クロメルはニッケル89％・クロム9.8％・鉄1％・マンガン0.2％の合金，アルメルはニッケル94％・マンガン2.5％・アルミニウム2％・ケイ素1％・鉄0.5％の合金である．一般的に使われる熱電対では，クロメルとア

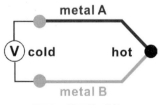

図 9.5 熱電対の仕組み

ルメルの組み合わせが最も多い．**クロメル・アルメル熱電対**は，起電力の直線性が良いことが知られており，−200 ～ 1,000 ℃までの温度範囲で使用できる．

9.4.3 サーミスタ温度計

サーミスタ (thermistor) は，ニッケル，マンガン，コバルト，鉄などの酸化物を混合して焼結した**セラミック**である．このサーミスタは，温度変化に対して電気抵抗の変化が大きい．サーミスタは，この現象を利用して温度を測定するセンサとして使われる．サーミスタ温度計は，通常 −50 ～ 150 ℃程度までの測定に用いられる．マンガン・ニッケル・コバルトを主成分とする **NTC サーミスタ**は，温度の上昇に対して緩やかに抵抗が減少するサーミスタである．サーミスタでは温度と抵抗値の関係が簡単な近似式で表されるため，地温探査ではサーミスタを利用した温度計が最もよく使われている．

9.4.4 測温抵抗体

金属の電気抵抗が，温度上昇に対して増加する性質を利用したセンサを**測温抵抗体 (RTD：Resistance Temperature Detectors)** という．このような温度と抵抗の関係があらかじめ把握されている金属などを利用すれば，その抵抗を測定することで温度を知ることができる．測温抵抗体の特長としては，温度と抵抗の関係がほぼ直線的，安定度が高い，感度が大きい，最高使用温度は 500 ～ 600 ℃程度，などが挙げられる．温度特性が良好で経時変化が少ない白金を測温素子に用いた温度センサが，**白金測温抵抗体**である．白金測温抵抗体は，高温地熱井での温度測定や産業用温度センサとして広く使用されている．

9.4.5 放射温度計

赤外放射温度計 (infrared radiometer) は，物体が放出する赤外線を用いて，物体の表面温度を測定する機器である．物体から放射される赤外線の放射エネルギは，表面温度に関係するので，放射エネルギが測定できれば温度が計算できる．ただし，**黒体**以外の物体からは，全エネルギが放射されるわけではないため，放射率の補正を考慮しないと，測定温度が正しく測れない場合がある．物体の持つ放射エネルギと実際に放射されるエネルギの比を**放射率**という．黒体の放射率を 1 としたとき，ゴムやセラミックなどでは 0.95 程度なので問題

図 9.6　シュテファン (左)[9e] とボルツマン (右)[9f] の肖像

ない．しかし，金属のような表面光沢がある場合は 0.9 未満となるなど，一般的な物質では黒体に比べると放射率が低くなる傾向がある．このように，放射率は対象物の表面状態に左右されるので注意が必要である．

　黒体の表面から単位時間，単位面積当りに放出される電磁波のエネルギ $I[\mathrm{W/m^2}]$ は，黒体の絶対温度 $T[\mathrm{K}]$ の 4 乗に比例する．この温度とエネルギの関係は**シュテファン・ボルツマンの法則** (Stefan–Boltzmann law) と呼ばれている．この法則を式で表現すると，

$$I = \sigma T^4 \tag{9.2}$$

となる．ここで，σ は**シュテファン・ボルツマン定数**で，$5.67 \times 10^{-18}[\mathrm{W/m^2 K^4}]$ である．

　多くの温度計では，熱伝導によって測定対象と温度計とが同じ温度になる必要があるが，赤外放射を利用した放射温度計ではその必要はない．例えば，水銀体温計では体温測定には数分かかるが，放射温度計では数秒で体温が測定できる．

9.4.6　光ファイバ温度計

　光ファイバ温度計は，光ファイバ全長に沿った長距離の連続的な温度分布を測定する一種の**接触式温度計**である．光ファイバに**パルス光**を入射すると，その光は光ファイバ中を伝播する際に，ごく僅かに散乱しながら減衰していく．この**散乱光**の大部分は**レイリー散乱光**と呼ばれ，光ファイバ中の微小な屈折率の揺らぎによって発生する．その散乱光の波長は，入射した光と同じ波長である．ただし散乱光の中には，光ファイバの石英分子の格子振動とエネルギの授

受を行ない，入射光の波長から僅かにシフトするものがある．これを**ラマン散乱光**という．このラマン散乱光には，格子振動にエネルギを与えた光が長波長側にシフトする**ストークス光**と，格子振動からエネルギを得て短波長側へとシフトする**アンチストークス光**の2つがある．特にアンチストークス光の強度は，散乱を起こした位置での光ファイバの温度によって大きく変化する．そのため，ラマン散乱光の強度を測定することによって，光ファイバの温度を知ることができる．

9.4.7　1m深地温探査

地中温度は，地中数mまでの深さの温度の総称であり，単に**地温**ともいう．日中は日射などによって地面が暖められて熱が地中に伝わるが，夜間には地面は赤外放射によって冷却し，熱は地中から地面に向かって伝わる．

1m深地温探査はその名が示すように，地表から1mの深さでの地中温度を測定し，得られた温度分布から熱源や地下水脈の平面分布を推定する探査法である．地表の温度は気温によって左右されるが，地下1mでは1日の気温の変化による影響をほとんど受けない．ただし，年単位では地温は大きく変化する．地下水が集中的に流動している，いわゆる**水みち**周辺の地温は，夏期には地下水が周囲の熱を奪っていくために低くなる．その反対に，冬期には地下水のほうがその周囲より温度が高くなるので，水みち周辺の地温は高くなる．この地下水と周辺土壌との温度差を利用することで，地下水の流動経路を推定することができる．地温探査では，格子状または直線上に測点を配置して，この地温の分布を測定して**等温線図**を描くことにより，水みちや温泉の平面分布を

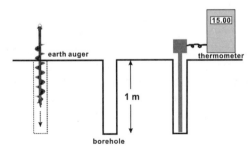

図9.7　1m深地温探査の作業手順

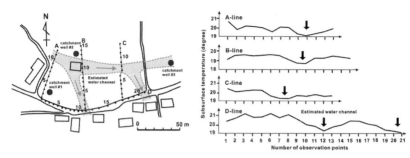

図 9.8　地すべり地域の 1 m 深地温探査の測線図 (左) と測定結果 (右)[9g]

推定することができる.

　実際の測定作業では，測点上でアースオーガや径 30 mm 程度の鉄棒などを使って深度 1 m の穴を掘り，その後に 1 m 深地温探査用の**サーミスタ温度計**などを用いて地中温度を測定する (図 9.7). 測定条件としては，1 m 深地温と流動地下水の温度との差が 2.5 ℃以上あることが望ましく，**厳寒期**や**厳暑期**などの外気と地温との温度差が大きい時期に探査時期を設ける必要がある. 図 9.8 右は 1 m 深地温の測定例であり，水みちと考えられる測点での温度が，周囲の温度に比べて 1 ～ 2 ℃低くなっていることがわかる.

〈コラム 9A〉ヘビの熱赤外線センサ

　生物には視覚・聴覚・嗅覚・味覚・触覚がありますが，ヘビには他の生物には無い **6 番目の感覚**があります. それは熱を感じる感覚で，ヘビにはそのための特殊な感覚器官があります. この器官には多くの神経や毛細血管が集まっていて，わずかな熱でも感じ取ることができます. **ピット器官** (pit organ) と呼ばれるこの感覚器官は，軍用機器並みに高性能だそうです. ヘビの眼と鼻の間にある凹みには熱センサがあり，このくぼみの中には，15 万個にも及ぶ**熱感受性細胞**がびっしりと並んでいます. この細胞の集中度が，温度感覚に大きな増幅効果をもたらします. その精度は数 10 cm 離れたものの温度変化を 0.1 ℃単位で知ることができるそうです. 最近の研究では，ヘビは熱を感じるだけではなく，**赤外線カメラ**の映像のように見えていて，距離までも認識しているのではないかと考えられています. ヘビは，暗闇の中でも頭をあちこち動かして，温度を持った獲物の大きさや形を "見る" ことができるのです.

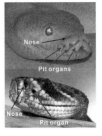
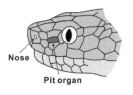

図 9A　ニシキヘビ (左上) とガラガラヘビ (左下) の鼻孔とピット器官 (右)[C30], [C31]

9.5　地温探査の数学

9.5.1　熱伝導方程式

熱源を考慮した一般的な**熱伝導方程式**は，次式となる．

$$\nabla \cdot (k\nabla T) + q = \rho c \frac{\partial T}{\partial t} \tag{9.3}$$

ここで，k は熱伝導率 [W/mK]，T は温度 [℃]，ρ は密度 [kg/m^3]，c は比熱 [J/kg℃]，t は時間 [s]，q は熱源 [W/m^3] である．

式 (9.3) から，直交座標系での **3 次元熱伝導方程式**は，次式となる．

$$\frac{\partial}{\partial x}\left(k\frac{\partial T}{\partial x}\right) + \frac{\partial}{\partial y}\left(k\frac{\partial T}{\partial y}\right) + \frac{\partial}{\partial z}\left(k\frac{\partial T}{\partial z}\right) + q = \rho c \frac{\partial T}{\partial t} \tag{9.4}$$

熱伝導率 k が一定の場合，式 (9.4) は次式となる．

$$\frac{\partial^2 T}{\partial x^2} + \frac{\partial^2 T}{\partial y^2} + \frac{\partial^2 T}{\partial z^2} + \frac{q}{k} = \frac{1}{\alpha} \cdot \frac{\partial T}{\partial t} \tag{9.5}$$

ここで，$\alpha\,(=k/\rho c)$ は温度伝導率 [m^2/s] である．さらに熱源がない場合，式 (9.5) は

$$\frac{\partial^2 T}{\partial x^2} + \frac{\partial^2 T}{\partial y^2} + \frac{\partial^2 T}{\partial z^2} = \frac{1}{\alpha} \cdot \frac{\partial T}{\partial t} \tag{9.6}$$

となり，冷却に関する**フーリエ方程式**となる．また，十分に時間が経過して温度の時間変化がない定常状態の場合には，式 (9.5) は

$$\frac{\partial^2 T}{\partial x^2} + \frac{\partial^2 T}{\partial y^2} + \frac{\partial^2 T}{\partial z^2} + \frac{q}{k} = 0 \tag{9.7}$$

となり，**ポアソン方程式**となる．さらに，式 (9.7) で熱源がない場合は，

$$\frac{\partial^2 T}{\partial x^2} + \frac{\partial^2 T}{\partial y^2} + \frac{\partial^2 T}{\partial z^2} = 0 \tag{9.8}$$

となり，**ラプラス方程式**となる．

9.5.2　熱伝導による冷却を使った地球年齢の推定

　放射性同位元素が発見される以前は，地球内部が熱いのは地球生成時の熱がまだ蓄えられているためだと考えられていた．そのため，地球は暖められることはなく冷却する一方だと考えられていた．この考えに従って，熱い地球が現在の温度まで冷える時間，つまり地球の年齢を計算したのはケルビンである．ここでは，ケルビンが行なった熱伝導による冷却を使った地球年齢の計算例を示す．

　半無限空間の 1 次元熱伝導問題では，式 (9.6) から次の 1 次元熱伝導方程式が導かれる．

$$\frac{\partial T}{\partial t} = \frac{k}{\rho c} \cdot \frac{\partial^2 T}{\partial x^2} = \alpha \frac{\partial^2 T}{\partial x^2} \tag{9.9}$$

この式を，初期条件 T_0 として解くと，

$$T = T_0 \left(1 - \frac{2}{\sqrt{\pi}} \int_0^{\frac{x}{2\sqrt{\alpha t}}} e^{-\xi^2} d\xi \right) = T_0 \left\{ 1 - \mathrm{erf}\left(\frac{x}{2\sqrt{\alpha t}}\right) \right\} \tag{9.10}$$

となる．ここで，erf( ) は**誤差関数** (error function) と呼ばれる特殊関数である (図 9.9)．温度勾配は式 (9.10) を x で微分することで得られ，

$$\frac{\partial T}{\partial x} = \frac{T_0}{\sqrt{\pi \alpha t}} e^{-\frac{x^2}{4\alpha t}} \tag{9.11}$$

となる．よって地表 ($x=0$) での温度勾配は，

$$\left. \frac{\partial T}{\partial x} \right|_{x=0} = \frac{T_0}{\sqrt{\pi \alpha t}} \tag{9.12}$$

となる．この式を使って，初期温度 T_0 を 2,000 K，温度勾配を 2.5 ℃/100 m，α を 10^{-6} m²/s として計算すると，$t = 2.308 \times 10^{15}$ s となり，約 6,460 万年となる．これがケルビンが計算した地球の年齢である．地球の年齢は現在では 45.5 億年と考えられており，ケルビンの計算とは大きくかけ離れている．これは，ケルビンが計算した当時には放射能が未発見で，放射性物質からの**崩壊熱**による

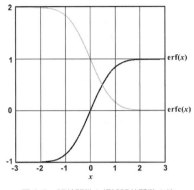

図9.9 誤差関数と相補誤差関数の値

地中の加熱が計算に考慮されなかったためである.

9.5.3 地表の温度変化が地下温度に与える影響

熱伝導を考慮した地下の温度は，以下の式で与えられる.

$$T(z,t) = T_0 + \frac{dT}{dz}z + \Delta T \mathrm{erfc}\left(\frac{z}{2\sqrt{\kappa \Delta t}}\right) \tag{9.13}$$

ここで，ΔT は Δt 時間の温度変化，κ は熱拡散率，dT/dz は地温勾配，z は深度，erfc( ) は**相補誤差関数**(complementary error function) である．なお相補誤差関数 (図9.9) は，前述の誤差関数を使って次式で表される．

$$\mathrm{erfc}(x) = \frac{2}{\sqrt{\pi}}\int_x^\infty e^{-\eta^2}d\eta = 1 - \mathrm{erf}(x) = 1 - \frac{2}{\sqrt{\pi}}\int_0^x e^{-\eta^2}d\eta \tag{9.14}$$

9.5.4 2次元の熱源モデル

円柱を垂直に横切る断面で，z 軸を円柱の中心を通って地表面に垂直下方に，円柱中心軸と直角な方向にとる，2次元の定常状態を考える (図9.10)．地表の基準温度を 0℃ とし，地表から b[m] の深さに温度 Θ_b[℃] で半径 r[m] の円筒状熱源を考え，地表面で**ニュートン冷却**が成り立つとする．ニュートン冷却とは，温度差が小さいときに物体が失う熱量が温度差に比例するという近似的な冷却過程である．地表の**伝熱率**を h'，土壌の熱伝導率を k とし，この比を $h(=h'/k)$ とする．一般的に h の値は $10 \sim 30 \, \mathrm{m}^{-1}$ の範囲にあり，多くの場合は

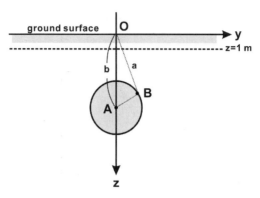

図 9.10　円筒状の 2 次元熱源モデル [9h)]

$10\ \mathrm{m}^{-1}$ 程度である.

2 次元断面での温度を θ とすると，定常熱伝導方程式は次式となる.

$$\frac{\partial^2 \theta}{\partial y^2} + \frac{\partial^2 \theta}{\partial z^2} = 0 \tag{9.15}$$

境界条件は，$(z-b)^2+y^2=r^2$ の円筒表面で $\theta=\theta_b$，$z=0$ で $\partial\theta/\partial z - h\theta = 0$ である.

式 (9.15) を，この境界条件で解き，漸近級数の第 1 項までで近似すると，次式となる.

$$\theta(z) \doteqdot \frac{\theta_b}{\log\dfrac{b+a}{b-a}} \left[\log\frac{(z+a)^2+y^2}{(z-a)^2+y^2} + \frac{4(z+a)}{h\{(z+a)^2+y^2\}} \right] \tag{9.16}$$

また，ニュートン冷却を考えずに地表面で温度一定とすると，式 (9.16) の右辺第 2 項が省略できて，

$$\theta(z) \doteqdot \frac{\theta_b}{\log\dfrac{b+a}{b-a}} \log\frac{(z+a)^2+y^2}{(z-a)^2+y^2} \tag{9.17}$$

となる．これらの式で，深さ z に 1[m] を代入すれば，2 次元円柱モデルでの **1 m 深地温**が計算できる.

9.5.5　坑井温度を使った過去の温度履歴の推定

地下の地温変化は時定数が大きいため，その温度分布には過去の地表温度の履歴が残されている．そのため坑井の温度解析から，過去の温度を推定することができる．地表付近の地下温度は，地下深部から伝わる熱と，大気が持つ熱

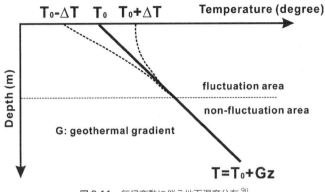

図 9.11 気候変動に伴う地下温度分布 [9]

が地下に伝わる効果によって変動する．理想的な定常状態の場合，地下温度は深度が増すにつれて一定の温度勾配で上昇する直線を描く．しかし，大気温度が時間と共に変化する場合，地下温度はこの直線からずれる．

地表温度が T_0 から T_S にステップ状に変化した時，t 時間後の深度 z での温度変化量 ΔT は，次式となる．

$$\Delta T(z,t) = (T_S - T_0) \cdot \mathrm{erfc}(z/2\sqrt{\kappa t}) \tag{9.18}$$

ここで，erfc( ) は相補誤差関数，κ は熱拡散率である．また熱拡散率は熱拡散の速度を表わすパラメータで，次式で表わされる．

$$\kappa = k/\rho c \tag{9.19}$$

ここで，k は熱伝導率，ρ は密度，c は体積熱容量である．

なお，地表の温度が連続的に変化している場合の地下の温度変化は，式 (9.18) を積分した次式で表せる．

$$\Delta T(z,t) = \int_{-\infty}^{t_0} \{T_S(t) - T_0\} \mathrm{erfc}[z/2\sqrt{\kappa(t_0 - t)}]dt \tag{9.20}$$

図 9.11 の実線は，過去に温度変化がなかったか，あるいは温度変化から十分時間が経過した場合の**温度プロファイル**である．しかし，過去に**温暖**(または**寒冷**) な気候が続いた時期があれば，破線のように直線から外れた温度プロファイルになる．

9.6 地温探査のケーススタディ

地温探査は自然の熱源を利用した**受動的探査法**である．能動的な地温探査は理論的な研究はあるものの，現状では行なわれていない．能動的な地温探査が無い理由は，この手法には大きな人工熱源が必要であることと，温度変化の時定数が極めて大きいためである．地温探査の探査対象の1つは**熱源分布**で，熱源分布を調べることで**地下水・温泉・地熱貯留層**などの探査が可能である．

9.6.1 地熱貯留層の地温探査

地球内部で発生する熱の大半は，ウランやトリウムなどの天然放射性元素の**崩壊熱**に由来している．日本の**地殻浅部**で火山などが地殻にない場所では，**地温勾配**は3℃/100 m前後であることが知られている．しかし，実際には地温勾配が，そのような平均値から大きく外れる地域がある．例えば，深部の基盤岩が急速に沈降して形成される盆地では，地温勾配は1℃/100 mより小さくなることがある．一方，地下の地熱活動が活発な地熱地域といわれる地域では，地温勾配が平均値の10倍以上になることがある．

地下にマグマや高温の岩石，あるいは熱水といった**熱異常**が存在する場所では，地温が深さと共に急激に上昇することがある．したがって，地表近くや坑井内での地温分布を測定することにより，地下深部の熱異常の分布を推定することが可能となる．

図9.12は，アメリカ・ユタ州のBlack Rock砂漠地域で実施された**地熱調査**の結果である．ここでは，新しい地熱地域を探すために，掘削深度200 m前後の10本の温度勾配測定用の坑井が，2010年から2012年にかけて掘削された．これらの坑井と既存の石油探査井の温度データから地温勾配を計算したところ，この地域では通常の値より大きな6℃/100 mから10℃/100 mの地温勾配があることがわかった．これらの地温勾配を外挿して計算した深度3,000 mでの**地温分布**が図中に示されている．この予測によれば，この地域で最も高い温度は，深度3,000 mで**200℃以上**にもなることがわかり，Black Rock砂漠周辺はユタ州の新しい地熱地帯として注目されている．

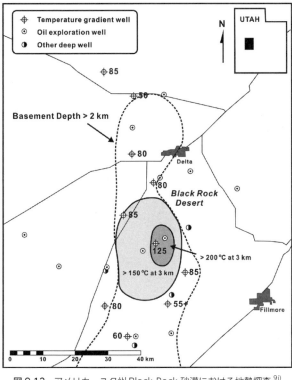

図 9.12 アメリカ・ユタ州 Black Rock 砂漠における地熱探査 [9j)]

9.6.2 温泉の地温探査

坑井を用いたマグマや高温岩体による深部の熱異常の他にも，温泉などによる浅部の熱異常も，地表近くの温度分布を測ることで検出可能である．図 9.13 は**温泉探査**のために実施された，**1 m 深地温探査**の結果である．調査地域は，別府市中部の旧市街の春木川と南部の境川に挟まれた地域である．この図から，調査地域の南部(図の左側)に，地温が 18℃ 以上の高温域が広がっていることがわかった．この調査当時には〇で示した温泉が海岸沿いに数ヵ所しかなかったが，その後の温泉開発で多くの温泉が境川に近いところで湧出した[9k)]．

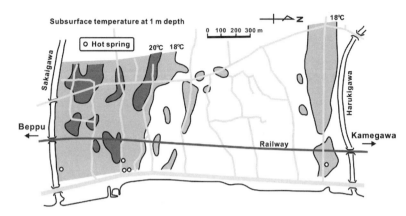

図 9.13 別府市で実施された 1 m 深地温探査の結果 [90]

9.6.3 地すべりの地温探査

水みち(水ミチ)は水道(すいどう)と区別するため，平仮名や片仮名で表記されることが多い．地下水は礫や砂の間隙に存在し，地下水を含む砂礫層などは帯水層 (aquifer) と呼ばれている．一方，岩石中の水は断層や割れ目の水で，水みちを通路とした裂か水と呼ばれている．

地層水の透水性を表した透水係数 (permeability) は，土質によって異なるが，水通しの良い砂礫層では $10^{-2} \sim 10^{0}$ cm/s 程度である．透水係数は速度の単位を持つ比例係数とされ，地下水の速度は透水係数に動水勾配 (hydraulic gradient) を乗じて求められる．地下水は地下水位の高い方から低い方へ流れるので，例えば地下水位が 1 m 離れた先で 1 m 低ければ動水勾配は 1 となる．また動水勾配が 1 のときは，水の速度＝透水係数となる．なお，実際の水は地層中の間隙を流れるので，実際の速度は上記の水の速度を間隙率で割る必要がある．通常は，帯水層(砂礫層)全体が 1 つの透水係数で代表されるが，実際の水は砂礫層中の水みちを選択的に通って流れることが多い．

地すべりは，斜面を形成する土塊や岩塊などの地塊が，地下の地層中に形成された円弧状または平面状の地質的不連続面(すべり面)で発生する．単純な表現をすると，地すべりとはすべり面上の地塊がゆっくりと移動する現象である．地すべりは，異常降雨後や融雪期の末期に多発する傾向があり，地下水がその発生や活動に大きな影響を与えると考えられている．具体的には，水みち

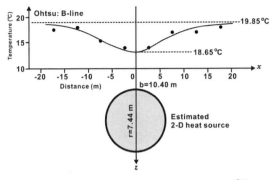

図 9.14 地すべり地域で推定された水みちの領域 [9m)]

の閉鎖による地下水の貯留や大雨による水みちの拡大が、地すべりの要因であると考えられている。このように、地すべりには水みちが関与しているので、**地温探査**で水みちを探すことで、間接的に地すべりの危険地域を推定できる。

図 9.14 は、地すべり地域で測定した地温データと、それをもとに推定した水みち領域 (水みちによる冷却源: Estimated 2-D heat source) の分布である。このように、地温分布を使って、地下の水みち領域の規模を推定することができる。この計算例では、深度 10.4 m を中心として半径 7.44 m の水みち領域が推定されている。

9.6.4 漏水の地温探査

地温探査は、**漏水**などによって生じた一時的な水みちの探査にも利用できる。図 9.15 は、ダムの周辺で測定した 1.5 m 深度での地温分布である。測定は

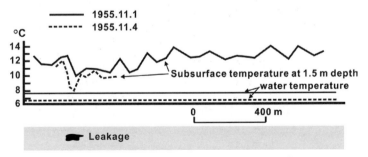

図 9.15 堤防の漏水箇所付近における地温変化の例 [9n)]

2度にわけて行なわれた．1回目の調査ではダムの水温(漏水の水温)が比較的高かったため，漏水箇所を特定することはできなかったが，ダムの水温が低かった2度目の調査では，低温の異常地点として**漏水箇所**(図9.15の**Leakage**)を特定できている．

9.6.5 金属鉱床の地温探査

日本列島の日本海側に，新第三紀中新世の**海底火山活動**に関係した安山岩質または石英安山岩質の凝灰岩が広く分布している．この火山活動に伴って噴出した熱水と海水との相互作用により，当時の海底やその直下の地層中に亜鉛・鉛・銅を主とする**多金属硫化物鉱床** (polymetallic sulfide deposit) が認められる．このような鉱床は**黒鉱鉱床** (kuroko deposit) と呼ばれ，特に秋田県北鹿地域に多数発見され，その多くが鉱山として開発された．ここでは，地温探査を使った**鉱床探査**の珍しい調査例を紹介する．

図9.16は，北海道の国富鉱山で実施された黒鉱鉱床探査のための予備実験の結果である．この予備実験では，0.6 m深度での地温探査と同時に自然電位

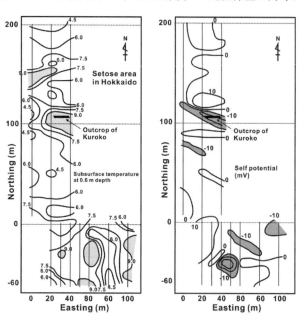

図9.16　黒鉱探査のための地温探査による予備調査[90]

探査が実施されている. この調査の結果, 黒鉱の露頭周辺に高温域が観測された (図 9.16 左). この高温域の存在は, 黒鉱鉱床の高い熱伝導率を示唆しているが, その原因は明らかにされていない. この露頭周辺には負の**自然電位異常**(SP anomaly) も観測されているので (図 9.16 右), この熱異常は黒鉱鉱床と関連した**地温異常** (geothermal anomaly) と考えられている.

〈コラム 9B〉地球温暖化と永久凍土

寒冷地で地中の温度が下がり, 地盤が岩のように凍結したところが**凍土**で, 凍土がある地帯をツンドラと呼びます. 地中の温度が年間を通じて 0 度以下になると, その凍土が溶けずに**永久凍土** (permafrost) となります (図 9B 左). 永久凍土はシベリア, アラスカ, カナダなどの北半球に広く分布し, 陸地の約 15 % に存在するとも言われています.

近年, 二酸化炭素などの**温室効果ガス** (greenhouse gas) の増大による地球温暖化の影響で, シベリアなどの永久凍土が溶けていることがわかりました. 永久凍土には**メタンハイドレート** (methane hydrate) が含まれていて, 融解すると強力な温室効果ガスであるメタンや他の炭化水素を大気に放出します. このメタン放出と急激な温暖化などの気候変動には関係があるという指摘もあり, 世界的に温暖化を激化させる可能性があると懸念されています. このようなリスクを未然に防ぐため, 極域では凍土から放出されるメタンの量を監視する研究も行なわれています (図 9B 右).

メタンハイドレートは, 低温・高圧などの条件下で水とメタンからできる, 氷に似た**包接水和物** (clathrate hydrates) です. メタンハイドレートは, 地球上では**永久凍土地帯**と**深海底**に分布し, 日本周辺海域にも大量にあると考えられています. このメタンハイドレートは, 日本では将来の天然ガス資源として期待されています. しかし, メタンの**地球温暖化係数** (global warming potential) は二酸化炭素の 21 倍もあるので, 地球環境への影響は極めて大きいと言えます. メタンハイドレートの利用にあたっては, メタンハイドレートを大気中に放出させないなどの, 周辺環境に影響を与えない資源開発が求められています.

図 9B　永久凍土中の氷楔(ひょうせつ) (左)[C32] と極域での放出メタンの計測 (右)[C33]

引用文献および引用画像

第 1 章　物理探査の概要

1a)　https://upload.wikimedia.org/wikipedia/commons/4/47/18th_century_dowser.jpg
1b)　物理探査学会編 (2005)：物理探査用語辞典，物理探査学会
1c)　https://upload.wikimedia.org/wikipedia/commons/9/93/Coude_fp.PNG
1d)　在原一則，竹下徹，見延庄士郎，渡部重十編著 (2010)：地球惑星科学入門，北海道大学出版会，p.156 の図 13.1
1e)　https://www.ctbto.org/press-centre/highlights/2016/training-the-third-generation-of-on-site-inspectors/

第 2 章　弾性波探査

2a)　https://upload.wikimedia.org/wikipedia/commons/6/62/Ayeaye%2C_Daubentonia_madagascariensis%2C_Joseph_Wolf.jpg
2b)　https://upload.wikimedia.org/wikipedia/commons/1/18/Gabriel-Lam%C3%A9.jpeg
2c)　https://upload.wikimedia.org/wikipedia/commons/b/b8/Willebrord_Snellius.jpg の一部を抜粋
2d)　安藤雅孝，角田史雄，早川由紀夫，平原和朗，藤田至則 (1996)：地震と火山，東海大学出版部. の図 2-5 をもとに作成
2e)　https://www.jishin.go.jp/resource/terms/tm_fault/ の図をもとに作成
2f)　B. A. Bolt (1997): Earthquakes, W. H. Fremann and Company. の Figure 1.9 をもとに作成
2g)　https://upload.wikimedia.org/wikipedia/commons/e/e5/%E0%B8%A0%E0%B8%B2%E0%B8%9E%E0%B8%96%E0%B9%88%E0%B8%B2%E0%B8%A2%E0%B8%82%E0%B8%AD%E0%B8%87Andria_Mohorovicic.gif
2h)　https://upload.wikimedia.org/wikipedia/commons/9/9a/Beno_Gutenberg.jpg
2i)　http://en.openei.org/wiki/Seismic_Techniques
2j)　P. Kearey, M. Brook (1991): An introduction to Geophysical Exploration, 2nd Edition, Blackwell Science. の表紙をもとに作成
2k)　http://www.geosphereinc.com/seis_data-processing.html の図をもとに作成
2l)　http://geosystems.ce.gatech.edu/Faculty/Mayne/Research/misc/refraction2.jpg をもとに作成
2m)　萩原尊礼 (1951)：物理探鉱法，現代工学社. p.23 の第 9.1 図をもとに作成
2n)　萩原尊礼 (1951)：物理探鉱法，現代工学社. p.26 の第 9.3 図をもとに作成
2o)　https://upload.wikimedia.org/wikipedia/commons/6/67/Seg-y_picture.gif
2p)　M. Gadallah, R. Fisher (2009): Exploration Geophysics, Springer. の Fig. 5.52 と Fig. 5.53 をもとに作成
2q)　K. Aki (1957): Space and time spectra of stationary stochastic waves, with special reference to microtremors, Bull. Earthquake Res. Inst. 25, 415–457.
2r)　P. Kearey, M. Brooks, I. Hill (2002): An Introduction to Geophysical Exploration 3rd Edition, Fig.4.62.

2s) 大田原幸亘，渡部文人，萬徳昌昭，上野将司，三谷　卓 (1990)：怒田八畆地すべりにおける降雨と地すべり変位の関係，第 29 回地すべり学会研究発表会講演集，34-37. の図をもとに作成

2t) J. Gálfi, M. Pálos (1970): Use of Seismic Refraction Measurements for Ground Water prospecting, Bulletine of the International Association of Scientific Hydrology, XV, 3, 41-46. の Fig. 5

2u) 山田伸之，山中浩明，元木健太郎 (2009)：福岡市中央区天神地区の表層地盤の S 波速度構造，地震，62, 109-120. の Fig. 2 と Fig. 6

2v) 水永秀樹，山口誠一，田中俊昭，牛島恵輔 (2018)：比抵抗法による岩原双子塚古墳の内部構造の三次元可視化，考古学と自然科学，74, 29-43.

第 3 章　電気探査

3a) https://upload.wikimedia.org/wikipedia/commons/b/b5/Malapterurus_electricus_1.jpg

3b) https://upload.wikimedia.org/wikipedia/commons/2/22/Leidse_flessen_Museum_Boerhave_december_2003_2.jpg

3c) https://upload.wikimedia.org/wikipedia/commons/8/82/Van_de_graaff_generator_sm.jpg

3d) https://upload.wikimedia.org/wikipedia/commons/5/51/Luigi_Galvani%2C_oil-painting.jpg

3e) https://upload.wikimedia.org/wikipedia/commons/5/52/Alessandro_Volta.jpeg

3f) https://upload.wikimedia.org/wikipedia/commons/d/dc/Ohm3.gif

3g) 物理探査学会編 (1989)：図解物理探査，物理探査学会. の p.216 の図 10 をもとに作成

3h) D. S. Parasnis (1967): Three-dimensional Electric mide-à-la-masse Survey of an Irregular Lead‐Zinc‐Copper Deposit in Central Sweden, Geophysical Prospecting, 15 (3), 407-437. の Fig. 1 をもとに作成

3i) 水永秀樹，青野哲雄，田中俊昭，佐々木　純一，牛島恵輔 (2004)：流体流動電位法による大沼地熱地帯の貯留層モニタリング，日本地熱学会誌，26(3), 251-271.

3j) 小野寺清兵衛 (1969)：物理探査 1. 比抵抗法，九州大学工学部採鉱学教室・物理探査学講座. の二層標準曲線 (付録) をもとに作成

3k) 物理探査学会編 (1999)：物理探査ハンドブック【手法編 5 章 − 7 章】，物理探査学会. の p. 256 の図 5.15 と図 5.16 をもとに作成

3l) T. Lowry, M. B. Allen, P. N. Shive (1989): Singularity removal: A refinement of resistivity modeling techniques, Geophysics, 54 (6), 766-774.

3m) S. Yüngül (1954): Spontaneous Potential Survey of a Copper Deposit at Sariyer, Turkey, Geophysics, 19(3), 455-458.

3n) 田篭功一，牛島恵輔，水永秀樹，乗富一雄 (1986)：八丁原地熱地帯の調査井 HT-8 を利用した鉱体流電法による地熱資源探査，日本地熱学会誌，8 (4), 331-345. の第 11 図をもとに作成

3o) 水永秀樹，田中俊昭，牛島恵輔，宮本一夫，辻田淳一郎 (2010)：九州大学伊都キャンパスの前方後円墳探査，文化財と探査，11 (2), 19-30.

3p) K. Ushijima, H. Mizunaga, T. Tanaka (1999): Reservoir monitoring by a 4-D electrical technique, The Leading Edge, 18 (12), 1422-1424.

第4章 電磁探査

4a) https://upload.wikimedia.org/wikipedia/ja/f/fc/Sakaiminato_Mizuki_Shigeru_Road_Raijyu_Statue_1.JPG

4b) https://upload.wikimedia.org/wikipedia/commons/c/cf/Hans_Christian_%C3%98rsted_daguerreotype.jpg

4c) http://www.isas.jaxa.jp/docs/PLAINnews/186_contents/186_1.htm の図1をもとに作成

4d) 物理探査学会編 (1989)：図解 物理探査, 物理探査学会. の p. 66 の図 8-5 をもとに作成

4e) http://blogimg.goo.ne.jp/user_image/22/40/7b1e8719a70b5e8747645cf940511379.jpg

4f) Y. Ando, M. Hayakawa (2006): Recent Studies on Schumann Resonance, IEEJ Trans FM, 126(1), 28-30. の Fig. 1 をもとに作成

4g) http://www.kakioka-jma.go.jp/knowledge/glossary.html#a2 のデータをもとに作成

4h) http://www.kumikomi.net/article/news/2002/02/20_01.php の図2をもとに作成

4i) 光畑裕司, 稲崎富士 (2008)：, 電気・電磁探査法による浅層地盤の非破壊プロファイリング調査技術地質ニュース 644 号, 14 -24. の第1図をもとに作成

4j) K. Árnason (2015): The Static Shift Problem in MT Soundings, Proceedings of World Geothermal Congress 2015, Melbourne, Australia, 19-25. の Figure.2 をもとに作成

4k) A. Swidinsky, S. Hölz, M. Jegen (2012): On mapping seafloor mineral deposits with central loop transient electromagnetics, Geophysics, 77 (3), E171–E184.

4l) 川崎 潔, 岡田和也, 窪田 亮 (1986)：菱刈鉱山における物理探査, 鉱山地質, 36(2), 131-147. の第 14 図と第 15 図をもとに作成

第5章 重力探査

5a) https://en.wikipedia.org/wiki/Paramecium#/media/File:Paramecium.jpg

5b) A. M. Dziewonski, D. L. Anderson (1981): Preliminary reference Earth model, Physics of the Earth and Planetary Interiors, 25 (4), 297-356. をもとに作成

5c) https://en.wikipedia.org/wiki/Henry_Cavendish#/media/File:Cavendish_Henry_signature.jpg

5d) https://commons.wikimedia.org/wiki/File:Cavendish_Experiment.png

5e) http://www.edumine.com/xtoolkit/tables/sgtables.htm の表から一部を抜粋

5f) L. L. Nettleton (1957): Gravity survey over a Gulf Coast Continental Shelf mound, Geophysics, 22 (3), 630-642. の Fig. 2 をもとに作成

5g) http://www.gsi.go.jp/buturisokuchi/gravity_menu02.html/ 000136422.jpg

5h) 駒澤正夫 (1998)：物理探査ハンドブック, 手法編第8章, 433-471, 物理探査学会編. をもとに作成

5i) 加藤元彦 (1954)：重力の鉛直勾配の意義とその計算公式について, 物理探鉱, 7(3), 128-139.

5j) R. G. Henderson and I. Aeit (1949): The computation of second vertical derivatives of geomagnetic fields, Geopgysics, 13, 208-516.

5k) Miller, H.G., and Singh, V. (1994): Potential field tilt - a new concept for location of potential field sources, J. Appl. Geophys., 32, 213–217.

5l) Talwani, M., Worzel, J. Lamar, and Landisman, M. (1959), Rapid gravity computations for twodimensional bodies with application to the Mendocino submarine fracture zone: Jour. Geophys. Res., 64, 49-59.

5m) Omar Delgado-Rodríguez, Oscar Campos-Enríquez, Jaime Urrutia-Fucugauchi1 and Jorge A. Arzate (2001): Occam and Bostick 1-D inversion of magnetotelluric soundings in the Chicxulub Impact Crater, Yucatán, Mexico., Geofísica Internacional, 40 (4), 271-283. の Fig. 1 と Fig. 6 をもとに作成

5n) R. Putiška, D. Kušnirák, I. Dostál, A. Lačný, A. Mojzeš, J. Hók, R. Pašteka, M. Krajňák, and M. Bošanský (2014): Integrated geophysicaland geological investigations of karst structures in Komberek, Slovakia. Journal of Cave and Karst Studies, 76 (3), 155–163. の Figure 5 をもとに作成

5o) 林 一・松沢 明 (1953)：重力探鉱，石油技術協会誌，18(4), 83-88. の第 4 図をもとに作成

5p) https://www.bgr.bund.de/EN/Themen/GG_Geophysik/Bodengeophysik/ Gravimetrie/gravimetrie_node_en.html の grav_lagerstaettenerkundung_g_en_gif をもとに作成

5q) J. d'A. Uwiduhaye, H. Mizunaga and H. Saibi (2018): Geophysical investigation using gravity data in Kinigi geothermal field, northwest Rwanda, Journal of African Earth Sciences, 139, 184-192.

第 6 章　磁気探査

6a) https://upload.wikimedia.org/wikipedia/commons/9/97/Ectopistes_ migratoriusAAP042CA.jpg

6b) https://upload.wikimedia.org/wikipedia/commons/e/ee/Pierrecurie.jpg

6c) http://www.kakioka-jma.go.jp/knowledge/qanda.html の図 3-1 をもとに作成

6d) http://wdc.kugi.kyoto-u.ac.jp/igrf/map/f-m.gif

6e) http://wdc.kugi.kyoto-u.ac.jp/igrf/map/i-m.gif

6f) http://wdc.kugi.kyoto-u.ac.jp/igrf/map/d-m.gif

6g) http://wdc.kugi.kyoto-u.ac.jp/qddays/figs/clf19850322.gif をもとに作成

6h) http://www.kakioka-jma.go.jp/knowledge/mg_bg.html の dhenka2.jpg をもとに作成

6i) http://www.kakioka-jma.go.jp/knowledge/mg_bg.html の dipole.jpg をもとに作成

6j) https://www.kochi-u.ac.jp/marine-core/Members_HP/yamamoto/res_intro.html の図をもとに作成

6k) http://www.kakioka-jma.go.jp/knowledge/qanda.html の図 10-1 をもとに作成

6l) T. Rikitake (1966): Electromagnetism and the Earth's Interior, Amsterdam: Elsevier.

6m) A. H. Cook, P. H. Roberts (1970): The Rikitake two disk system, Proc. Camb. Phil.

Soc., 68 (2), 547-569.

6n) M. J. Aitken (1970): Dating by archaemagnetic and thermoluminescent methods, Phil. Trans. Roy. Soc. London. の図をもとに作成

6o) https://upload.wikimedia.org/wikipedia/commons/6/65/Alfred_Wegener_ca.1924-30.jpg

6p) http://www.segj.org/letter/%E7%89%A9%E7%90%86%E6%8E%A2%E6%9F%BB%E3%83%8B%E3%83%A5%E3%83%BC%E3%82%B9-15.pdf わかり易い物理探査 磁気探査 1) の図2をもとに作成

6q) 川上紳一 (1995):縞々学 リズムから地球史に迫る，東京大学出版会，p. 216 の図をもとに作成

6r) D. S. Parasnis (1962): Priciples of Applied Geophysics, Chapman and Hall. の Fig. 5 をもとに作成

6s) 物理探査学会編 (1989):図解 物理探査，物理探査学会の p.50 の図 6-4 をもとに作成

6t) A. Spector, F. S. Grant (1970): Statistical model for interpreting aeromagnetic data, Geophysics, 35 (2), 293-302.

6u) A. Tanaka, Y. Okubo, O. Matsubayashi (1999): Curie point depth based on spectrum analysis of the magnetic anomaly data in East and Southeast Asia, Tectonophysics, 306 (3–4), 461-470.

6v) http://oldwww.mageof.hu/autumnmeeting/abstrang.htm の A4 の図をもとに作成

6w) R. J. Blakely (1995): Potential Theory in Gravity & Magnetic Applications, 330-332.

6x) R. J. Blakely (1995): Potential Theory in Gravity & Magnetic Applications, Fig. 12.7 と Fig. 12.11 をもとに作成

6y) R. J. Blakely (1995): Potential Theory in Gravity & Magnetic Applications, 343-346.

6z) A. B. Reid, J. B. Thurson (2014): The structural index in gravity and magnetic interpretation: Erroes, uses, and abuses, Geophysics, 79 (4), J61-J66. の Table. 1 から一部を抜粋

6A) D. S. Parasnis (1962): Priciples of Applied Geophysics, Chapman and Hall. の Fig. 4 をもとに作成

6B) 萩原尊礼 (1951):物理探鉱，現代工学社．p. 243 の第 79・1 図をもとに作成

6C) 萩原尊礼 (1951):物理探鉱，現代工学社．p. 243 の第 79・2 図をもとに作成

6D) https://www.archaeologicalconservancy.org/magnetic-re-survey-junction-group-archaeological-preserve/ より一部を抜粋

6E) https://repository.nabunken.go.jp/dspace/bitstream/11177/3274/1/AN00181387_1992_52_53.pdf の図をもとに作成

第 7 章　地中レーダ探査

7a) https://upload.wikimedia.org/wikipedia/commons/7/77/Big-eared-townsend-fledermaus.jpg

7b) https://upload.wikimedia.org/wikipedia/commons/5/57/James_Clerk_Maxwell.png

7c) https://upload.wikimedia.org/wikipedia/commons/5/50/Heinrich_Rudolf_Hertz.jpg

7d) https://upload.wikimedia.org/wikipedia/commons/0/0d/Guglielmo_Marconi.jpg

7e) https://ja.wikipedia.org/wiki/%E6%AF%94%E8%AA%98%E9%9B%BB%E7%

8E%87 のデータをもとに作成

7f) B. L. Conyers, D. Goodman (1997): Ground-Penetrating Radar, Altamira Press, p.47. の Figure 10 をもとに作成

7g) N. J. Cassidy(2009): Electrical and magnetic properties of rocks, soil and fluids, In: H. M. Jol (ed) Ground penetrating radar: theory and applications, Elsevier, 41-72.

7h) B. Moorman, S. Robinson, M. Burgess (2007): Imaging near-surface permafrost structure and characteristics with Ground-Penetrating Radar, CSEG RECORDER, Febrruary 2007, 23-30. の Figure 5

7i) W. S. Hammon III, G. A. McMechan, X. Zeng (2000): Forensic GPR:finite-differnce simulations of responses from buried human remains, Journal of Applied Geophysics, 45, 171-186. の Fig. 5

7j) W. S. Hammon III, G. A. McMechan, X. Zeng (2000): Forensic GPR:finite-differnce simulations of responses from buried human remains, Journal of Applied Geophysics, 45, 171-186. の Fig. 8

第 8 章　放射能探査

8a) https://en.wikipedia.org/wiki/Tardigrade#/media/File:Waterbear.jpg

8b) https://en.wikipedia.org/wiki/Wilhelm_R%C3%B6ntgen#/media/File:Roentgen2. jpg

8c) https://upload.wikimedia.org/wikipedia/commons/7/79/First_medical_X-ray_by_ Wilhelm_R%C3%B6ntgen_of_his_wife_Anna_Bertha_Ludwig%27s_hand_- _18951222.jpg

8d) https://en.wikipedia.org/wiki/Henri_Becquerel#/media/File:Portrait_of_Antoine-Henri_Becquerel.jpg

8e) https://upload.wikimedia.org/wikipedia/commons/6/6e/Ernest_Rutherford_LOC. jpg

8f) https://upload.wikimedia.org/wikipedia/commons/5/52/Alfa_beta_gamma_ neutron_radiation_M1.PNG をもとに作成

8g) 落合敏郎 (1951)：断層の放射能探査について，物理探鉱，4(2), 78-79. の第 2 図と第 3 図をもとに作成

8h) 秋田藤夫，松波武雄，若濱　洋，早川福利 (1995)：北海道幌加温泉における γ 線スペクトル調査，温泉科学，45, 277-289. の図 7 をもとに作成

8i) D. G. Jones (2001): Development and appalication of marine gamma-ray measurements: a review, Journal of Environmental Radioactivity, 53, 313-333. の Fig. 6 をもとに作成

第 9 章　地温探査

9a) https://en.wikipedia.org/wiki/Apis_cerana_japonica#/media/File:Honeybee_ thermal_defence01.jpg

9b) Clark, S. P. (1966): Thermal Conductivity, Handbook of Physical Constants, Geological Society of America Memoir, 97, 459-479. をもとに作成

9c) J. Jakosky (1949): Exploration Geophysics, Trija publishing Co., p. 976. の F$_{IG}$. 598 を

もとに作成

9d) J. Jakosky (1949): Exploration Geophysics, Trija publishing Co., p. 977. の F$_{IG}$. 600 をもとに作成

9e) https://en.wikipedia.org/wiki/Josef_Stefan#/media/File:Jozef_Stefan.jpg

9f) https://en.wikipedia.org/wiki/Ludwig_Boltzmann#/media/File:Boltzmann3.jpg

9g) 竹内篤雄 (1983)：地すべり 地温測定による地下水調査法，吉井書店．図 3-7 と図 2-41 をもとに作成

9h) 湯原浩三 (1955)：地下 1m 深の地温分布から地下熱源を理論的に推定する一方法，物理探鉱，8(1), 27-33. 第 1 図をもとに作成

9i) 大久保泰邦 (2003)：海岸の環境変動 その 2 —過去の気温変動，海水準と将来予測—，物理探査，56(5), 301-311. の図 6 をもとに作成

9j) M. Gwynn, B. Blackett, R. Allis, C. Hardwick (2013): New Geothermal Resource Delineated Beneath Black Rock Desert, Utah., Proceedings of 38th Workshop on Geothermal Reservoir Engineering, Stanford University, 11-13. の Figure 6 をもとに作成

9k) 湯原浩三・瀬野錦蔵 (1969)：温泉学，地人書館，148-149.

9l) 湯原浩三・瀬野錦蔵 (1969)：温泉学，地人書館，148. 第 89 図をもとに作成

9m) 竹内篤雄 (1983)：地すべり 地温測定による地下水調査法，吉井書店．図 2-42 をもとに作成

9n) Kappelmeyer, O. (1957): The use of near surface temperature measurements for discovering anomalies due to causes at depth, Geophysical Prospecting, 3, 239-258. の Fig. 8 をもとに作成

9o) 野村四一・牧野直文 (1958)：地温探査の予備的実験について，日本鉱業会誌，74, 271-276. 第 15 図をもとに作成

コラム

C1) http://ocw.nagoya-u.jp/files/197/kawase.pdf の Fig.1

C2) https://upload.wikimedia.org/wikipedia/commons/8/84/Leaning_Tower_of_Pisa_%28April_2012%29.jpg

C3) http://madridengineering.com/case-study-the-leaning-tower-of-pisa/ の図をもとに作成

C4) http://www.eri.u-tokyo.ac.jp/TOPICS_OLD/outreach/uploads/2010/12/fig1_maptrace1.jpg

C5) D. ハリデイ，R. レスニック，J. ウォーカー (2002)：物理学の基礎 [2] 波・波動，培風館，63-64. 原典は，Brownell, P. H. (1977): Compressional and Surface Waves in Sand: Used by Desert Scorpions to Locate Prey, Science, Vol. 197, Issue 4302, 479-482.

C6) https://upload.wikimedia.org/wikipedia/commons/b/b6/ANDROCTONUS_CRASSICAUDA.jpg

C7) https://upload.wikimedia.org/wikipedia/commons/7/7e/Omori_Fusakichi.jpg

C8) https://upload.wikimedia.org/wikipedia/commons/c/cc/BenFranklinDuplessis.jpg

C9) https://upload.wikimedia.org/wikipedia/commons/1/13/Lightning_over_Oradea_

Romania_3.jpg

C10) https://upload.wikimedia.org/wikipedia/commons/8/88/Electroreceptors_in_a_sharks_head.svg

C11) https://upload.wikimedia.org/wikipedia/commons/f/f2/Platypus.jpg

C12) https://upload.wikimedia.org/wikipedia/commons/e/e3/Magnificent_CME_Erupts_on_the_Sun_-_August_31.jpg

C13) https://upload.wikimedia.org/wikipedia/commons/a/aa/Polarlicht_2.jpg

C14) 東野圭吾 (2013)：真夏の方程式，文春文庫.

C15) https://upload.wikimedia.org/wikipedia/commons/b/bc/Galileo-sustermans2.jpg

C16) https://ameblo.jp/firenzesanpo-naturopathy/entry-11884809636.html のスペーコラ博物館の天井画写真を加工

C17) https://upload.wikimedia.org/wikipedia/commons/e/e6/GRACE_artist_concept.jpg

C18) https://upload.wikimedia.org/wikipedia/commons/5/56/Geoids_sm.jpg

C19) https://upload.wikimedia.org/wikipedia/commons/d/db/Nijo-jo_Ninomaru-goten_2009.jpg

C20) https://upload.wikimedia.org/wikipedia/commons/a/a3/BrantaLeucopsisMigration.jpg

C21) https://upload.wikimedia.org/wikipedia/commons/f/f2/Zwijntje_lowpx.jpg

C22) https://upload.wikimedia.org/wikipedia/commons/4/46/Daniel-Kish-WAFTB-ViSIONEERS.ORG.jpg

C23) https://upload.wikimedia.org/wikipedia/commons/e/e1/Animal_echolocation.svg

C24) https://upload.wikimedia.org/wikipedia/commons/0/09/Cervantes_J%C3%A1luregui.jpg

C25) https://www.npr.org/sections/thetwo-way/2014/04/28/307643243/book-news-tilting-at-windmills-radar-used-to-search-for-cervantes-remains?utm_source=tumblr.com&utm_medium=social&utm_campaign=books&utm_term=artsculture&utm_content=20140428　Gerard Julien/AFP/Getty Images の写真

C26) https://upload.wikimedia.org/wikipedia/commons/9/9f/Gabon_Geology_Oklo.svg

C27) https://www.extremetech.com/wp-content/uploads/2014/04/oklo-3.jpg

C28) https://upload.wikimedia.org/wikipedia/en/6/66/Willard_Libby.jpg

C29) https://upload.wikimedia.org/wikipedia/commons/4/4d/Oetzi_the_Iceman_Rekonstruktion_1.jpg を加工

C30) https://upload.wikimedia.org/wikipedia/commons/4/47/The_Pit_Organs_of_Two_Different_Snakes.jpg に加筆

C31) http://sciencewindow.jst.go.jp/html/sw05/images/sp-03-06.png をもとに作成

C32) https://upload.wikimedia.org/wikipedia/commons/7/7c/Permafrost_-_ice_wedge.jpg

C33) https://upload.wikimedia.org/wikipedia/commons/a/a9/Methanestorflaket.JPG

参考文献

　参考にした教科書，参考書，図録，単行本は数多く，全てを列挙することはできないが，さらに深く物理探査を学びたい人のために，ここでは主なものを列挙する．

物理探査全般

D. S. Parasnis (1972): Principles of Applied Geophysics Second Edition, Chapman and Hall.

D. S. Parasnis (1997): Principles of Applied Geophysics Fifth Edition, Chapman and Hall.

D. H. Griffiths, R. F. King (1965): Applied Geophysics for Engineering and Geologists, Pergamon Press.

D. Vogelsang (2012): Environmental Geophysics: A Practical Guide (Environmental Science and Engineering), Springer-Verlag.

E. S. Robinson, C. Courth(1988): Basic Exploration Geophysics, John Wiley and Sons.

H. R. Burger, A. F. Sheehan, C. H. Jones (2006): Introduction to Applied Geophysics, W. W. Norton & Company.

J. M. Reynolds (2011): An Introduction to Applied and Environmental Geophysics Second Edition, Wiley.

M. B. Dobrin, C. H. Savit (1988): Introduction to Geophysical Prospecting Fourth Edition, McGraw-Hill.

P. Kearey, M. Brooks (1991): An Introduction to Geophysical Exploration 2nd Edition, Balckwell Science.

P. V. Sharma (1986): Geophysical Methods in Geology Second Edition, P T R Prentice Hall.

P. V. Sharma (1997): Environmental and engineering geophysics, Cambridge University Press.

R. V. Blaricom (1992): Practical Geophysics II for the Exploration Geophysicist, Northwest Mining Association.

W. M. Telford, L. P. Geldart, R. E. Sheriff (1990): Applied Geophysics Second Edition, Cambridge University Press.

萩原尊礼 (1951)：物理探鉱法，現代工学社．

早川正巳 (1975)：物理探査 資源開発から自然認識へ，NHK ブックス．

土質工学会編 (1981)：土と基礎の物理探査，土質工学会．

物理探鉱技術協会編 (1958)：物理探鑛 十周年特集号，物理探鉱技術協会．

石井吉徳 (1988)：地殻の物理工学，東京大学出版会．

物理探査学会編 (1989)：図解 物理探査，物理探査学会．

物理探査学会編 (1999)：物理探査ハンドブック，物理探査学会．

狐崎長琅 (2001)：応用地球物理学の基礎，古今書院．

物理探査学会編 (2005)：新版 物理探査用語辞典，愛智出版．

西谷忠師，筒井智樹，坂中伸也 (2007)：君もトライだ物理探査，博報堂出版．

地盤工学会編 (2001)：地盤工学への物理探査技術の適用と事例，地盤工学会．

遺跡探査

アンソニー・クラーク (1996)：考古学のための地下探査入門，雄山閣.
西村　康 (2001)：遺跡の探査，日本の美術 第422号，至文堂.

第1章　物理探査の概要

斎藤正徳，兼平慶一郎 (1983)：基礎からわかる地学，旺文社.
坪井忠二 (1966)：地球物理学，岩波全書.
麻生和夫 (1995)：海洋資源開発，秋田大学鉱山学部通信教育講座テキスト.
数研出版編集部編 (2016)：フォトサイエンス 地学図録，数研出版.
浜島書店編集部編 (2013)：ニューステージ新地学図表，浜島書店.
深澤亮一 (2013)：分析・センシングのためのテラヘルツ波技術，日刊工業新聞社.

第2章　弾性波探査

H. Okada (2003): The Microtremor Survey Method, Geophysical monograph series, Society of Exploration Geophysicists.
S. Foti, C. G. Lai, G. J. Rix, C. Strobbia (2017): Surface Wave Methods for Near-Surface Site Characterization, CRC Press.
田治米鏡二 (1977)：土木技術者のための弾性波による地盤調査法，槇書店.
佐々宏一，芦田　譲，菅野　強 (1993)：建設・防災技術者のための物理探査，森北出版.
ブルース A ボルト (1995)：地震，古今書院.
宮下敦 (2006)：ゼミナール地球科学入門 よくわかるプレートテクトニクス，日本評論社.

第3章　電気探査

G. V. Keller, F. C. Frischkecht (1966): Electrical Methods in Geophysical Prospecting, Pergamon Press.
A. A. Kaufman, B. I. Anderson (2010): Principles of Electric Methods in Subsurface and Borehole Geophysics, Elsevier.
SEG ed. (1990): Induecd Polarization - Application and Case Studies, Society of Exploration Geophysicists.
M. S. Zhdanov, G. V. Kelle (1994): The Geoelectrical Methods in Geophysical Exploration, Elsevier.
O. Koefoed (1979): Geosounding Principles, 1 – Resistivity Sounding Measurements, Elsevier.
清野　武 (1955)：電気探鑛学 (Ⅰ) (Ⅱ) (Ⅲ)，京都大学工学部鉱山学教室・物理探鉱研究室.
小野寺清兵衛 (1969)：物理探査 1.比抵抗法，九州大学工学部採鉱学教室・物理探査学講座.

第4章　電磁探査

M. N. Nabighian ed. (1988): Electromagnetic methods in applied geophysics - Volume 1, Theory, Society of Exploration Geophysicists.
F. Simpson, K. Bahr (2005): Practical magnetotellurics, Cambridge University Press.
G. Porstendorfer (1975): Principles of Magneto-Telliric Prospecting, Gebrüder

Borntraeger.

K. Vozoff ed. (1985): Magnetotelluric Mrthods, Society of Exploration Geophysicists.

第 5 章　重力探査

W. J. Hinze, R. R. B. von Frese, A. H. Saad (2013): Gravity and Magnetic Exploration: Principles, Practices, and Applications, Cambridge University Press.

R.J.Blakely (1995): Potential Theory in Gravity & Magnetic Applications, Cambridge University Press.

L. L. Nettleton (1971): Elementary Gravity and Magnetics for Geologist and Seismilogists, Geophysical monograph series, Society of Exploration Geophysicists.

力武常次，萩原幸男 (1976)：物理地学，東海大学出版会.

加藤元彦 (1987)：2 次元フィルターの理論と重力・磁力分布の解析，ラテイス.

第 6 章　磁気探査

W. J. Hinze, R. R. B. von Frese, A. H. Saad (2013): Gravity and Magnetic Exploration: Principles, Practices, and Applications, Cambridge University Press.

R.J.Blakely (1995): Potential Theory in Gravity & Magnetic Applications, Cambridge University Press.

N. Basavaiah (2011): Geomagnetism Solid Earth and Upper Atmosphere Perspectives, Springer.

B. ホフマン－ウェレンホフ，H. モーリッツ (2006)：物理測地学，シュプリンガー・ジャパン.

小嶋　稔，小嶋美都子 (1972)：岩石磁気学，共立全書.

中村裕之訳 (2015)：固体の磁性，内田老鶴圃.

第 7 章　地中レーダ探査

A. S. Turk, A. K. Hocaoglu, A. A. Vertiy ed. (2011): Subsurface Sensing, Wiley-Blackwell.

D. Goodman, S. Piro (2013): GPR Remote Sensing in Archaeology, Springer.

L. B. Conyers, D. Goodman (1997): Ground-Penatrating Radar　An Introduction for Archaeologists, Altamira Press.

L. B. Conyers (2016): Ground-Penetrating Radar for Geoarchaeology, Wiley-Blackwell.

三輪　進，加来信之 (1999)：アンテナおよび電波伝搬，東京電機大学出版局.

鹿子嶋憲一 (2003)：光・電磁波工学，コロナ社.

佐藤源之，金田明大，高橋一徳 (2016)：地中レーダーを応用した遺跡探査，東北大学出版会.

大内和夫編著 (2017)：レーダの基礎—探査レーダから合成開口レーダまで—，コロナ社.

第 8 章　放射能探査

落合敏郎 (1996)：地下水　温泉の放射能探査法，リーベル出版.

落合敏郎 (1997)：活断層のガンマ線探査，リーベル出版.

落合敏郎 (1999)：空中放射能による温泉探査，リーベル出版.

多田順一郎 (2008)：わかりやすい放射線物理学 改訂 2 版，オーム社.

林　弘文，勝又昭治，徐　伯瑜，平松　惇 (2000)：地球環境の物理学，共立出版.
鳥居寛之，小豆川勝見，渡辺雄一郎 (2012)：放射線を科学的に理解する，丸善出版.

第9章　地温探査
竹内篤雄 (1983)：地すべり 地温測定による地下水調査法，吉井書店.
竹内篤雄 (1996)：温度測定による流動地下水調査法，古今書院.
竹内篤雄 (2013)：地下水調査法1m深地温探査，古今書院.
計測自動制御学会・温度計部会編 (2018)：温度計測 基礎と応用，コロナ社.

あとがき

　インターネットで"物理探査"を検索すれば，多くの情報が簡単に手に入ります．ただし，インターネットの情報は，わかりやすさに主眼が置かれているので，理論が曖昧であったり，時には間違っているものも少なからずあります．物理探査を正しく知る手段の一つに，教科書や専門書などの出版物があります．しかし，物理探査の良い教科書のほとんどは英語で書かれていますし，その内容も難しいものが多く，入門に手頃な日本語で書かれた本は中々見つかりません．

　ないなら，自分で書こう．浅学非才を顧みず，物理探査学の教科書を書こうと思い立ってから，すでに3年以上が過ぎました．最初の1年は，どこから手を付けてよいかわからず，何も出来ないままに無駄な時間を過ごしました．次の1年は，資料集めが肝心と，物理探査に関する文献や教科書を集めたりしましたが，怠け癖や筆無精のせいで，事態は一向に進展しませんでした．これでは埒があかない，とにかく何でもよいから書くしかないと，書き始めたのが約1年前です．

　たまたま，そのときに某出版社からお声がかかり，ひょっとしたら出版できるかも，と淡い期待を寄せましたが，その計画は途中で頓挫してしまいました．気を取り直して，九州大学出版会に問い合わせたところ，出版できる可能性有りとの，有り難いお言葉を頂きました．それからは，一心不乱に教科書作成に没頭したのですが，今度は書きたい内容が膨れあがってしまい，収拾が付かなくなりました．内容を削ったり，また増やしたりしながら，何とか形が見えてきたのが2018年の5月です．この本の冒頭にも書きましたが，物理探査学は総合的な学問で，いろいろな分野の知識を幅広く学ぶ必要があります．これから物理探査学を学ぼうとする人や，仕事として物理探査を使ってはいるが理論的なことを少し詳しく知りたい人，の役に立てれば望外の幸せです．

　このあとがきの最初に，インターネットの批判めいたことを書きましたが，そのような意図は全くありません．実はこの本は，インターネットの情報に大きく依存しています．実際の引用箇所は，引用文献に記していますが，人物や写真の画像の多くはネット上で公開されているものを利用しています．また，自作した図面についても，ネット上で公開された図をアレンジして作成したものが数多くあります．さらに，学術論文の検索や専門用語の英訳などにも，インターネットを活用しています．ここで改めて，智の宝庫であるインターネットの情報に感謝したいと思います．

　最後に，時々挫けそうになる教科書の執筆活動を励まし，温かく見守ってくれた妻に，心からの感謝を捧げます．

索 引

数字

2 極法	86, 98, 99
2 層標準曲線	101
3 極法	86, 98
3 次元反射法	47
4 電極配置	86

略語

AE: Acoustic Emission	7, 113
AGC: Automatic Gain Control	254
AS: Analytic Signal	234
AVO: Amplitude Variation with Offse	49
CA: Conductivity Anomaly	126
CCA: Centerless Circular Array	65
CMB: Core-Mantle Boundary	39
CME: Coronal Mass Ejection	126
CMP: Common Mid Point	59
CPM/c.p.m: Count Per Second	272
CRM: Chemical Remanent Magnetization	209
CSAMT: Conroled Source Audio-frequency MagnetoTelluric	129, 135
CSEM: Controled Source ElectroMagnetic	138
DEM: Digital Elevation Model	182
DRM: Depositional Remanent Magnetization	209
EGS: Enhanced Geothermal System	113
GPR: Ground Penetrating Radar	250
GRACE: Gravity Recovery And Climate Experiment	201
HDR: Hot Dry Rock	112
HG: Horizontal Gradient	188
IH: Induction Heating	120
IP: Induced Polarization	85
IRM: Isothermal Remanent Magnetization	241
KMA: Krusk Magnetic Anomaly	240

MI: Magneto Impedance	131
MRI: Magnetic Resonance Imaging	7
MT: MagnetoTelluric	18, 129, 133
NMO: Normal Move Out	59
OBEM: Ocean Bottom Electro Magnetometer	138
OSI: On Site Inspection	23
PLMT: Power Line MT	124
PMT: Photo Multiplier Tube	282
RTD: Resistance Temperature Detectors	305
RTP: Reduction To the Pole	235
SI: Structural Index	237
STC: Sensitivity Time Control	254
SP: Self Potential	81, 85
SPAC: SPatial AutoCorrelation	65
TA: Tilt Angle	189
TDEM: Time-Domain ElectroMagnetic	129
TEM: Transient ElectroMagnetic	18, 129
THD: Total Horizontal Derivative	234
TRM: Thermal Remanent Magnetization	208
UXO: UneXploded Ordnance	17, 154, 263
VES: Vertical Electric Sounding	112
VLF: Very Low Frequency	124, 129
VMD: Vertical Magnetic Dipole	143

A

absolute gravimeter	177
acoustic impedance	32, 53
active fault	16, 69
airborne EM survey	23
airborne geophysical exploration	10
airborne gravity survey	23
airborne magnetic survey	23
air gun	45
ancient tomb	110
angular frequency	104

335

antenna	250	conductor	77
anticline	172, 303	Conrad discontinuity	40
apparent chargeability	90	convolution	60
apparent density	165	critical angle	31
apparent resistivity	84, 87, 96	critical distance	54
applied geophysics	2	cross-coupling flow	105
aquifer	111, 136	crust	300
archaeological exploration	22	cosmic ray	273
Archie's formula	80	Curie point	207
Attribute	49		

B

		data acquisition	11
band-pass filter	185	data analysis	11
Bessel function	101	data interpretation	11
Biot–Savart law	118	daughter nuclide	275
body wave	29, 37	decay constant	283
Bostick inversion	147	decay period	283
Bouguer anomaly	172, 180, 174	declination	211
Bouguer correction	180	deconvolution	60
bow-tie antenna	251	degree Celsius	296
bright spot	48	degree Fahrenheit	296
bulk density	166, 173	diamagnetism	206
bulk modulus	28	dielectric polarization	90
buoyancy	166	difference migration	61
		dipole anomaly	231

C

		dipole antenna	251
cap rock	41, 108	dipole-dipole configuration	97
capacitance	104	dipole-dipole method	97
cascade decimation	148	direct wave	53
cementation factor	80	dispersion	63
centrifugal force	168	downward continuation	188, 191
chargeability	18, 84, 90, 104	drift correction	179
charged potential method	84	dry density	173
coefficient of thermal expansion	304		
coercive force	208	**E**	
coincident loop	151		
Cole-Cole model	104	earth dynamo	217
complex resistivity	104	earthquake	21
compressional wave	37	earthquake source fault	21
Compton scattering	272	echo location	249
conductance	76	echo sounder	5
conduction current	105	eddy current	133
conductivity	78	electric charge	121, 122
		electric exploration	9

336

electrokinetic phenomena	82
electrolocation	114
electromagnetic coupling	91
electromagnetic exploration	9
electromagnetic radiation	247, 269
electron pair generation	272
electron spin	205
electro-osmosis	106
ellipsoid	169
Eltran configuration	97
epicenter	33
E-polarization	148
Euler deconvolution	237

F

fault activity	21
fault fracture zone	278
ferromagnetism	205
first arrival time	52
f-k migration	61
fluid flow tomography method	85, 105, 139
flux-gate magnetometer	226
focal region	33
focus	33
formation resistivity factor	80
fracture	19
free air anomaly	172
free-air correction	180
frequency	79
frequency exponent	104
frequency spectrum	124

G

galvanic distortion	134
gamma ray	20
Geiger–Müller counter	281
geoid	170
geomagnetic daily variation	214
geomagnetic excursion	216
geomagnetic exploration	9
geomagnetic reversal	216
geothermal anomaly	132, 319

geothermal exploration	19
geothermal reservoir	19, 200
geothermal tremor	40
Gilbert epoch	216
grain density	173
gravitation	168
gravity	164
gravity correction	180
gravity exploration	9, 17
gravity gradient	176
Gutenberg discontinuity	39

H

Hagiwara's reciprocal method	55
Hankel transform	102
heat conduction	297
heat convection	297
heat radiation	297
hidden fault	21
high-pass filter	185
Hilbert transform	49
horizontal coplanar	133
horizontal first derivative	186
Hooke's law	27
H-polarization	148
hydrothermal alteration zone	19
hypocenter	33
hypocentral region	33
hydrophone	44
H/V spectrum	50

I

impedance	104
inclination	211
induced magnetization	207
induced polarization method	18
induction coil	226
infrared radiometer	305
intercept time	54
inversion	11
ionization chamber	280
ionosphere	124

K

Kater's pendulum	176
keyhole-shaped mounded tomb	110
Kirchhoff migration	61
Koenigsberger ratio	222
kriging	289

L

Lamé's constants	28
Larmor precession	227
landslide	16
Lidar	4
linear filter method	102
loop-loop method	132
Lorenz attractor	217
low-pass filter	185
Love wave	30

M

magnetic anomaly	22
magnetic charge	112
magnetic exploration	214
magnetic field	117
magnetic flux	119
magnetic flux density	119
magnetic hysteresis	208
magnetic moment	215
magnetic permeability	119, 223
magnetic polarization	206
magnetic pole	116
magnetic sensor	119
magnetic storm	126
magnetic substance	22
magnetic susceptibility	206
magnetization	205, 206
magneto-impedance effect	131
magnetotelluric method	18, 206
magnitude	36
mantle	39, 300
marine CSEM	138
marine gamma-ray survey	293
marine MT	138

Matsuyama epoch	216
Maxwell's equations	139, 246
metal factor	91
micropulsation	124, 125
microtremor	41
microtremor array method	50, 65
microtremor exploration	22
migration	61, 255
mirror image	94
mise-à-la-masse method	19, 84, 88
Mohorovičić discontinuity	38
moving average	185

N

near field	135
negative center	82, 108
nondestructive inspection	6,
non-polarizable electrode	85
nucleon	

O

Ohm's law	76
optical pumping magnetometer	228
ore deposit	15
outcrop	13

P

Paleomagnetism	217
Paramagnetism	206
parent nuclide	275
Peltier effect	299
penetrating depth	7
permeability	316
permittivity	248
phase velocity	64
photoelectron	273
plate tectonics	220
Poisson's equation	106
Poisson's ratio	29
pole-dipole method	87
pole-pole method	86
porosity	80
pressure	27

primary wave	251	seismometer	43
profile measurement	251	self potential method	83
proton magnetometer	227	semivaliance	289
pseudo section	91	semivariogram	289
		sensitivity analysis	102
R		shear wave	37
Radar	4, 249	side-scan sonar	5
radioactive exploration	9	simulation	11
radioactivity	269	skin depth	145
redox potential	82	Slingram method	132
reduction to the pole	235	Snell's law	31
reflection method	9	Sonar	5
refracted wave	52	specific heat	296
relative permeability	224, 248	spectral IP method	104
remanent magnetization	208	spontaneous magnetization	206
remote sensing	4	spontaneous polarization	86
residual anomaly	185	static shift	134
resistance	76	step response	151
resistivity	76, 104	streaming current	105
resistivity mapping	87	standard gravity	172
resistivity method	19	Stefan–Boltzmann law	306
resistivity profiling	87	streaming potential	83
resistivity reflection coefficient	99	surface conduction	81
resistivity sounding	87	surface geophysical exploration	10
resistivity transform coefficient	101	surface wave	29, 37
resolution	7	surface wave exploration	49
Richter magnitude	36	syncline	172
rigidity	28		
		T	
S		temperature	296
satelite gravity mission	201	terrain correction	180
saturation exponent	80	thermal conductivity	302
Schlumberger configuration	97	thermal exploration	9
Schlumberger method	87	thermistor	305
Schumann resonance	124	thermocouple	304
scintillator	282	thermoelectric effect	298
secondary wave	29	thermoelectromotive force	82
Seebeck effect	299	tide correction	179
seismic attribute	49	time constant	104
seismic coefficient	36	time-distant curve	38
seismic exploration	9, 17, 26	time-domain IP method	104
seismic reflection method	21, 46	Tomson effect	299
seismic refraction method	21, 45	total intensity	211

total magnetic force	211
trade-off	8
transient response	85
trap	41
travel time	38, 46

U

ultrasonic fish finder	5
ultrasonic transducer	5
universal gravitation	165, 169
upward continuation	188, 190

V

vertical coaxial	133
vertical coplanar	133
vertical first derivative	186
vertical second derivative	186
Vine-Matthews hypothesis	225
volcanic earthquake	40
volcanic tremor	40

W

water saturation	80
well loging	6
Wenner configuration	86, 96
Wenner method	86
wide-angle measurement	251

X

X-ray	268
X-ray computed tomography	7
X-ray radiography	7

Y

Young's modulus	28

Z

Zeeman effect	227

ア行

アーチーの式	80, 81
圧縮応力	27, 34, 35
圧縮率	28
アルファ線	269, 270, 281, 282, 286
移動平均	185
インダクションコイル	130, 133, 226
インピーダンス	131, 135, 145, 147
ヴァイン・マシューズ仮説	225
ヴァンデグラフ	4
ウェゲナー	219, 220
ウェンナー法	96, 99, 101
渦電流	133, 141
宇宙線	273, 274
ウラン・鉛法	285
エアガン	45
永久磁石	44, 205
液体温度計	304
エトベス補正	180
エルトラン配置	97
遠心力	166, 168, 169, 170, 192
鉛直1次微分	186, 187, 195
鉛直2次微分	174, 186, 187
応力	27, 28
オームの法則	76, 140
重さ	169
親核種	275, 279, 283
音響インピーダンス	32, 33, 48, 58
温度計	305
音波探査	44

カ行

概査	10, 18, 19, 24
解析信号	189
海底電磁探査	138
海洋ガンマ線探査	293
化学残留磁化	209
核関数	101
火山性地震	40,
火山性微動	40
活断層	17, 21, 69, 70
仮定密度	183

340

過渡応答	149
下方接続	188, 191
ガルバニック・ディストーション	134
岩塩ドーム	42, 48, 175
感度解析	102
ガンマ線	269, 270, 271, 272, 273, 281, 282
擬似断面	252
擬重力	235, 236, 237
逆断層	34, 35, 173
吸収線量	271
キュリー点	23, 207, 234
キュリー等温面	234
強磁性体	205, 208
強制分極法	90
鏡像	94, 107
共通中央点重合	59
極磁気変換	235, 236
ギルバート期	216
キルヒホッフマイグレーション	61
空中ガンマ線探査	278
屈折法	45, 46, 52, 67, 68, 70, 71
グーテンベルグ不連続面	39
クリギング	289
黒鉱鉱床	318
クロスホール配置	94
傾向面解析	186
計数効率	288
ケーニヒスベルガー比	222
原点走時	54, 55
コア・マントル境界	39
孔隙率	6, 80, 223
膠結係数	80
剛性率	28, 36
鉱体電池	82
光電子増倍管	282
交流比抵抗	104
古地磁気	217, 220
古地磁気年代	219
コール・コールモデル	104
コンプトン散乱	272, 273, 287
コンボリューション	60, 191
コンラッド不連続面	40

サ行

サーミスタ	20, 305
残差異常	185
残留磁化	208, 221, 222, 229, 230
ジオイド	170, 179, 181
ジオフォン	44, 57, 69, 70
磁化	204, 205, 206, 207, 208
磁化率	221, 222, 224, 225
磁荷	122, 229
磁気インピーダンス効果	131
磁気圏	123, 128, 210
磁気ヒステリシス	208
磁気分極	206
磁気履歴	208
地震	33, 34, 36, 37, 43
地震計	43, 50, 64
地震電磁気現象	127
地震波	29, 37, 38, 40
地震モーメント	36
地すべり	17, 67, 84, 316
自然電位	83, 85, 107, 108, 112
実体波	29, 30, 37
質量吸収係数	286
時定数	104
自発磁化	206, 207
充電率	84, 90, 91, 104
周波数依存係数	104
重力異常	172, 180, 185, 190
重力偏差	176, 193, 195
重力補正	176, 179, 180, 181
重力ポテンシャル	191, 192, 193
シュテファン・ボルツマンの法則	306
シューマン共振	124
シュランベルジャー法	97, 101, 111
常磁性体	205, 206, 207, 224
常時微動	41, 50, 51, 64, 65
上方接続	188, 190, 191
初動走時	52, 70
震源断層	21
人工振源	44, 45
シンチレーション計数管	282
垂直応力	27, 28

垂直探査	87, 96. 97, 110, 112, 143
垂直歪み	28
水平探査	20, 87, 96, 143
スキンデプス	145, 160
スタティックシフト	134, 145
ストリーマ	44
スネルの法則	31
スリングラム法	132
正規重力	183
精査	10. 19, 24
正断層	34
赤外線	4, 247, 265, 305, 308
赤外放射温度計	305
石油トラップ	41, 42, 174
絶縁体	77, 93, 259
摂氏温度	296
絶対温度	296, 306
絶対重力計	177, 178
ゼーベック効果	299, 304
セミバリオグラム	290
線吸収係数	286, 287
全磁力	211, 212, 227
全磁力異常	235, 236
せん断応力	27, 28, 34, 35
せん断歪み	28
潜頭鉱床	88, 108, 278
線ビルドアップ係数	288
線量当量	272
走時	38, 46, 52, 55, 57, 59, 61, 67
走時曲線	38, 52, 54, 57
層理	14
測温抵抗体	305
測深	4
阻止能	286
ソナー	5
疎密波	26, 37, 42

タ行

帯磁率	222, 223, 224, 225
大気補正	184
帯水層	68, 111, 157, 316
堆積残留磁化	209
体積弾性率	28

体積ひずみ	28
体積膨張率	28
ダイポールアンテナ	251
ダイポール・ダイポール法	86, 91, 97, 98
畳み込み積分	60
縦波	26, 29, 30, 31, 71
縦歪み	29
タルワニの式（方法）	196
断層	34, 35, 173, 186, 278, 303
断層運動	33, 34, 41
地温	113, 301, 302, 307
地殻熱流量	300
地下増温率	302
地球物理学	2, 3
地形補正	180, 181, 182, 184
地磁気地電流法	18, 126, 133
地磁気の永年変化	214, 215
地磁気のエクスカーション	216
地磁気の逆転	216, 217, 218
地磁気の三要素	212
地磁気の縞模様	224
地磁気の日変化	123, 213, 214
地磁気脈動	133
地層累重の法則	14
地中温度	307
地熱貯留層	19, 89, 105, 108, 110, 129, 156, 200, 314
地熱微動	40, 41
チャープレーダ	253
潮汐補正	179
デコンボリューション	60
電気伝導度異常	126
電磁放射	247
電磁放射線	247, 270, 272, 273
電磁誘導	120, 121, 130, 132, 246
電磁誘導加熱	120
電束密度	140, 248
伝熱率	311
電離層	123, 124, 210
電離箱	280, 281
電流密度	92, 93, 140
透磁率	119, 223, 224, 248
透水係数	316

同相	142
導電率	78, 144, 258
透入深度	145
トムソン効果	299
トモグラフィ解析	70
ドリフト補正	179

ナ行

ニアフィールド	135
ネオジム磁石	204
熱運動	296
熱拡散係数	302
熱拡散率	298, 311, 313
熱起電力	83, 299
熱残留磁気	242
熱対流	297
熱伝達係数	302
熱電対	299, 304
熱伝導	297, 300, 301, 306, 310, 311
熱伝導度	302
熱伝導方程式	307, 312
熱伝導率	298, 302, 303
熱放射	297, 298
熱膨張	304
熱容量	298
熱量	298

ハ行

ハイドロフォン	44
ハイパスフィルタ	185
バイブレータ振源	44, 45
白金測温抵抗体	305
パルスレーダ	250, 253
半減期	269, 283, 284
反磁性	206
反射係数	32, 33
バンドパスフィルタ	59
半分散	289
万有引力定数	165, 193, 196
ビオ・サバールの法則	118, 123, 246
光ポンピング磁力計	228
歪み	27, 28, 29
引張応力	27, 34, 34

比抵抗	77, 78, 80, 81, 82, 86
比抵抗反射係数	94, 99
比抵抗変換係数	101
微動	41, 50, 64
微動アレイ探査	50, 64, 69, 70
微動探査	22, 50, 65
非分極電極	85
標準重力	174
表皮深度	145
表面伝導	81
表面波	29, 30, 37, 63
表面波探査	49
ビルドアップ効果	287, 288
ヒルベルト変換	189
複素周波数	151, 152
ブーゲー異常	172, 173, 180, 184
伏角	211, 212, 215, 218
フックの法則	27
負の中心	108
不発弾	23, 154, 155, 227, 240, 262
フラクチャ	19, 41, 89, 113
フリーエア異常	172, 181, 184
フリーエア補正	180, 183
プレートテクトニクス	220
プロトン磁力計	227, 241, 242
プロファイル測定	251, 252, 255
分散性	49, 63, 65
ベータ線	269, 281, 286
ベッセル関数	66, 101, 143, 150, 152
ペルティエ効果	299
偏角	211, 212, 215, 218, 239
ポアソン数	29
ポアソン比	29, 49
崩壊定数	283, 285, 286
帽岩	41, 108
放射性鉱物	275
放射性崩壊	270, 284, 291, 300
放射年代測定	285
ボウタイアンテナ	251
ポール・ダイポール法	86
ポール・ポール法	86, 111

343

マ行

マイグレーション	61, 255, 257, 265
マクスウェル方程式	139, 140, 144, 246
マグニチュード	36
松山期	216
マントル	38, 39, 40, 133, 168, 300
見掛導電率	143
見掛比抵抗	84, 87, 95, 96, 97, 98, 99, 101, 104, 134, 135, 142, 148
水飽和率	80
娘核種	275, 279, 283
モーメント・マグニチュード	36
モホロビチッチ不連続面	38
モル熱容量	298

ヤ行

ヤング率	28
誘電率	143, 144, 248, 258
誘導電流	21, 105, 120, 121
容積密度	173
横波	26, 29, 71

ラ行

ライダ	4, 5
ラブ波	30, 33, 37
ラメの定数	28, 29, 30
離相	142
リヒタースケール	36
リモートセンシング	4, 5, 10
流体流動電位法	84, 89, 105, 112
流体流動電磁法	139, 152
流電電位法	84, 88, 109
流動電位	83
両コイル型磁気傾度計	226
臨界距離	54
臨界屈折	52
ループ・ループ法	132, 141, 142
レイリー波	30, 33, 37, 65
レーダ	4, 249
ローパスフィルタ	185

ワ行

ワイドアングル測定	251, 252

著者略歴

水永　秀樹（みずなが　ひでき）

1990 年　九州大学大学院工学研究科資源工学専攻博士課程修了
同　　年　九州大学工学部資源工学科　助手
1992 年　九州大学工学部資源工学科　助教授
1997 年 10 月〜1998 年 9 月　カリフォルニア大学バークレー校・客員研究員
現　　在　九州大学大学院工学研究院　准教授　工学博士
専　　門　物理探査学　特に電気探査と電磁探査の理論的および観測的研究

はじめの一歩　物理探査学入門

2019 年 2 月 28 日　初版発行
2020 年 5 月 15 日　初版 2 刷発行

著　者　水　永　秀　樹

発行者　笹　栗　俊　之

発行所　一般財団法人　九州大学出版会

〒 814-0001　福岡市早良区百道浜 3-8-34
九州大学産学官連携イノベーションプラザ 305
電話　092-833-9150
URL　https://kup.or.jp
印刷・製本／城島印刷㈱

ⓒ Hideki Mizunaga 2019　　　　　ISBN 978-4-7985-0253-3
Printed in Japan